Andreas Krause

Einführung in S und S-PLUS

Springer-Verlag
Berlin Heidelberg GmbH

Andreas Krause

Einführung in S und S-PLUS

Mit Aufgaben und vollständigen Lösungen

Mit 35 Abbildungen und 32 Tabellen

Springer

Andreas Krause
GeneData AG
Postfach 254
CH-4016 Basel
Schweiz
e-mail: andreas.krause@genedata.com

Mathematics Subject Classification (1991): 60-04, 62-07, 90-04

Die Deutsche Bibliothek – CIP-Einheitsaufnahme

Krause, Andreas:
Einführung in S und S-Plus: mit Aufgaben und vollständigen Lösungen /Andreas Krause. - Berlin;
Heidelberg; New York; Barcelona; Budapest; Hongkong; London; Mailand; Paris; Santa Clara;
Singapur; Tokio: Springer, 1997

ISBN 978-3-540-60932-2   ISBN 978-3-642-60392-1 (eBook)
DOI 10.1007/978-3-642-60392-1

Dieses Werk ist urheberrechtlich geschützt. Die dadurch begründeten Rechte, insbesondere die der
Übersetzung, des Nachdrucks, des Vortrags, der Entnahme von Abbildungen und Tabellen, der
Funksendung, der Mikroverfilmung oder der Vervielfältigung auf anderen Wegen und der Speiche-
rung in Datenverarbeitungsanlagen, bleiben, auch bei nur auszugsweiser Verwertung, vorbehalten .
Eine Vervielfältigung dieses Werkes oder von Teilen dieses Werkes ist auch im Einzelfall nur in den
Grenzen der gesetzlichen Bestimmungen des Urheberrechtsgesetzes der Bundesrepublik Deutschland vom 9. September 1965 in der jeweils geltenden Fassung zulässig. Sie ist grundsätzlich
vergütungspflichtig. Zuwiderhandlungen unterliegen den Strafbestimmungen des Urheberrechtsgesetzes.

© Springer-Verlag Berlin Heidelberg 1997
Ursprünglich erschienen bei Springer-Verlag Berlin Heidelberg New York 1997

Die Wiedergabe von Gebrauchsnamen, Handelsnamen, Warenbezeichnungen usw. in diesem Werk
berechtigt auch ohne besondere Kennzeichnung nicht zu der Annahme, daß solche Namen im Sinne der Warenzeichen- und Markenschutz-Gesetzgebung als frei zu betrachten wären und daher von
jedermann benutzt werden dürften.

Umschlaggestaltung: Künkel + Lopka Werbeagentur, Heidelberg
Satz: Reproduktionsfertige Vorlage des Autors
SPIN 10513877   44/3143-5 4 3 2 1 0 – Gedruckt auf säurefreiem Papier

Vorwort

S-PLUS ist ein äußerst mächtiges System, um Daten zu analysieren. Die Stärken dieser Umgebung liegen in der interaktiven Datenanalyse, dem flexiblen Erstellen von Grafiken und der hochmodernen Entwicklungsumgebung, beruhend auf der S Language der AT&T Bell Labs (heute Lucent Technologies).

Die grafische Oberfläche erlaubt die Verwendung von Methoden und das Erstellen von Grafiken durch wenige Mausklicks. Eine erstellte Grafik kann (wiederum durch Mausklicks) in allen Elementen editiert werden. Ein Klick auf die Achse und ein weiterer Klick auf eine andere Farbe verändern den Farbton der Achse. Ein Klick auf eine statistische Methode führt die Methode aus.

Programmierer finden ihre Freude an dem offenen Konzept, fast alle Elemente des Systems sind in der S Language selbst geschrieben und im Quellcode zugreifbar. Neue Entwicklungen wie konsequente Umsetzung des Funktionskonzepts und Objektorientiertheit sind auch für Nicht- und Gelegenheits–Programmierer äußerst attraktiv.

Dieses Buch soll nicht die Handbücher ersetzen. Es soll kein besseres Handbuch entstehen, sondern eine kompakte Einführung, die trotzdem nicht bei den einfachen und gut funktionierenden Beispielen aufhört. Das vorliegende Buch ist aus Skripten zu Vorlesungen und Übungen zu "Einführung in S-PLUS" hervorgegangen, und dementsprechend soll eine schnelle, aber solide Einführung in die Konzepte des Systems und der Sprache S-PLUS, angereichert mit vielen Hinweisen aus langjähriger Praxis, das Ziel sein. Jedes Kapitel endet mit einer Auswahl von Problemstellungen, die das vorangegangene Material repetieren und anhand praktischer Fragestellungen vertiefen. Der Leser (wie auch die Leserin) soll angeregt werden, eine eigene Lösung zu erarbeiten, denn nie existiert nur eine einzige, richtige Variante. Im Anschluß daran kann ein Blick auf eine andere Lösung geworfen werden, denn zu jeder Aufgabe folgt eine im Detail ausgearbeitete Lösung.

Dadurch kann zum einen eine fertige Lösung nachgeschlagen werden, um mit der eigenen zu vergleichen, zum anderen sind diese Bausteine auch direkt verwendbar, um weitere Fragestellungen bearbeiten und lösen zu können.

Es sei noch einmal betont, daß hier nicht das im übrigen sehr lesenswerte Handbuch ersetzt werden soll, so daß nicht auf alle Besonderheiten und Optionen eingegangen wird, sondern vielmehr die wichtigsten herausgegriffen und anhand von Anwendungen vertieft werden. Dadurch entsteht ein kompakter Gesamtüberblick, der schnell auf die Elemente und Konzepte von S-PLUS zu sprechen kommt.

Nach einer Einführung in das System und die Konzepte von S-PLUS gehen wir auf die grafischen Möglichkeiten ein und behandeln diese ausführlich. Datenanalyse in S-PLUS und die zugehörigen Methoden, vielfach auch auf Grafiken basierend, werden erarbeitet, indem in S-PLUS bereits vorhandene reale Daten analysiert werden. Methoden und typische Auswertungen werden so gemeinsam dargestellt.

Im Kapitel über Programmieren werden die Möglichkeiten von S-PLUS als Programmiersprache diskutiert, das Funktionskonzept, typische Programmierbefehle wie Schleifen und Datenstrukturen wie Listen besprochen, und Fehlersuche (Debugging) behandelt. Daran anschließend werden ausführlich Ein- und Ausgabe von Daten behandelt und abschließend eine Sammlung von praktischen Hinweisen und Tips wie Einbindung von Grafiken in Textverarbeitung und vieles mehr diskutiert.

Das vorliegende Buch richtet sich an Anfänger, die einen schnellen Start in S-PLUS möchten, sowie an Benutzer, die bereits Erfahrung mit dem System S-PLUS gesammelt haben. Sie werden wertvolle Hinweise aus der Praxis finden. Es wird lediglich ein wenig Erfahrung im Umgang mit der eigenen Hardware und dem Betriebssystem vorausgesetzt.

Es werden nur elementarste Statistik-Kenntnisse vorausgesetzt. In gewissen Grenzen lassen sich für Nicht-Statistiker durchaus Einblicke gewinnen, wie Daten analysiert werden können durch Verwendung explorativer, grafischer und konfirmatorischer Methoden.

Die Struktur dieser Einführung ist durch seine Herkunft als Vorlesungsmanuskript geprägt. Dadurch kann es als solches direkt verwendet werden. Ein Kapitel kann jeweils als Stoff einer 90-minütigen Vorlesung dienen, und die Übungen vertiefen den Stoff. Aufgrund der

Flexibilität des Systems S-PLUS wird es immer viele verschiedene Wege geben, um das gesteckte Ziel zu erreichen, so daß die Bearbeitung der Aufgaben ohne vorheriges Ansehen der Lösung eine interessante Herausforderung sein sollte, die oft überraschende Vergleiche bringt.

Um die neuen Kenntnisse gleich umzusetzen, ist es sinnvoll, an einem Rechner zu sitzen oder nach einem Abschnitt eine Pause zu machen, um auszuprobieren und zu vertiefen. Wird das Buch als Nachschlagewerk benutzt, um einen Einblick in das System S-PLUS zu bekommen, genügen vermutlich ein paar Tage investierter Zeit. Die Art der Präsentation ist bewußt locker gehalten, so daß das Buch nicht "studiert" werden muß, sondern genausogut in der Freizeit gelesen werden kann.

Wenn diese Grundlagen einigermaßen gefestigt sind, sollten die Elemente von S-PLUS verstanden sein. Um weitere Probleme zu bearbeiten, die hier nicht abgedeckt werden, sollte ein Blick in die übrigens sehr guten Handbücher genügen.

Bereits jetzt möchte ich mich bei denjenigen Lesern entschuldigen, die alle EDV–Fachbegriffe in deutscher Sprache erwarten. S-PLUS ist ein amerikanisches System und die gesamte *Computer*(sic!)welt beruht auf englischer Terminologie. Auf mich wirken Begriffe wie Umschalt- und Steuerungstaste, Abrollmenu und Schaltfläche eher befremdlich und ich konnte vielfach feststellen, daß die Verwirrung geringer ist, wenn von Shift- und Control-Taste, Pulldown–Menus und Buttons die Rede ist.

Dieses Manuskript ist im Verlaufe vieler Jahre an den Universitäten von Dortmund und Basel entstanden. Viele Personen haben direkt oder indirekt, durch Ideen, Diskussionen und Kommentare, zu seinem Entstehen beigetragen, darunter eine große Zahl von Studenten des Fachbereichs Statistik der Universität Dortmund und des Wirtschaftswissenschaftlichen Zentrums der Universität Basel. Ihnen allen sei anonym gedankt.

Im weiteren Verlauf haben einige Kollegen Vorab-Versionen gelesen und zahlreiche Kommentare, Anregungen und Verbesserungsvorschläge gegeben. Zunächst danke ich denen, die ich unbeabsichtigt vergessen habe, die mir dafür aber hoffentlich nicht böse sind. Namentlich möchte ich Axel Benner (Heidelberg), Tom Cook (Wisconsin), Peter

Hartmann (St. Gallen), Thomas T. Kötter (Berlin) und Tony Rossini (South Carolina) danken.

Insbesondere danke ich Melvin "Skip" Olson (Genf). Die englische Ausgabe dieses Buches ist durch intensive Zusammenarbeit entstanden und bei Springer New York erschienen.

Die Entwickler und Distributoren von S-PLUS, die Data Analysis Products Division of MathSoft (früher Statistical Sciences, Inc.) in Seattle und GraS (Graphische Systeme) in Berlin in Person von Doug Martin, Brian Clark und Charlie Roosen sowie Reinhard Sy haben mich großzügig unterstützt und insbesondere eine Alpha–Version des letzten Release zur Verfügung gestellt.

Die Entwickler der Satzsysteme, mit denen dieses Buch entstand, haben Huldigung verdient. Donald Knuth und Leslie Lamport für LaTeX und Eberhard Mattes für emTeX, Thomas Rockiki für EPSF und den Entwicklern des CLMONO-Pakets beim Springer Verlag Heidelberg zolle ich Respekt.

Während der gesamten Entstehungsphase war stets eine gute Zusammenarbeit und äußerst professionelle Unterstützung durch den Springer–Verlag gegeben, daher ein großes Dankeschön an das Team in Heidelberg, Annette Klute, Claudia Müller, Ute McCrory, Karen Proff und Arnd Grimmer sowie an John Kimmel und Martin Gilchrist in New York.

Schlußendlich wäre dieses Projekt sicher nicht fertiggestellt worden ohne die fachliche und moralische Unterstützung meiner Frau, Michaela Jahn. Ihre permanente Hilfsbereitschaft und Ermutigung sowie jederzeitige Bereitschaft zu Diskussionen hat mich vorwärts getrieben.

Andreas Krause   Basel, im Februar 1997

Inhaltsverzeichnis

Vorwort V

1. Einführung 1
  1.1 Die Entstehungsgeschichte von S und S–PLUS 2
  1.2 S-PLUS unter verschiedenen Betriebssystemen........ 5
      1.2.1 UNIX.. 5
      1.2.2 DOS/Windows.................................. 6
      1.2.3 Datentransfer 6
      1.2.4 Unterschiede zwischen den Implementationen .. 7
  1.3 Notation 7

2. Aufbau des Systems 9
  2.1 Die Komponenten der S-PLUS–Oberfläche 10
      2.1.1 Der Object Browser 11
      2.1.2 Das Command Window 11
      2.1.3 Toolbars 11
      2.1.4 Graph Sheets 12
  2.2 Arbeiten mit Menus und Buttons.................... 12
      2.2.1 Daten Importieren........................... 12
      2.2.2 Grafiken 13
      2.2.3 Daten und Statistik.......................... 15
      2.2.4 Toolbars Erweitern 15
  2.3 Das System S–PLUS 16

3. Die Erste Sitzung.. 17
  3.1 Generelle Informationen 17
      3.1.1 Starten und Beenden von S-PLUS 18
      3.1.2 Hilfe.. 18
      3.1.3 Bevor es losgeht.............................. 19
  3.2 Einfache Strukturen 20
      3.2.1 Arithmetische Operatoren 20

        3.2.2   Zuweisungen 22
        3.2.3   Zusammenfügen von Elementen 23
        3.2.4   Sequenzen von Werten erstellen 24
        3.2.5   Replizieren (Wiederholen) von Werten 26
    3.3 Mathematische Operationen 27
    3.4 Klammern 30
    3.5 Logische Werte 32
    3.6 Zusammenfassung 35
    3.7 Aufgaben 39
    3.8 Lösungen 40

4. Die Zweite Sitzung 45
    4.1 Datenstrukturen 45
        4.1.1   Matrizen 46
        4.1.2   Arrays 53
        4.1.3   Data Frames 56
        4.1.4   Listen 59
    4.2 Fehlende Werte: Eine Kurze Einführung 61
    4.3 Anwendungen 63
    4.4 Aufgaben 67
    4.5 Lösungen 69

5. Grafik 75
    5.1 Kommandozeile an Grafikfenster: Bitte zeichnen 76
    5.2 Erstellen von Grafiken 76
    5.3 Ausgabegeräte 77
    5.4 Elementare Grafikbefehle 81
        5.4.1   Der plot-Befehl 81
        5.4.2   Verändern der Darstellung der Werte 82
        5.4.3   Verändern von Elementen einer Grafik 84
    5.5 Hinzufügen von Elementen 85
        5.5.1   Funktionen, die Elemente zu Grafiken hinzufügen 85
        5.5.2   abline im Detail 87
        5.5.3   Gestalten von Achsen 88
        5.5.4   Hinzufügen von Text 89
    5.6 Optionen 91
    5.7 Die wichtigsten Kommandos zur Erstellung von Grafiken 94
        5.7.1   Layouts 96
    5.8 Aufgaben 101
    5.9 Lösungen 103

6. Datenanalyse 109
  6.1 Univariate Datenanalyse 109
    6.1.1 Deskriptive Statistik 110
    6.1.2 Grafische Analyse 117
  6.2 Multivariate Datenanalyse 122
    6.2.1 Deskriptive Statistik 122
    6.2.2 Grafische Analyse 128
  6.3 Verteilungen 146
    6.3.1 Univariate Verteilungen 146
    6.3.2 Multivariate Verteilungen 152
  6.4 Schließende Statistik und Hypothesentests 153
  6.5 Fehlende Werte 159
    6.5.1 Testen auf Fehlende Werte 160
    6.5.2 Fehlende Werte in Grafiken 161
  6.6 Aufgaben 163
  6.7 Lösungen 167

7. Statistische Modellierung 181
  7.1 Einführende Beispiele 181
    7.1.1 Regression 181
    7.1.2 Regressionsdiagnose 183
  7.2 Statistische Modelle 185
  7.3 Modellsyntax 186
  7.4 Regression 188
    7.4.1 Lineare Regression und Modellierungstechniken 189
    7.4.2 Varianzanalyse (ANOVA) 194
    7.4.3 Logistische Regression 195
    7.4.4 Überlebenszeitenanalyse 198
  7.5 Aufgaben 202
  7.6 Lösungen 204

8. Programmieren 211
  8.1 Iteration 211
    8.1.1 Die `for`-Schleife 212
    8.1.2 Die `while`-Schleife 214
    8.1.3 Die `repeat`-Schleife 215
    8.1.4 Vektorisieren von Schleifen 216
  8.2 Funktionen 216
    8.2.1 Gültigkeitsbereich von Variablen 220
    8.2.2 Parameter und Defaults 221

XII   Inhaltsverzeichnis

    8.2.3 Übergabe einer Variablen Anzahl von Parametern an eine Funktion 223

    8.2.4 Testen auf Existenz eines Arguments 225

    8.2.5 Verwendung von Argumenten der Funktion als Grafik–Beschriftung 225

  8.3 Debugging: Fehlersuche 226

    8.3.1 Syntax–Fehler 227

    8.3.2 Ungültige Argumente 228

    8.3.3 Ausführungsfehler (runtime errors) 229

    8.3.4 Logische Fehler 230

  8.4 Ausgabe mit der Funktion cat 233

  8.5 Die Funktion paste 234

  8.6 Grundlagen Objektorientierter Programmierung 235

  8.7 Listen 240

    8.7.1 Hinzufügen und Löschen von Listenelementen .. 242

    8.7.2 Benennen von Listenelementen 243

    8.7.3 Listen mit Funktionen bearbeiten 244

    8.7.4 Listenstrukturen entfernen 246

  8.8 Aufgaben 247

  8.9 Lösungen 249

9. Einlesen und Ausgeben von Daten 257

  9.1 Konvertierungsprogramme für Dateiformate 258

  9.2 Daten von Tastatur Einlesen 258

  9.3 Unformatiert von Datei Einlesen 259

  9.4 Allgemeine Datenformate Einlesen 260

  9.5 Daten Transferieren von S-PLUS zu S-PLUS 261

  9.6 S-PLUS–Befehle von Datei Einlesen 262

  9.7 Textdateien Schreiben 263

  9.8 S-PLUS–Ausgaben in eine Datei Umlenken 263

  9.9 Aufgaben 265

  9.10 Lösungen 266

10. Tips und Tricks für Programmierer 271

  10.1 Wie S-PLUS funktioniert 271

    10.1.1 Starten des Systems 272

    10.1.2 Levels in Aufrufen 274

    10.1.3 Suche nach Objekten 277

  10.2 Tips für Programmierer 278

    10.2.1 Speichern und Wiederherstellen Grafischer Parameter 278

10.2.2 Namen von Variablen und Funktionen 278
10.3 Entwickeln einer Funktion 279
10.4 Strukturiertes Arbeiten 280
  10.4.1 Verschiedene Projekte Bearbeiten 280
  10.4.2 Aufräumen 281
10.5 Stapelverarbeitung: Batch Jobs 282
10.6 Einbinden von C- und Fortran-Programmen 283
10.7 Aufgaben..................................... 286
10.8 Lösungen 287

11. Praktische Hinweise für Anwender................. 291
11.1 Bibliotheken (Libraries) 291
11.2 Grafiken in Textverarbeitung Übernehmen........... 293
  11.2.1 Grafiken in Windows-Programme Übernehmen 294
  11.2.2 Das PostScript-Format 295
  11.2.3 PostScript Grafiken in TeX und LaTeX 296
  11.2.4 PostScript-Grafiken in MS-Word............. 298
  11.2.5 PostScript-Grafiken in anderen Textverarbei-
         tungen 299
  11.2.6 PostScript ohne PostScript-Drucker 299
11.3 Umlaute 300
11.4 S-News: Informationen mit anderen Benutzern aus-
     tauschen 301
11.5 Der Statlib Server 302
11.6 R: Eine frei erhältliche Software 303

12. Referenzen 305
12.1 Literatur 305
12.2 Elektronische Referenzen 308
  12.2.1 S-PLUS-Referenzen..................... 308
  12.2.2 TeX-Referenzen 309
  12.2.3 Weitere Quellen 309

Abbildungsverzeichnis

2.1 Der S-PLUS-Bildschirm nach dem Start 10
2.2 Der S-PLUS-Bildschirm mit Grafikfenster und Paletten . . 13

5.4 Verschiedene type-Optionen im plot-Befehl 83
5.4 Grafik-Layouts 84
5.5 Eine gestaltete Grafik 85
5.6 Aufbau von Grafiken 92
5.7 Selbsterstelltes Layout einer Grafik 97
5.7 Ein selbsterstelltes Layout für den Geysir-Datensatz 98
5.9 Trigonometrische Funktionen 103
5.9 Geometrische Figuren (1): Ein Rechteck 104
5.9 Geometrische Figuren (2): Ein Kreis 105
5.9 Geometrische Figuren (3): Eine Spirale 106
5.9 Lissajous-Figuren 108

6.1 Grafische Darstellung der barley-Variablen 118
6.1 Die Ernte von barley nach Anbaujahr und Ort 120
6.2 Boxplot-Darstellung der barley-Daten nach Jahren ge-
     trennt 130
6.2 Die barley-Daten in Boxplot-Darstellung nach Farmen . . . 131
6.2 Trellis Dotplot-Darstellung der Barley-Daten 133
6.2 Ein modifiziertes Trellis-Display 136
6.2 Die Old Faithful Geyser – Daten 138
6.2 Die Untergruppen des Old Faithful Geyser – Datensatzes . . 139
6.2 Perspektivische Darstellung der Geyser-Daten 143
6.2 Image-Darstellung der Geyser – Daten 144
6.2 Kontur-Darstellung der Geyser – Daten 144
6.3 Grafischer Vergleich dreier Verteilungen 151
6.3 Grafische Darstellung der Binomialverteilung 152
6.4 Grafische Darstellung des t-Tests 155
6.7 Histogramme normalverteilter Stichproben 168

6.7 Grafische Darstellung des Auto–Datensatzes 172
6.7 Schätzung von Pi durch Simulation 178

7.1 Grafische Regressionsdiagnose 184
7.6 Lineare Regressionsgeraden für die Geysir–Daten 207

8.9 Zweidimensionale mathematische Funktionen 250
8.9 Grafischer Vergleich der Normal– und t–Verteilung 253

9.10 Kapitalentwicklung mit einem fixen Zinssatz 267

Tabellenverzeichnis

1.1 S-PLUS auf UNIX–Systemen 5
1.2 Notation 8

2.1 Import–Dateiformate in S-PLUS 13

3.1 Arithmetische Operationen auf Vektoren 28
3.2 Arten von Klammern 31
3.3 Binäre logische Operatoren 33
3.4 Rundungs-Funktionen 42
3.5 Rundungs-Funktionen angewandt 43

5.1 Die gängigen Ausgabegeräte unter S-PLUS 78
5.2 Grafik–Ausgabegeräte und zugehörige Befehle 80
5.3 Optionen zum Parameter type im plot–Befehl 82
5.4 Optionen der plot–Funktion 85
5.5 Hinzufügen von Elementen zu bestehenden Grafiken 87
5.6 Beispiele für die Anwendung von abline 88
5.7 Optionale Parameter zum Zeichnen der Achsen 90
5.8 Optionale Parameter zum Einfügen von Text in Grafiken . . 91
5.9 Layout-Parameter 93

6.1 Univariate deskriptive statistische Funktionen 117
6.2 Univariate grafische Funktionen 119
6.3 Multivariate deskriptive statistische Funktionen 122
6.4 Multivariate grafische Funktionen 129
6.5 Multivariate grafische interaktive Funktionen 145
6.6 Kategorisierung der zu einer Verteilung gehörenden Funktionen 147
6.7 Verteilungsspezifische Funktionen in S-PLUS 148
6.8 Statistische Tests 156

7.1 Statistische Modelle in S-PLUS 186

XVIII   Tabellenverzeichnis

7.2   Modell–Syntax 187
7.3   Der Kyphosis–Datensatz 196
7.4   Der Leukämie–Datensatz 199

8.1   **browser**– und **debugger**–Befehle 231
8.2   Steuerzeichen in S-PLUS 233

11.1 Umlaute und deren Oktal–Codierungen 300

1. Einführung

S und S-PLUS sind schon immer äußerst moderne Systeme, insbesondere für statistische Umgebungen. Als fast vollständig offenes System ist nur ein kleiner Teil in Maschinensprache vorhanden, inzwischen sind fast alle höheren Funktionen in der S Language selbst geschrieben und vom Benutzer zugreifbar. Das Konzept selbst geht mit der Zeit, in den achtziger Jahren wurden Funktionskonzepte eingeführt und später objektorientierte Ansätze, die stark ausgebaut wurden und auch selbst genutzt werden können.

Zum besseren Verständnis der aktuellen Entwicklungen und Historie der beiden Systeme wollen wir zu Beginn kurz auf die Geschichte eingehen. Seit den siebziger Jahren ist das Kernsystem S von den drei Hauptautoren Rick Becker, John Chambers und Allan Wilks stark verändert worden. Insbesondere das Sprachkonzept an sich befand und befindet sich noch in der Wandlung.

War zu Beginn der Entwicklung lediglich ein System gesucht, mit dem immer wiederkehrende Aufgaben wie die Berechnung eines linearen Regressionsmodells einfacher werden sollten, ohne jeweils den Programmcode ändern zu müssen, so hat sich diese Idee gewissermassen verselbständigt. Viele Interessenten innerhalb und ausserhalb von Bell Labs nahmen aktiv teil an der Entwicklung, indem sie Ideen und eigenen Programmcode beisteuerten. Zu einem beträchtlichen Teil ist dies auch heute noch die Entstehungsgeschichte neuerer Algorithmen und Programme in S-PLUS. Wir werden später noch auf die umfangreiche Bibliothek eingehen, die zentral via StatLib verwaltet wird.

Aktive Benutzer schätzen die moderne Umgebung, die Art in der mit S und S-PLUS gearbeitet werden kann, die komfortable Grafik und die flexible und integrative Sprache, die viele bekannte Elemente aus C, Lisp, APL und anderen bekannten Programmiersprachen beinhaltet.

1.1 Die Entstehungsgeschichte von S und S–PLUS

Die S Language, und ein paar Jahre später NEW S, wurden in den späten siebziger und frühen achtziger Jahren in den AT&T Bell Labs von Rick Becker und John Chambers entwickelt, ein paar Jahre später kam Allan Wilks hinzu. Seither waren viele weitere Autoren in die Entwicklung involviert. Becker (1994) beschreibt insbesondere die frühen Entwicklungen sehr detailliert. Bei AT&T wird auch ein elektronisches Archiv unterhalten, das viele Publikationen zum Thema S und Applikationen in S archiviert. Es ist zugreifbar via WWW (World Wide Web) unter der Adresse
http://netlib.att.com/cm/ms/departments/sia/doc/index.html.
Das Jahr 1976 mag als das Gründungsjahr von S bezeichnet werden. Man diskutierte ausgiebig und entwickelte erste Konzepte. Das 'System' bestand zunächst aus einer Bibliothek von Routinen mit einem Interface, so daß ein Benutzen des Systems möglich wurde, ohne den Programmcode zu modifizieren. 1981 entschied das Team, das System umzuschreiben auf die Programmiersprache C unter einem UNIX–Betriebssystem, und seither wurde der Code auch Interessierten ausserhalb der Bell Labs. zugänglich gemacht. Daraus entstand in den folgenden Jahren eine wachsende Gruppe von interessierten Anwendern, die das System benutzten, das dann bereits 'S' genannt wurde.

Bemerkenswert ist, daß die wichtigen Schritte in der Entwicklung von S durch Bücher dokumentiert sind. Die S-Gemeinde spricht daher auch von den Zeiten des 'Brown Book', des 'Blue Book' und des 'White Book'.

Als das Interesse für S anstieg, wurde ein professionelles Handbuch nötig. So entstand das 'Brown Book', das 1984 von Becker und Chambers herausgegeben wurde. Weil damals keine Versionsnummern vergeben wurden, wird das damalige System heute als 'Old S' bezeichnet.

Der nächste grosse Meilenstein wurde 1988 gesetzt. Das QPE (Quantitative Programming Environment), im wesentlichen von John Chambers entwickelt, ersetzte das bisherige Macro–Konzept durch ein modernes Funktionskonzept, das aus S eine Programmiersprache machte, die sich selbst mit den Konzepten von Pascal und C messen lassen konnte. Dieser Schritt wird dokumentiert durch das 'Blue Book' (Becker, Chambers, Wilks, 1988).

In dieser Zeit fügte die sehr aktive Benutzergemeinde wesentliche Funktionalität hinzu, die in S geschrieben wurde. Darunter fallen so anspruchsvolle Techniken wie nichtparametrische Glättungsverfahren, Überlebenszeitenanalyse, Regression Trees, und mehr. Als objektorientierte Konzepte und eine neue Modellierungssyntax hinzukamen, war es wiederum Zeit für ein Buch, das 'White Book' (Chambers und Hastie, 1992).

Die nächste Version von S wird ebenfalls deutliche Änderungen erfahren. Der objektorientierte Ansatz ist vereinheitlicht und die Möglichkeiten, um spezielle Ereignisse zu behandeln, sind erweitert. Eine Online-Dokumentation, jedes Objekt trägt seine Dokumentation mit sich, sowie ein Pre-Compiler sind in der Planung.

Im Jahre 1987 gründete Prof. Douglas Martin an der University of Washington in Seattle eine kleine Firma namens Statistical Sciences, mit der er S konsequent zu unterstützen gedachte. Er war sich im klaren, daß für professionelle Benutzer ein professioneller Support bereitgestellt werden mußte.

Statistical Sciences, Inc., (seit 1994 eine MathSoft-Division), erweiterte die Funktionalität von S ganz wesentlich, portierte sie auf andere Hardware und stellte die notwendige Unterstützung bereit. Die so erweiterte Version von S erhielt einen neuen Namen: S-PLUS.

S-PLUS hat wesentlich zur Verbreitung von S beigetragen, insbesondere auch unter Benutzern, die keine Computer-Freaks sind. 1989 erschien die erste Version, die nicht unter UNIX lief, S-PLUS for DOS, und 1993 erschien S-PLUS for Windows.

Die S-PLUS-Version 4 hat eine augenfällige Änderung erfahren. Das grafische User-Interface (GUI) ist an den Windows-Standard angeglichen. Ein Großteil der Funktionalität ist durch Menus und Point und Klick erreichbar, und Grafik wird innerhalb eines Grafik-Sheets gezeigt. Die grafischen Elemente sind editierbar und das gesamte Grafik-Sheet ist speicherbar. Der Komfort ist spürbar größer und die Lernphase deutlich reduziert worden, da im eigentlichen Sinne nicht mehr viel zu lernen ist, um einen Großteil des Systems bedienen zu können.

Das Herz des Systems S-PLUS ist weiterhin S, und das S-Entwicklerteam arbeitet auch in Zukunft an der S Language. Die volle Funktionalität von S ist in S-PLUS integriert und seit einiger Zeit ist S auch nicht mehr frei erhältlich.

Aus diesen Gründen werden wir im folgenden S-PLUS als Synonym für S-PLUS ebenso wie für die S Language benutzen.

Weiterführende Literatur zu S-PLUS

Mit der steigenden Popularität von S-PLUS erscheinen immer mehr Bücher, die sich auf verschiedene Weisen dem Thema S-PLUS nähern. Die folgende kleine Auswahl gibt einen Überblick über die neuesten Erscheinungen, von denen einige sich gut zur weiteren Lektüre eignen.

Das 'Blue Book' (Becker, Chambers, Wilks, 1988) ist immer einen Blick wert. Es mag inzwischen schwierig sein, ein Exemplar im Buchhandel zu erwerben. Falls ein solches Exemplar aber noch in der Bibliothek vorrätig ist, eignet sich der vordere Teil hervorragend, um die Philosophie und Grundideen des Systems zu verstehen.

Fortgeschrittene statistische Verfahren werden in den Büchern von Chambers und Hastie (1992) und Härdle (1991) behandelt, die einen Einblick in die Verfahren geben und diese mit S bzw. S-PLUS anwenden. Chambers und Hastie decken Themen wie Generalisierte Lineare und Additive Modelle, nichtlineare Modelle und andere ab, Härdle wendet sich speziell nichtparametrischen Glättungsverfahren zu.

Spector (1994) deckt den Bereich eines komprimierten Referenzbuches ab, das mit praktischen Hinweisen und fortgeschrittenem Material aufwartet.

Eine der letzten Neuerscheinungen ist Venables und Ripley (1994), das bereits in mehreren Auflagen erschienen ist. Hier findet der Leser eine kurze Einführung und insbesondere umfassende Kapitel zu statistischen Modellierungstechniken. Für mittlere und fortgeschrittene statistische Anwendungsverfahren stellt Venables und Ripley eine Standardreferenz dar, die sich als Anschlußlektüre für statistisch interessierte Benutzer eignet.

In eine ähnliche Richtung, etwas mehr technisch orientiert und ausführlich auf die grundlegenden Elemente eingehend, zielt das deutsche Buch von Süselbeck (1993).

Das System S-PLUS selbst kommt mit umfangreicher Dokumentation daher, neben den Nachschlagewerken des Reference Manuals bieten die User Manuals für viele Bereiche von Anwendungsverfahren einen Einstieg in die statistische Thematik und die Umsetzung in S-PLUS, wie beispielsweise für Zeitreihen. Für Programmierer, die bereits mit anderen Sprachen wie C oder Pascal vertraut sind, hält das Programmer's Manual viele Hinweise bereit.

Wir werden im weiteren noch auf S-News eingehen, das elektronische Diskussionsforum der S und S-PLUS-Benutzer (Kapitel 11.4).

1.2 S-PLUS **unter verschiedenen Betriebssystemen**

Manche Leser mögen interessiert sein, worin die Unterschiede zwischen S-PLUS auf verschiedenen Computer–Systemen liegen. Dies kann zum Tragen kommen, wenn man auf mehreren Systemen arbeitet und Daten transportieren will, oder wenn man sich zuerst für S-PLUS und dann für einen speziellen Rechnertyp entscheiden will.

In diesem Abschnitt befassen wir uns mit einigen Einzelheiten der Unterschiede auf verschiedenen Systemen, was bedingt, daß manche Details der Arbeitsweise von S-PLUS diskutiert werden. Darauf gehen wir noch im einzelnen in Kapitel 10.1 ein.

Die Geschichte von S-PLUS zeigt, daß die Wurzeln des Systems bei UNIX zu finden sind. Erst seit einiger Zeit wird auch DOS bzw. Windows unterstützt. Aufgrund des enormen Erfolgs der Windows–Version wird seit kurzem unter Windows NT entwickelt. Wir konzentrieren uns auf Systeme, die heute noch unterstützt werden, und lassen andere wie Convex, NeXT oder DOS (ohne Windows) beiseite. In Einzelfällen ist eine solche Version vielleicht noch erhältlich.

1.2.1 UNIX

Alle gängigen UNIX–Plattformen werden von S-PLUS unterstützt, auch wenn Linux zur Zeit nicht dazugehört. Tabelle 1.1 gibt einen Überblick über die zur Zeit unterstützten Computer– und Betriebssysteme.

Tabelle 1.1. S-PLUS auf UNIX–Systemen

Hersteller	Computer–System	Betriebssystem
Digital Equipment (DEC)	DECstation Alpha	Ultrix OSF
Hewlett Packard	9000–Serie	HP–UX
IBM	RS/6000	AIX
Silicon Graphics	Iris 4D, Indigo	IRIX
SUN	SPARC	Solaris, SUN OS

Da der Source Code von S nicht mehr frei erhältlich ist, gibt es keine Möglichkeit, auf nicht unterstützten (oder nicht binärkompatiblen) Systemen S-PLUS zu installieren. Der einzige zur Zeit bekannte Ausweg besteht in R, auf das wir in in Kapitel 11.6 (Seite 303) zu sprechen kommen.

In Bezug auf die Minimalkonfiguration kann generell gesagt werden, daß S-PLUS auf einer Maschine läuft, wenn es auf der Festplatte Platz findet. Wenn natürlich kaum Hauptspeicher zur Verfügung steht, wird es nicht sehr zufriedenstellend laufen. S-PLUS verwendet dynamische Speicher–Alloziierung, so daß es keine prinzipiellen Beschränkungen in Bezug auf Größe von Daten gibt. Wenn nicht genug Hauptspeicher vorhanden ist, wird auf die Festplatte ausgelagert, was das System langsam macht. Dadurch hat man aber so lange genug Speicher, bis Hauptspeicher und Festplatte voll sind.

Wenn S-PLUS zu langsam läuft, dann ist der erste Faktor immer der Hauptspeicher (RAM). Eine mittlere Konfiguration sollte 32 MB haben, um damit zufriedenstellend arbeiten zu können. Um eine Verbesserung der Geschwindigkeit zu erreichen, sollte überprüft werden, ob bei der Ausführung von Befehlen permanent auf die Festplatte zugegriffen wird. Ist dies der Fall, wird eine Speicheraufrüstung das System enorm beschleunigen.

1.2.2 DOS/Windows

Seit 1989 ist S-PLUS auch für IBM–PC kompatible Computer verfügbar. Zunächst unter DOS erschienen, ist S-PLUS heute lauffähig unter allen MS–Windows Versionen (DOS/Windows 3.1/3.11, Windows95, Windows NT).

Auf einem PC belegt S-PLUS in der Standard–Installation ca. 40 MB Festplattenplatz, inklusive der C–Libraries wenige MB mehr. Für Standardanwendungen unter Windows werden 16 MB Hauptspeicher genügen, längerfristig scheint eine Aufrüstung angebracht. Wie bereits für UNIX gesagt, gilt auch hier, daß eine Speicheraufrüstung im allgemeinen die sinnvollste Investition ist, wenn die Performance nicht zufriedenstellend ist.

1.2.3 Datentransfer

Wir werden noch sehen, daß S-PLUS alle Daten in einem eigenen Format in einem Datenverzeichnis ablegt. Wenn die Daten im Textformat (ASCII) vorliegen, ist ein Transfer kein Problem. Wenn Daten in S-PLUS bearbeitet werden und gegebenenfalls Funktionen geschrieben werden, gibt es viele Möglichkeiten des Transfers. Der direkte Weg ist, alle Variablen (d.h. Daten und Funktionen) in ein dump file zu schreiben und auf der anderen Maschine wieder einzulesen. Dazu stellt S-PLUS die Funktionen `dump` und `restore` bereit, die wir noch im

Detail kennenlernen werden. Wenn es sich um den gleichen Hardwaretyp handelt oder um binärkompatible Formate, so genügt auch ein einfaches Kopieren des Datenverzeichnisses.

Weitere Tools, um Daten aus anderen Systemen zu transferieren, sind in S-PLUS bereits mitgeliefert. Standardformate wie Excel, dbase oder SAS können automatisch eingelesen werden.

1.2.4 Unterschiede zwischen den Implementationen

Nur zwischen den Versionen für UNIX und DOS/Windows bestehen wesentliche Unterschiede in der Implementation. Neben der Benutzerschnittstelle Motif, X11, etc., und Windows bemerkt der Benutzer diese Unterschiede nicht unbedingt, wenn er sich nicht auf File–Ebene begibt.

Für die DOS/Windows 3.x–Versionen gilt, daß lange Dateinamen mit mehr als acht (plus drei) Buchstaben nicht unterstutzt werden und das System nicht 'case–sensitive' ist, also nicht zwischen Gross- und Kleinschreibung unterscheidet, S-PLUS die Unterscheidung aber trifft. S-PLUS legt jede Variable in einer eigenen Datei gleichen Namens ab, unter UNIX geschieht dies direkt, für die genannten DOS/Windows–Systeme gibt es einen Mapping–Mechanismus. Variablennamen, die nicht als Dateiname gültig sind, bekommen fortlaufende Namen des Musters __n, wobei n eine Nummer ist. In einer weiteren Datei, ___nonfi, werden die Variablennamen und die zugehörigen Dateinamen gespeichert. Der Benutzer muss sich darum nicht kümmern. Ebenso heißt das Datenverzeichnis unter UNIX .Data, um es mit dem einfachen ls Befehl unsichtbar zu machen, unter DOS wird dieses Verzeichnis zu _Data.

1.3 Notation

Bevor wir nun endgültig starten mit der ersten S-PLUS–Sitzung, sollten wir uns auf ein paar elementare Dinge einigen, die die Notation betreffen. Zunächst sei gesagt, daß S-PLUS eine interaktive Sprache ist, also vom Benutzer eine Eingabe erfordert, auf die er (sie) eine Antwort erhält. Die Eingabe durch den Benutzer wird mit dem Bereitschaftszeichen (Prompt) angefordert. Der S-PLUS–Prompt ist das Grösser-Zeichen: >. Hält S-PLUS die Eingabe nicht für vollständig, zum Beispiel, weil weniger Klammern geschlossen als geöffnet wurden, gibt es dem Benutzer eine Chance, dies zu vervollständigen. Um dies dem Benutzer mitzuteilen, ändert sich der Prompt zu einem Plus-Zeichen: +. So können auch mehrzeilige Befehle eingegeben werden. Die Eingabe–Aufforderung sieht dann so aus:

```
> Hier erfolgt die Eingabe eines S-PLUS-Befehls
+ und hier kann dieser fortgesetzt werden.
```

Im folgenden werden wir den Prompt jeweils mit abdrucken, er darf aber natürlich nicht mit eingegeben werden. Lediglich wenn ein längeres Programm diskutiert wird, lassen wir ihn aus Gründen der Lesbarkeit weg.

An manchen Stellen werden wir UNIX– oder DOS–Befehle verwenden. Diese werden ohne Prompt dargestellt, da keine einheitliche Verwendung existiert.

Alle S-PLUS–Kommandos sind in der Realität Aufrufe von Funktionen. Um die S-PLUS–Befehle hervorzuheben, verwenden wir einen anderen Zeichensatz (Font), wie bei der folgenden Print–Funktion: print.

Viele der Befehle werden nicht nur im Text, sondern auch bei der Eingabe mit Kommentaren versehen. Dazu verwenden wir die S-PLUS–Notation. Alle Eingaben, die einem # auf einer Zeile folgen, werden als Kommentare behandelt und nicht interpretiert.

Tabelle 1.2 faßt das soeben dargestellte noch einmal kurz zusammen.

Tabelle 1.2. Notation

Konvention	Erklärung
>	S-PLUS Prompt (Eingabe–Aufforderung)
+	Folgezeile. S-PLUS erwartet eine Fortsetzung der vorherigen Zeile.
`Befehle`	S-PLUS–Ausdrücke
(kein Prompt)	Für Betriebssystem–Befehle
#	Kommentarzeichen, trennt S-PLUS–Befehle von Kommentaren
Platzhalter	Erscheinen in 'Italic Font'. Diese müssen durch eine geeignete Eingabe ersetzt werden, wie z.B. in *Dateiname*
[MENU]	Menu–Einträge und Buttons erscheinen in dieser Darstellung
Hinweis	Hinweise heben eine Stelle hervor, die eine Ausnahme einer Regel, eine Anwendung oder ein praktisches Beispiel sein kann

2. Aufbau des Systems

Die S-PLUS–Oberfläche ist aufgebaut wie viele andere Systeme, insbesondere die Windows–Version fügt sich in die bestehenden Umgebungen ein. Es gibt Menus, aus denen Einträge selektiert werden können, und es gibt Knöpfe (Buttons) auf dem Bildschirm, die Aktionen auslösen. Wer bereits mit grafischen Oberflächen und Menus umgehen kann, wird mit S-PLUS keine Schwierigkeiten haben.

Für diejenigen, die sich noch ein wenig unsicher fühlen in dieser Umgebung, wollen wir einen kleinen Crash–Kurs durchführen. Anschließend wenden wir uns den Elementen von S-PLUS zu, die Teil dieser Oberfläche sind.

Ganz oben auf dem S-PLUS–Fenster finden sich die Pull–Down Menus wie [FILE] und [EDIT] (Datei und Editieren) und noch einige weitere. Ein Mausklick auf diese Einträge öffnet eine Selektion. Standardoperationen wie Abspeichern und Laden von Dateien sind hier möglich, ebenso wird das System verlassen durch Anwahl von [EXIT]. Die darunterliegenden "Toolbars" beinhalten Buttons (Knöpfe), hinter denen sich je eine gewisse Funktion verbirgt. Der Button [PLOTS2D] öffnet eine Palette mit zweidimensionalen Grafiken. Wenn die Maus kurz über einem Button verweilt, zeigt S-PLUS einen kleinen Text an, der erläutert, was sich hinter dem Button verbirgt.

Die Maus kann wie allgemein üblich verwendet werden. Ein Klick auf die linke Maustaste selektiert ein Objekt, ein doppelter Klick selektiert und führt die Auswahl (z.B. Starten eines Programms) aus. Wenn ein Objekt selektiert ist, kann durch den rechten Mausknopf ein Kontextmenu geöffnet werden, das sich abhängig von der Selektion ändert.

2.1 Die Komponenten der S-PLUS–Oberfläche

Nach dem Start von S-PLUS, unter UNIX durch Eingabe von

    Splus

und unter Windows durch Doppelklick auf das entsprechende Icon, wird eine Oberfläche gestartet, die je nach verwendetem System und Konfiguration mehr oder weniger wie in Abbildung 2.1 dargestellt aussieht.[1]

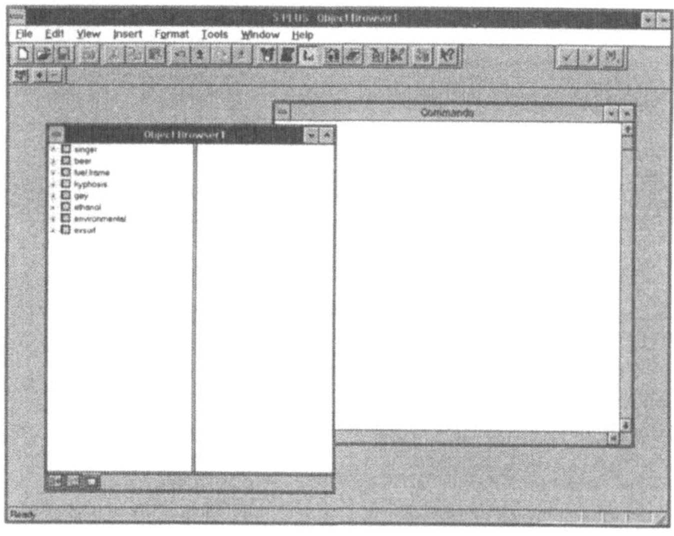

Abbildung 2.1. Der S-PLUS–Bildschirm nach dem Start.

In den folgenden Abschnitten gehen wir auf die verschiedenen Elemente der Oberfläche ein.

---

[1] Der Object Browser, die Toolbars und andere Elemente der grafischen Oberfläche sind unter S-PLUS Version 3 nicht verfügbar.

2.1.1 Der Object Browser

Der Object Browser stellt ein Hilfsmittel dar, um die einzelnen Elemente der Sitzung darzustellen und auf sie zuzugreifen. Die aufgeschlagene Seite zeigt an, welche Datensätze (genauer: welche Data Frames) zur Verfügung stehen. Andere Seiten zeigen die vorhandenen Funktionen und Grafiken an. Sie können durch die Markierungen an der Unterseite des Fensters erreicht werden.

Der Object Browser zeigt die Daten nicht nur mit deren Namen an, er erlaubt auch Zugriff auf die Komponenten des Datensatzes. Mit einem Klick auf den Namen des Datensatzes werden in der rechten Fensterhälfte die einzelnen Variablen mit Namen angezeigt. Dort können die Variablen markiert werden. Ein Klick mit der rechten Maustaste öffnet ein Kontextmenu zu den einzelnen Variablen. Wenn daraus [OPEN VIEW] ausgewählt wird, öffnet sich ein Spreadsheet mit den Daten, die betrachtet und editiert werden können.

2.1.2 Das Command Window

Hinter dem Command Window oder Kommandofenster verbirgt sich das eigentliche Herz von S-PLUS. Bis einschließlich Version 3.4 war neben dem Kommandofenster noch ein Grafikfenster vorhanden, die gesamte Funktionalität (mit wenigen Ausnahmen) war nur über die Kommandozeile erreichbar. Durch die vielen Menus und Knöpfe ist ein Großteil der Funktionalität seit Version 4 über die grafische Oberfläche erreichbar. Hinter jedem Button verbirgt sich eine S-PLUS-Funktion, die auch über die Kommandozeile erreichbar ist und die volle Funktionalität wird sich erst durch das Kommandofenster erschließen.

Die Textausgaben von Funktionen wie Varianz- und Kovarianzberechnungen, Varianzanalysen und anderen finden in diesem Fenster statt. Zudem wird jeweils der ausgeführte Funktionsaufruf angezeigt, wenn auf ein Menu oder einen Button geklickt wird.

2.1.3 Toolbars

Die Menuleiste am oberen Rand, dargestellt durch Icons, enthält Einträge, die aus anderen Programmen bekannt sind, wie [OPEN], [SAVE], [PRINT], [COPY], [PASTE] und [UNDO]. S-PLUS hält zusätzlich Funktionen bereit zum Öffnen des Object Browsers, des Command Windows, des Graph Sheets, der History-Funktion und der 2D- und 3D-Paletten.

Die Toolbar–Leiste ist kontext–sensitiv. Wenn das Command Window aktiviert ist (erkennbar an der hervorgehobenen Leiste), wird ein anderes Menu angezeigt als wenn der Object Browser oder das Grafikfenster aktiv sind.

2.1.4 Graph Sheets

Grafiken werden in einem eigenen Grafik–Fenster angezeigt, das Graph Sheet genannt wird. Es enthält mehrere Seiten, auf denen Grafiken erstellt werden können. Eine Grafik besteht aus Komponenten wie Titel, Achsen, Punkten und Linien, die durch einen Doppelklick auf das Element editiert werden können.

Das Menu [INSERT] (Einfügen) ist hilfreich, um Komponenten einzufügen, die bisher nicht vorhanden sind (beispielsweise einen Titel).

2.2 Arbeiten mit Menus und Buttons

S-PLUS kann von Benutzern, die bereits Erfahrung mit Fenstertechniken, Menus und Buttons haben, ohne weiteres für die meisten alltäglichen Aufgaben direkt verwendet werden. Zum großen Teil sind die Funktionen selbsterklärend, so daß wir uns auf einen kurzen Überblick über verschiedene Funktionen beschränken wollen.

2.2.1 Daten Importieren

Wer S-PLUS verwendet, will im allgemeinen eigene Daten analysieren. Daher muß man als erstes wissen, wie diese Daten in das System einzulesen sind. Im Hauptmenu [FILE] findet sich ein Eintrag [IMPORT DATA], der ein Menu öffnet, mit dem die Daten direkt eingelesen werden können. Der Name der Datei sowie der Name der Daten, wie sie unter S-PLUS abgespeichert werden sollen, muß hier spezifiziert werden (auch unter Windows 3.1 können Namen mit mehr als acht Buchstaben vergeben werden). Die Spezifikation des richtigen Dateiformats ist essentiell, eine Textdatei kann nicht im Excel–Format eingelesen werden. Die einzelnen zur Verfügung stehenden Typen sind in Tabelle 2.1 angegeben.

Benutzer, die S-PLUS bereits von früheren Versionen her kennen, werden feststellen, daß diese Liste insbesondere um andere statistische Programme wie SAS und SPSS erweitert worden ist.

Tabelle 2.1. Import–Dateiformate in S-PLUS

Format			
ASCII	ASCII formatiert	dBase	Excel
Gauss	Lotus 1-2-3	Paradox	Quattro Pro
SAS	SAS Transport	Sigma Plot	S-PLUS
SPSS	SPSS Export	STATA	Systat

Für frühere Versionen steht im bekannten StatLib–Archiv (siehe Kapitel 11.5, Seite 302) die Funktion **sas.get** bereit.

Sobald das Spreadsheet geschlossen ist, das die neu zu importierenden Daten anzeigt, stehen die Daten in S-PLUS zur Verfügung und werden im Object Browser angezeigt.

2.2.2 Grafiken

Grafiken lassen sich bequem über die menugeführte Oberfläche durch "Drag and Drop" erzeugen. Die Daten werden mit der grafischen Funktion verbunden. Die Daten sind im Object Browser angezeigt, und nach einem Klick auf den Namen des Datensatzes werden die Variablen im rechten Fenster angezeigt, wo sie selektiert werden können. Um zwei oder mehr Variable zu selektieren, muß die <Ctrl> Taste gedrückt gehalten und anschließend die weiteren Variablen selektiert werden.

Um die Grafik zu erzeugen, muß die gewünschte Methode aus der "Graph Palette" ausgewählt werden. Wenn die Paletten für 2D– und 3D–Grafiken noch nicht auf dem Bildschirm sind, können sie durch einen Klick auf das entsprechende Icon in der Menuleiste geöffnet werden. Alternativ lassen sie sich über den Eintrag [TOOLBARS] im Menu [VIEW] öffnen. Abbildung 2.2 zeigt einen S-PLUS–Bildschirm mit geöffneten Paletten für 2D– und 3D–Grafiken.

Wenn die Paletten geöffnet sind, kann man langsam den Mauszeiger über die verschiedenen Icons wandern lassen. Wenn die Maus kurze Zeit nicht bewegt wird, wird ein erläuternder Text zu dem darunterliegenden Button angezeigt. Sind die Daten ausgewählt, kann die grafische Methode ausgewählt und angeklickt werden. S-PLUS wird die Selektion umgehend ausführen und das Ergebnis im Grafikfenster darstellen.

| Hinweis | Um eine Grafik zu erstellen, ist die Reihenfolge der Selektion der Variablen im allgemeinen nicht unwichtig. Die zuerst aus-

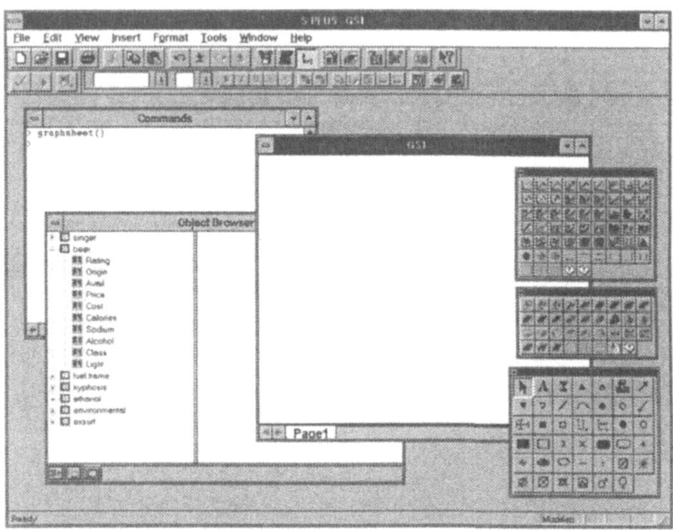

Abbildung 2.2. Der S-PLUS–Bildschirm mit Grafikfenster und Paletten

gewählte Variable wird zur x–Variablen, die zweite Variable wird zur y–Variablen und die dritte zur z–Variablen.   ◁

Die Daten bleiben selektiert, wenn eine Grafik erstellt ist, so daß sogleich eine weitere Darstellung gewählt werden kann.

Hinweis Wenn Daten ausgewählt sind und durch einen Klick auf einen Grafik–Button trotzdem nichts passiert, sind die gewählten Daten wahrscheinlich nicht passend zur grafischen Methode. Zwei Variablen auszuwählen und auf eine 3D–Methode zu klicken wäre eine solche Situation.   ◁

Ist die Grafik erstellt, kann sie editiert werden. Bestehende Elemente können verändert und neue hinzugefügt werden. Dazu muß das Element durch einen Doppelklick angewählt werden. So kann die Achse in der Dicke, der Farbe oder den Beschriftungen leicht verändert werden. Mit der Palette "Annotate" oder durch das Menu [INSERT] können weitere Elemente wie Text, Kreise, Pfeile usw. eingefügt werden.

2.2.3 Daten und Statistik

Daten können nicht nur grafisch dargestellt werden. Einfache Kenngrößen wie Mittelwert und Varianz, Median, Minimum und Maximum stehen oft am Beginn einer Datenanalyse.
In der Kopfleiste besitzt S-PLUS ein Menu [DATA] und ein weiteres Menu [STATISTICS]. Dahinter verbergen sich eine Reihe von Funktionen, die Informationen über die Daten liefern ([DATA]) oder diese verarbeiten ([STATISTICS]). Zunächst ist die Methode aus dem Menu auszuwählen, anschließend können in den Feldern die Daten und weitere Optionen spezifiziert werden. Auf diese Art lassen sich Daten einfach beschreiben oder in Funktionen wie Regressionsverfahren und Tests verarbeiten.
Nach einem Klick auf [OKAY] wird die Funktion ausgeführt und das Ergebnis im "Command Window" dargestellt. Der Aufruf der S-PLUS-Funktion ist ebenfalls zu sehen. Wir werden uns noch ausführlich mit S-PLUS-Funktionen befassen. Für den Moment soll genügen, daß diese Funktion im Command Window wiederholt ausgeführt werden kann, ohne das Menu–Interface zu benutzen. So kann ein Verfahren auf verschiedene Daten angewendet werden, ohne jedes Mal durch den Menu–Baum zu wandern und die Optionen zu spezifizieren.

2.2.4 Toolbars Erweitern

Die Toolbars oder Paletten, die wir kennengelernt haben, lassen sich eigenen Wünschen anpassen und ergänzen. Zunächst kann selektiert werden, welche Toolbars auf dem Bildschirm erscheinen sollen. Im Menu [VIEW] der oberen Menuleiste existiert eine Option [TOOLBARS], mit der sich die gewünschten Elemente selektieren und deselektieren lassen. Sie werden sogleich angezeigt bzw. entfernt. Diese Einstellungen werden abgespeichert und bei einem erneuten Start von S-PLUS wieder verwendet.
Die Form der Palette mag nicht zufriedenstellend sein. Eine Reihe von mehreren Dutzend Icons ist eher unübersichtlich als eine Matrix von vielleicht 5 mal 5 Icons. Die Form der Palette kann verändert werden, indem auf einen der vier Ränder geklickt wird und die Höhe oder Breite des Fensters verändert wird. Die Palette läßt sich auch als Toolbar anzeigen, indem sie vom Fenster–Teil der Gesamtoberfläche auf den oberen Teil gezogen wird, wo sie zu einem horizontalen Menu wird. Wird das Element wieder in den unteren Teil zurückbewegt, wird das Menu wieder zu einer Palette.

Neue Paletten und Buttons hinzufügen

Paletten sind selbst definierbar und können um eigene Elemente (Buttons) erweitert werden. Im Menu [VIEW] unter [TOOLBARS] lassen sich durch Auswahl von [NEW] eigene Paletten erstellen, die einen einzigen Button beinhalten.
Neue Buttons können hinzugefügt werden durch Selektion der Palette und Öffnen des Kontextmenus mit der rechten Maustaste. Die Auswahl von [NEW BUTTON] öffnet ein Fenster, in dem der Name des Buttons, ein kurzer Beschreibungstext, der angezeigt wird, wenn die Maus über dem Button steht, sowie die auszuführende S-PLUS-Funktion definiert werden.
Ein bereits existierender Button kann in der gleichen Weise modifiziert werden. Durch das Kontextmenu (welcher Mausknopf ?) läßt sich ein "Property" (Eigenschaften) Dialog öffnen.

2.3 Das System S–PLUS

Das GUI (Graphical User Interface), das wir soeben betrachtet haben, ist neu mit Version 4 eingeführt worden. S-PLUS verwendet die "Drag and Drop" Philosophie, die bereits in verschiedenen Betriebssystemen eingeführt wurde. Wie wir erwähnt haben, liegen die Ursprünge von S-PLUS und damit die volle Funktionalität in der Umgebung, die durch die Sprache definiert wird. Hinter dem Command Window der Oberfläche versteckt sich das gesamte System, das Benutzer seit vielen Jahren zu schätzen wissen.
Wir werden uns für den Rest dieses Buches mit dem System und der Sprache S-PLUS befassen, die speziell zur Datenanalyse entwickelt worden ist. Dabei werden wir mehrere interessante Datensätze untersuchen, die bereits mitinstalliert sind, und viele statistische Routinen im Detail kennenlernen. Andere werden nur am Rande erwähnt oder in Übersichtstabellen referenziert. Es sei daran erinnert, daß die Oberfläche offen ist, alle Funktionalität, die noch nicht in Paletten und Buttons zur Verfügung steht, kann selbst generiert werden. Dies betrifft insbesondere auch Eigenentwicklungen.
Die nun folgenden Kapitel werden die volle Faszination und die Fähigkeiten von S-PLUS aufdecken.

3. Die Erste Sitzung

Wir springen sofort mitten hinein in das noch unbekannte Wasser namens S-PLUS. Der folgende Einstieg wird zeigen, daß das Wasser gar nicht so tief ist. Falls doch einmal ein Notfall eintreten sollte, sind als Rettungsringe immer noch (neben der vorliegenden Einführung) das Handbuch und das elektronische Hilfssystem verfügbar.

Wir beginnen mit den elementaren Dingen, wie das System gestartet und beendet wird, welche Hilfe zur Verfügung steht, welche grundlegenden Befehle und Operationen vorhanden sind, und wie diese verwendet werden. Wir werden Vektoren erstellen und mit ihnen arbeiten und auf logische Werte eingehen. Am Ende der ersten Sitzung werden schon eine ganze Reihe von Dingen möglich sein, die aus der Kombination der soeben gelernten Elemente entstehen. Wie jedes der nun folgenden Kapitel werden wir mit Übungsaufgaben abschließen, die das gelernte anhand konkreter Fragestellungen vertiefen. Dabei ist es sinnvoll, zumindest während der Lektüre der Aufgaben am Computer zu sitzen, um die Lösungen selbst zu erarbeiten oder Teile daraus auszuprobieren. Generell sollte möglichst viel, nicht nur das in Text und Aufgaben besprochene, selbst ausprobiert werden. Nur so lassen sich intensives Auseinandersetzen und damit praktische Erfahrung erreichen.

3.1 Generelle Informationen

Als erstes wollen wir uns ansehen, wie man das gesamte System S-PLUS startet und wieder verläßt. Außerdem sollte man wissen, wie das Online–Hilfesystem erreichbar ist. Die Hilfstexte sind ausführlich und im allgemeinen mit weiteren Beispielen und Querverweisen versehen. Die Textbeschreibungen zu den einzelnen Funktionen entsprechen übrigens dem Reference Manual (Referenz–Handbuch).

3.1.1 Starten und Beenden von S–PLUS

Das erste, was ein Benutzer wissen sollte, ist, wie das System gestartet und wieder verlassen wird. Dazu müssen wir unterscheiden zwischen einem PC–basierten System mit MS–Windows und einem UNIX–basierten System.

Unter Windows legt die Installationsroutine von S-PLUS mehrere Icons an, eines für das Starten von S-PLUS und eines für das Starten der Hilfe–Texte. Um S-PLUS zu starten, muß lediglich (doppelt) auf das Icon geklickt werden, das für das System S-PLUS steht. S-PLUS wird ein Fenster öffnen, das in etwa aussehen sollte wie in Abbildung 2.1 gezeigt.

Unter UNIX muß auf der Kommandozeile der Befehl

```
Splus
```

eingegeben werden. S-PLUS wird im aktuellen Fenster gestartet.

In beiden Fällen wird am Ende der Startprozedur das ”Größer-Zeichen” (>) dargestellt. Dies ist der S-PLUS–Prompt (das Bereitschaftszeichen), das Zeichen, das anzeigt, daß S-PLUS bereit ist zur Eingabe von Befehlen.

Früher oder später soll S-PLUS auch wieder beendet werden. Dazu kann im Menu [FILE] der Eintrag [EXIT] gewählt oder auf die linke obere Ecke des Fensters doppelt geklickt werden.

Wenn S-PLUS zum ersten Mal gestartet wird, erstellt das System ein Verzeichnis, in dem ab sofort alle Daten abgelegt werden. Unter UNIX heißt das Verzeichnis .Data, unter Windows _Data.

3.1.2 Hilfe

Für alle Fälle hält S-PLUS ein sehr umfangreiches Hilfe–System bereit. Die Handbücher sind für verschiedene Ansprüche und Probleme in mehrere Bände unterteilt, und ein großer Teil der Handbücher ist auf dem Bildschirm verfügbar. Die Hilfe ist über das Menu [HELP] oder durch Eingabe von

```
> help()
```

erreichbar.[1]

In den Hilfstexten kann nach einem Themengebiet ebenso wie nach einem konkreten S-PLUS-Befehl gesucht werden, so daß man nicht

---

[1] UNIX–Benutzer können den Befehl `help.start()` eingeben, um die grafische Version der Hilfstexte zu initialisieren.

einmal den Namen des Befehls kennen muß, nach dem man sucht. Auf der obersten Ebene sind die Funktionen, die S-PLUS beinhaltet, nach Kategorien wie mathematische Funktionen oder grafische Funktionen angeordnet. Diese Ebene erreicht man über einen Klick auf [CONTENTS]. Ein weiterer Katalog hält die Befehle alphabetisch sortiert bereit. Dorthin gelangt man durch [SEARCH]. Wenn der genaue Name der Funktion bekannt ist, kann direkt

```
> help(name)
```

eingegeben werden, um die Hilfstexte zur Funktion *name* angezeigt zu bekommen.

3.1.3 Bevor es losgeht

In der Einführung haben wir bereits die Konventionen der Notation besprochen. Wir gehen hier kurz auf die Darstellungsformen ein, die Lesen und Strukturierung durch optische Hilfen erleichtern.
S-PLUS–Befehle schreiben wir in diesem **Befehls**–Zeichensatz. Sind sie wichtig und sollten ausprobiert werden, tauchen sie nicht wie `help()` inmitten des Textes auf, sondern mit dem Prompt (Bereitschaftszeichen) > auf einer eigenen Zeile:

```
> help()
```

Alle Funktionsaufrufe, die von S-PLUS ausgeführt werden sollen, müssen mit einer öffnenden und einer schließenden Klammer versehen sein.
Argumente zu den Funktionen, die S-PLUS ausführen soll, werden innerhalb der Klammern aufgezählt. Fehlen die Klammern, zeigt S-PLUS die Deklaration der genannten Funktion an, so wie bei der Eingabe von `help` ohne Klammern.
Kommentare und Erläuterungen zu Befehlen geben wir im Fließtext oder direkt in der Befehlszeile, im letzteren Fall in S-PLUS–Syntax, also durch das Kommentarzeichen # (Fis, Doppelkreuz) abgetrennt.
Zuweisungen von Werten an Variable oder von Definitionen an Funktionen sind eine elementare Operation. In mathematischen Ausdrücken schreibt man x=3, um zu deklarieren, daß eine Variable x den Wert 3 erhält. In S-PLUS wird der Variable x der Wert 3 zugewiesen durch Eingabe von `x <- 3`. Dabei ist der Operator `<-` eine Kombination zweier Zeichen, < ("kleiner") und - ("minus"), ohne Leerzeichen dazwischen. Die gleiche Wirkung hat der Unterstrich (_), so daß `x _ 3` genau die gleiche Zuweisung bewirkt. Wir verwenden nur `<-`, da die

Programme leichter lesbar sind und nicht zu Verwechslungen mit anderen Sprachen führen, wo der Unterstrich als Trenner in Variablennamen verwendet wird (wie in meine_x_Variable). Der Unterstrich darf somit nicht als Teil von Variablennamen in S-PLUS verwendet werden. Hingegen verwenden S-PLUS–Programmierer den Punkt oft, um längere und sinnvolle Namen an Variablen zu vergeben (wie in meine.x.Variable).

| Hinweis | Diese hervorgehobenen Hinweise weisen auf etwas wichtiges hin, das ein oft auftauchender Fehler, ein interessantes Beispiel oder ein nützlicher Tip sein kann. Das Zeichen ◁ zeigt das Ende des Hinweises an.
◁

3.2 Einfache Strukturen

Wir gehen nun dazu über, S-PLUS als interaktive Rechenmaschine zu benutzen und Variablen zu generieren, denen Werte zugewiesen werden. Wir beginnen damit, die elementaren Rechenoperationen einzuführen.

3.2.1 Arithmetische Operatoren

Arithmetische Operationen und Operatoren sind in S-PLUS so definiert wie in fast allen anderen Programmiersprachen und Rechnern. Für Addition wird das Rechensymbol + verwendet, für Subtraktion das Rechensymbol –. Multiplikation wird durch * und Division durch / angezeigt.

Um einen Exponentialausdruck darzustellen, wird das Symbol ^ verwendet (wie in 2^3) oder alternativ dazu ** (analog 2**3).

Wenn keine explizite Reihenfolge (z.B. durch Klammern) vorgegeben ist, besitzt Exponenzieren Priorität vor Multiplikation und Division und diese wiederum vor Addition und Subtraktion. Ausdrücke werden von links nach rechts ausgewertet.

Wir können mit diesen Rechenregeln ein wenig experimentieren und S-PLUS als einen großen Taschenrechner verwenden. Um die Zahl 7 mit 3 zu multiplizieren, können wir diesen Ausdruck direkt eingeben.

```
> 7*3
    [1] 21
```

S-PLUS antwortet mit dem Ergebnis dieser Rechenoperation, 21.

| Hinweis | S-PLUS fügt bei der Ausgabe des Ergebnisses eine führende [1] an. Dies ist eine S-PLUS–Konvention, um Ausgaben, die mehrere Zeilen benötigen, lesbarer zu machen. Die 1 in Klammern zeigt den Index des nächsten folgenden Wertes an. Nach dieser Erklärung erlauben wir uns, die Indizes, wenn nicht unbedingt notwendig, zur klareren Darstellung wegzulassen. ◁

Wer mit den Prioritäten von Rechenoperatoren nicht vertraut ist, sollte an dieser Stelle noch ein wenig experimentieren.
Die Eingabe von

```
> 7 + 2 * 3
      13
```

ergibt die Antwort 13, weil der Ausdruck nicht strikt von links nach rechts ausgewertet wird. Wie in der Mathematik üblich, wird zuerst die Multiplikation 2*3 durchgeführt und anschließend die 7 addiert. Wollten wir erst die Addition und danach die Multiplikation durchführen, so müßten wir Klammern setzen, um Prioritäten anzugeben, so wie im folgenden Ausdruck.

```
> (7 + 2) * 3
      27
```

Nun werden zuerst die Ausdrücke in Klammern berechnet, bevor das restliche Ergebnis in der üblichen Konvention ermittelt wird. *Im Zweifelsfall sollten immer Klammern verwendet werden, um die richtige Reihenfolge der Auswertung sicherzustellen.*
Ein paar weitere Beispiele illustrieren die verwendeten Regeln.

```
> 12/2 + 4
       10
> 12/(2 + 4)
        2
> 3^2
        9
> 2 * 3^2
       18
```

Wir halten fest, daß Ausdrücke, die auszuwerten sind, in einem interaktiven System wie S-PLUS direkt eingegeben werden können. S-PLUS wertet die Ausdrücke aus und gibt das Ergebnis zurück. Es muß kein Programm geschrieben und keine Variable deklariert werden.

3.2.2 Zuweisungen

In den meisten Fällen werden die Ausdrücke, die berechnet werden sollen, schnell komplexer als in den vorherigen Beispielen. Um die Übersicht zu wahren und Resultate aufzuheben, müssen Werte in Variablen gespeichert werden. Das Ablegen von Werten in Variablen nennt man auch Zuweisung von Werten an Variablen.

Die Syntax von Zuweisungen haben wir bereits am Rande gestreift. In S-PLUS weisen wir der Variable x den Wert 2 zu, indem die Zeile

```
> x <- 2
```

eingegeben wird. Die Variable x muß nicht im Vorhinein deklariert werden und bei einer erneuten Zuweisung wird der alte Wert überschrieben.

Um den Wert einer Variable wieder auszugeben, kann der Name der Variable eingegeben werden und S-PLUS zeigt deren Inhalt an. Den gleichen Effekt bewirkt die Verwendung der Funktion print.

```
> x
     2
> print (x)
     2
```

In der Tat wird in beiden Fällen die Funktion print verwendet. Die erste Variante der Ausgabe wird interaktiv benutzt, sie ist einfacher und schneller einzugeben. Die zweite Variante kommt in Situationen zum Einsatz, wo Programmierung verwendet wird.

[Hinweis] Alle Zuweisungen in S-PLUS bleiben bestehen, bis die Variable explizit gelöscht oder überschrieben wird. Zum Löschen kann die Funktion rm verwendet werden wie in rm(x).
Der Wert einer Variable kann jederzeit verändert werden durch Überschreiben des alten Wertes.   ◁

Wir erstellen eine neue Variable x und löschen sie wieder.

```
> x <- 4                      # Erstellen/Überschreiben
> x                           # Ausgeben
     4
> rm (x)                      # Löschen
> x                           # Erneut ausgeben
     Error: Object "x" not found
```

| Hinweis | Alle Variablen werden von S-PLUS mit ihren Werten in das Datenverzeichnis geschrieben. Sie werden physikalisch auf der Festplatte gespeichert. Alle vorhandenen Variablen lassen sich im Object Browser betrachten oder im Command Window anzeigen durch

```
> objects()
```

Wenn S-PLUS verlassen und wieder gestartet wird, sind alle Variablen nach wie vor vorhanden, so daß die Arbeit sofort fortgesetzt werden kann. Wie wäre es, dies jetzt auszuprobieren?   ◁

Eine Zuweisung kann in der Mathematik wie auch in S-PLUS in zwei Richtungen geschehen. Der Ausdruck auf der rechten Seite kann der Variablen auf der linken Seite zugewiesen werden, so wie in x <- 2, oder der Ausdruck auf der linken Seite wird der Variablen auf der rechten Seite zugewiesen:

```
> 2 -> x
> x
      2
```

Der Operator -> setzt sich wiederum aus zwei Zeichen, - und >, zusammen.

3.2.3 Zusammenfügen von Elementen

Bisher haben wir nur mit einzelnen Zahlen gearbeitet, sogenannten Skalaren. Wenn das Quadrat der Zahlen 1.5, 2 und 2.5 errechnet werden soll, ist es aber schon mühsam, jede Zahl in einer eigenen Variable abzulegen und jede Variable einzeln zu quadrieren. Wir wollen diese Zahlen in Gruppen zusammenfassen und in einer Variable ablegen.
Die in S-PLUS gebräuchlichste Methode zur Erstellung eines Vektors ist die Verwendung der Funktion c (das "c" steht für concatenate – Zusammenfügen). Die Funktion c akzeptiert eine beliebige Menge von Argumenten, die der Reihe nach aufgeführt werden, durch Komma getrennt. Sie erstellt einen Vektor, und wenn dieser Vektor einer Variablen zugewiesen wird, ist er in der Variablen abgespeichert.

```
> x <- c(1.5, 2, 2.5)
> x
      1.5 2 2.5
```

Einer der Vorteile, einen Vektor zu erstellen, besteht darin, daß wir nun das Quadrat von x berechnen können. S-PLUS führt die Quadrierung elementweise durch, so daß wir die Quadrate der drei Elemente erhalten.

```
> x^2
      2.25 4.00 6.25
```

Die Funktion c kann auch verwendet werden, um Variablen untereinander oder Variablen mit Werten zu verknüpfen. So kann ein Vektor leicht erweitert werden.

```
> x <- c(x, 3)
> x
      1.5 2 2.5 3
```

| Hinweis | Die Funktion c kann mit jedem elementaren Datentyp arbeiten, so zum Beispiel, um Zeichenketten zu verknüpfen.

```
> y <- c("Ein", "Vektor", "von", "Zeichenketten")
> y
      "Ein" "Vektor" "von" "Zeichenketten"
```

Wenn verschiedene Elemente wie Zahlen und Zeichenketten miteinander verknüpft werden, so werden alle Elemente in den allgemeinsten Typ überführt. Aus Zahlen werden so Zeichenketten, und das Ergebnis ist ein Vektor von Zeichenketten.

```
> z <- c(x, "x")
> z
      "1.5" "2" "2.5" "3" "x"
```

Daraus resultiert, daß numerische Operationen wie Addition auf diesem Vektor nicht mehr durchgeführt werden können.   ◁

3.2.4 Sequenzen von Werten erstellen

Sequenzen (Reihen) von Zahlen werden häufig benötigt. Manchmal braucht man die Zahlen 1, 2, ..., 10, die Jahreszahlen 1990, 1991, 1992, 1993, ... oder Punkte zwischen 0 und 1 im Abstand von 0.1. Solche Sequenzen sind mit der Funktion seq erstellbar. Die allgemeine Syntax der Funktion **seq** lautet

$$\text{seq } (\textit{from, to, by})$$

oder auf Deutsch

$$\text{seq} \quad (\textit{Untergrenze, Obergrenze, Inkrement})$$

Unsere Zahlenreihen erstellen wir daher durch

```
> seq (1, 10, 1)
    1 2 3 4 5 6 7 8 9 10
> seq (1990, 1997, 1)
    1990 1991 1992 19931994 1995 1996 1997
> seq (0, 1, 0.1)
    0.0 0.1 0.2 0.3 0.4 0.5 0.6 0.7 0.8 0.9 1.0
```

Die Voreinstellung (der "Default"), wenn kein Inkrement angegeben ist, ist auf 1 gesetzt, so daß die ersten zwei Eingaben verkürzt werden können, indem wir die 1 für das Inkrement weglassen.

```
> seq (1, 10)
    1 2 3 4 5 6 7 8 9 10
> seq (1990, 1997)
    1990 1991 1992 1993 1994 1995 1996 1997
```

Der Wert *Untergrenze* ist per Voreinstellung ebenso auf 1 gesetzt, so daß das Erstellen der ersten Sequenz weiter verkürzt werden kann.

```
> a <- seq (10)
> a
    1 2 3 4 5 6 7 8 9 10
```

Die letzte Operation kann ebenso durch den Operator : (Doppelpunkt) ausgeführt werden. Der Ausdruck würde lauten

```
> b <- 1:10
> b
    1 2 3 4 5 6 7 8 9 10
```

Die Verwendung des Doppelpunktes ist ähnlich dem der Funktion **seq**, und das Fehlen des Inkrements kann nachgebildet werden, indem eine Sequenz gebildet und anschließend mit dem Inkrement multipliziert wird.

```
> 0:10*0.1
    0.0 0.1 0.2 0.3 0.4 0.5 0.6 0.7 0.8 0.9 1.0
```

Das gleiche Ergebnis erhalten wir mit

```
> 0:10/10
    0.0 0.1 0.2 0.3 0.4 0.5 0.6 0.7 0.8 0.9 1.0
```

Hinweis Wenn das Inkrement negativ ist, kann eine absteigende Sequenz erstellt werden. Das gleiche gilt für den Doppelpunkt–Operator, wenn die erste Zahl größer ist als die zweite.

```
> seq (5, 1, -1)
      5 4 3 2 1
> 5:1
      5 4 3 2 1
```

◁

3.2.5 Replizieren (Wiederholen) von Werten

Daten folgen manchmal einem regelmäßigen Muster, das sich wiederholt. S-PLUS bietet Unterstützung zur Generierung solcher Daten, und bei geschicktem Einsatz ist die Funktion **rep** ("replicate") ein sehr mächtiges Instrument. Die generelle Syntax lautet

$$\text{rep} \quad (Muster, \ Wiederholungen)$$

So kann ein Vektor, der fünfmal die 1 enthält, wie folgt erstellt werden.

```
> rep (1, 5)
      1 1 1 1 1
```

Beide Argumente, *Muster* und *Wiederholungen*, können nicht nur Zahlen sondern auch Vektoren sein. Wenn die Daten, das *Muster*, ein Vektor sind, so wird dieser entsprechend oft dupliziert.

```
> rep (c(0, 6), 3)
      0 6 0 6 0 6
```

Natürlich kann jedes Argument ein Ausdruck sein, der zuerst ausgewertet werden muß, bevor er von **rep** weiterverarbeitet wird.

```
> rep (c(0, "x"), 3)
      "0" "x" "0" "x" "0" "x"
> rep (1:3, 4)
      1 2 3 1 2 3 1 2 3 1 2 3
```

Wenn *Wiederholungen* ein Vektor ist, so muß er genauso lang sein wie *Muster* (oder so duplizierbar sein, daß sich die gleiche Länge ergibt). Jedes Element aus *Muster* wird dann so oft repliziert wie es sein korrespondierendes Element in *Wiederholungen* angibt.

```
> rep (1:3, 1:3)
      1 2 2 3 3 3
```

Bei fortgeschrittenen Benutzern wird häufig eine verschachtelte Konstruktion von **rep** verwendet. Das Ergebnis geben wir hier nicht an, sondern lassen den Befehl als Denksportaufgabe stehen.

```
> rep (1:3, rep (4, 3))
```

| Hinweis | Wenn die Länge des replizierten Vektors bestimmt ist und man nicht die Werte für den Parameter *Wiederholungen* errechnen möchte, kann nur die gewünschte Länge des Ergebnisses angegeben werden:

```
> rep (c(1, 3, 2), length=10)
     1 3 2 1 3 2 1 3 2 1
```

◁

3.3 Mathematische Operationen

Wir wollen S-PLUS jetzt nicht nur als einfachen Taschenrechner verwenden, wie wir dies am Anfang dieses Kapitels getan haben, sondern etwas komplexere Operationen auf Vektoren und Matrizen durchführen. Ausdrücke können in Variablen gespeichert werden, so wie in

```
> x <- 7 * 3
> x
     21
```

Wir können Operationen auch auf Variablen durchführen.

```
> a <- 7
> b <- 3
> c <- a * b
> c
     21
```

Vektoren haben wir bereits kurz betrachtet. Was passiert aber, wenn wir arithmetische Operationen auf Vektoren ausführen? Dies ist ein guter Startpunkt, um einige Experimente selbst durchzuführen. Wie wäre es, zwei Vektoren zu erstellen und diese zu addieren, zu multiplizieren, oder mit einer einfachen Zahl zu dividieren?
Nach diesem Experiment wollen wir uns in Tabelle 3.1 ansehen, welche Ergebnisse wir bei der Verknüpfung der Vektoren a und b erhalten, die wir durch

```
> a <- 5*(0:3)
> b <- 1:4
```

erstellt haben.

Tabelle 3.1. Arithmetische Operationen auf Vektoren

a	b	a+b	a-b	a*b	a/b	a^b
0	1	1	-1	0	0	0
5	2	7	3	10	2.5	25
10	3	13	7	30	3.33	1000
15	4	19	11	60	3.75	50625

| Hinweis | Arithmetische Operationen arbeiten auf Vektoren element-weise. Jedes Element des ersten Vektors besitzt ein zugehöriges Element im zweiten Vektor, so daß die Operation auf diesen beiden Werten durchgeführt wird. Daraus ergibt sich das entsprechende Element des Ergebnisvektors. Konkret: Werden zwei Vektoren a und b addiert, so ist das erste Element des Ergebnisvektors die Summe der ersten Elemente aus a und b, das zweite Element die Summe des zweiten Elements aus a und des zweiten Elements aus b, usw.
Daraus ergibt sich, daß zwei Vektoren, die durch eine Operation verknüpft werden sollen, gleich viele Elemente haben müssen. Wenn der eine Vektor eine vielfache Länge des anderen hat, so dupliziert S-PLUS den kürzeren Vektor, bis er die gleiche Länge hat. In allen anderen Fällen gibt S-PLUS eine Warnung aus. Daher sollte man selbst um die gleiche Länge besorgt sein, um potentielle Fehler zu vermeiden.
Eine einzelne Zahl (ein Skalar) ist ein Spezialfall eines Vektors, der gleich behandelt wird.   ◁

Zur Verknüpfung von Vektoren und Skalaren wollen wir das folgende Beispiel betrachten, wo ein Skalar mit einem Vektor multipliziert wird.

```
> a <- seq (0, 20, 5)
> a
      0 5 10 15 20
> 2*a
      0 10 20 30 40
```

Führen wir die Rechnung mit drei Vektoren fort, gelten die gleichen
Regeln. Definieren wir zu a und b in Tabelle 3.1 einen weiteren Vektor,
können anschließend alle drei addiert werden.

```
> c <- rep (2, 4)
> a + b + c
     3 9 15 21
```

Wer die letzte Berechnung durchführt, wird feststellen, daß S-PLUS
eine Warnung ausgibt nach der Erstellung des Vektors c, die auch bei
jeder folgenden Operation ausgegeben wird. Die Warnung kommt daher, daß wir einen Vektor namens c definiert haben, obwohl es bereits
eine Funktion namens c gibt (zur Verknüpfung von Elementen).

| Hinweis | Das Vergeben von Variablennamen, die bereits als Funktio-
nen existieren, sollte grundsätzlich vermieden werden. S-PLUS wird
diese Situation meistern und in jedem Falle das richtige Objekt finden, den Benutzer aber permanent mit Warnungen "belästigen". Die
Variable (zum Beispiel namens c) kann durch

```
> rm (c)
```

gelöscht werden, die Funktion wird dabei nicht betroffen. Um die Werte in c zu retten, kann vorher eine neue Variable erstellt werden, die
die Werte von c erhält: d <- c.   ◁

Bisher sind unsere Berechnungen für mathematisch versierte Benutzer
nicht besonders aufregend. Wir könnten nun versuchen, eine Funktion
zweier Variablen an verschiedenen Stellen auszuwerten. Wir könnten
eine Funktion vorliegen haben, die definiert sei als

$$f(x, y) \;=\; \sqrt{\frac{3x^2 + 2y}{(x + y)(x - y)}}.$$

Wir könnten eine Reihe von x– und y–Werten hernehmen und für
diese jeweils f(x,y) ausrechnen, doch mit unseren Kenntnissen über
Vektoren können wir dies viel eleganter lösen.
Wir erstellen zwei Vektoren x und y, für die Werte der Funktion f
errechnet werden sollen.

```
> x <- seq (2, 10, 2)
> y <- 1:5
> x
     2 4 6 8 10
```

```
> y
      1 2 3 4 5
```

Damit können wir eine Variable erstellen, die in jedem Element einen Funktionswert f(x,y) enthält.

```
> z <- ((3*x^2 + 2*y)/((x + y)*(x - y)))^(1/2)
> z
      2.160247 2.081666 2.054805 2.041241 2.033060
```

Wir werden später noch kennenlernen, daß wir auch Funktionen definieren können, so daß genau der Ausdruck **f(x,y)** eingegeben werden kann, analog zur mathematischen Definition der Funktion.

3.4 Klammern

S-PLUS kennt drei verschiedene Klammern: runde Klammern (), eckige Klammern [] und geschweifte Klammern { }.
Runde Klammern haben wir bereits kennengelernt: Sie definieren die Reihenfolge der Auswertung von Ausdrücken wie in **2*(3+4)** und begrenzen die Argumente bei Aufrufen von Funktionen wie in **seq (3, 12, 3)**.
Geschweifte Klammern sind bei Programmierern bekannt als Block-Begrenzer. In dieser Funktion treten sie auch in S-PLUS auf. Wir gehen darauf ein, wenn wir daran gehen, eigene Funktionen zu programmieren.
Eckige Klammern werden in S-PLUS wie in den meisten Programmiersprachen als Index–Begrenzer verwendet. Mit eckigen Klammern greift man auf das dritte oder achte Element eines Vektors zu, sie können zweidimensionale Indizes für Matrizen spezifizieren und mehrdimensionale Indizes für höherdimensionale Felder.
Wir wollen uns im folgenden mit der Selektion und Extraktion einzelner Elemente aus Strukturen wie Vektoren und Matrizen befassen. Tabelle 3.2 faßt die wichtigsten Verwendungszwecke der drei Arten von Klammern zusammen und greift ein wenig vor.
Eckige Klammern sind Index–Selektoren. Sie greifen auf einzelne Elemente höherdimensionaler Strukturen zu. Nehmen wir an, wir haben einen Vektor mit drei Elementen erstellt. Wenn wir nur auf das erste Element zugreifen wollen, setzen wir den entsprechenden Index, die 1, in eckige Klammern und extrahieren diesen Wert aus dem Vektor.

```
> x <- seq (0, 20, 10)
```

Tabelle 3.2. Arten von Klammern

Klammerart	Funktion
( )	Setzen von Prioritäten in mathematischen Ausdrücken (3*(2+4)) und Begrenzung von Argumenten zu Funktionsaufrufen (f(x)).
[ ]	Indexklammern zur Selektion von Indizes aus Vektor- und Matrixstrukturen (x[3], z[1,2])
{ }	Blockbegrenzer in Analogie zu geschweiften Klammern in C und begin ... end in Pascal (if { ...} { ... } else { ... })

```
> x
      0 10 20
> x [1]                      # Zugriff auf das 1. Element
      0
> x [2]                      # Zugriff auf das 2. Element
     10
> x [3]                      # Zugriff auf das 3. Element
     20
> x [4]                      # Nicht vorhanden
     NA
```

Die Angabe des Indexes kann selbst wieder ein Vektor sein, wenn mehr als ein Wert extrahiert werden soll. Jeder beliebige Ausdruck, der gültige Index–Werte liefert, kann hier eingesetzt werden.

```
> x [1:2]
      0 10
> x [c(1, 3)]
      0 20
```

Hinweis In der gleichen Notation können alle Werte mit Ausnahme der spezifizierten selektiert werden. Negative Indizes schließen die Werte aus, zu denen der positive Wert gehört.

```
> x [-1]                     # Alle ohne das 1. Element
     10 20
> x [-c(1:2)]                # Nicht das 1. & 2. Element
     20
> y <- 1:2
> x [-y]                     # Ohne die Indizes in y
     20
```

Zum Einstieg sollen diese Ausführungen genügen. Wir kommen auf Index–Selektion zurück, wenn wir mehrdimensionale Strukturen betrachten.

3.5 Logische Werte

Logische Werte, auch Boolesche Werte genannt, sind wahre Werte (**TRUE**) oder falsche Werte (**FALSE**). Wir werden logische Werte anwenden, um Vergleiche anzustellen. Wie wir noch sehen werden, können sie in S-PLUS zu vielen weiteren nützlichen Dingen benutzt werden. Logische Werte ermöglichen ein sehr elegantes und effizientes Programmieren, wenn es um Selektion aus einer Menge von Werten geht, die eine gewisse Bedingung erfüllen.

Fangen wir vorn an mit der Definition von logischen Werten.

| Hinweis | Logische Werte können entweder **FALSE** oder **TRUE** sein. In S-PLUS werden sie auch mit 0 (**FALSE**) und 1 (**TRUE**) codiert. Durch die 0–1–Codierung können sie zu numerischen Berechnungen wie Summenbildung verwendet werden.   ◁

Ein einfacher Vergleich generiert einen logischen Wert, so zum Beispiel die Frage, ob 3 gleich 4 ist.

```
> 3 == 4
     F
```

Wir bekommen bestätigt, daß die Aussage "3 ist gleich 4" falsch ist (F=**FALSE**).
Zu beachten ist, daß der logische Vergleich auf Gleichheit mit zwei Gleichheitszeichen spezifiziert wird (==). Diese und weitere logische Operatoren sind in Tabelle 3.3 zusammengefaßt.
Wir sehen uns weitere Anwendungen logischer Operatoren an.

```
> 3 < 4
     T
> 3 != 4
     T
```

Die obere Zeile gibt an, daß der Ausdruck "3 ist kleiner als 4" wahr (**TRUE**) ist. Die untere bestätigt, daß "3 nicht gleich 4" ist. Das Ausrufezeichen markiert die Negation eines Ausdrucks, die auch unär statt binär verwendet werden kann wie in !(3 > 4).

Tabelle 3.3. Binäre logische Operatoren[*]

Operator	Funktion
<	Kleiner als
>	Größer als
<=	Kleiner oder gleich
>=	Größer oder gleich
==	Genau gleich
!=	Ungleich

[*]: Binäre Operatoren bedingen zwei Argumente. Die hier aufgeführten Operatoren folgen der Syntax *Argument1 Operator Argument2*.

Wenden wir die logischen Operationen auf Vektoren an.

```
> x <- 1:3
> x < 3
     T T F
```

S-PLUS teilt uns mit, daß 1 und 2 kleiner sind als 3, 3 selbst aber nicht.

```
> x <- -3:3
> x < 2
     T T T T T F F
> sum (x < 2)
     5
```

Die letzte Anwendung ist besonders hervorzuheben. Wir verwenden die "Übersetzung" der Werte TRUE in 1 und FALSE in 0 und bilden die Summe über einen logischen Vektor. Da die FALSE–Werte mit 0 übersetzt werden, tragen sie zur Summe nichts bei und die Summe gibt die Anzahl der vorhandenen wahren Werte an. Die dahinterstehende Frage könnte etwa lauten: "Wie viele der Werte von -3, -2, ..., 3 sind kleiner als 2?"
Die Berechnung, die hier durchgeführt wird, übersetzt zunächst den Vektor aus T T T T T F F in 0 und 1. Aus 1+1+1+1+1+0+0 wird die Summe 5 errechnet.

Extrahieren von Indizes mit logischen Werten

Mittels logischer Werte können wir Elemente aus größeren Strukturen extrahieren, die eine logische Bedingung erfüllen. Nehmen wir an, wir haben eine Meßreihe von Körpergrößen verschiedener Kinder.

```
> groesse <- 140:148
```

und die dazugehörigen Körpergewichte.

```
> gewicht <- c(seq(50, 64, 2), 59)
```

Zunächst sehen wir uns die Gewichte über 60 kg an. Mittels logischer Werte können wir die Daten extrahieren, die sich beschreiben lassen als "die Gewichte, die größer als 60 sind".

```
> gewicht > 60
    F F F F F F T T F
```

Statt der logischen Werte wollen wir die Daten selbst sehen, und so hätten wir gern alle Gewichte, für die der logische Vektor aus `gewicht > 60` den Wert `TRUE` aufweist.

S-PLUS erlaubt, diesen logischen Vektor als Index–Selektor zu verwenden, so daß wir tatsächlich die Gewichte bekommen, die größer als 60 sind, anstelle der Wahr– oder Falsch–Feststellungen. Wird der logische Vektor als Index–Selektor zu einem Vektor verwendet, so ist das Resultat ein Vektor aller Werte, für die die Bedingung `TRUE` ist. Die `FALSE`–Werte werden weggelassen.

```
> gewicht [gewicht > 60]
    62 64
```

Dieser Ausdruck ist zu lesen als "Gewicht, für das gilt, daß Gewicht größer als 60 ist". Es folgen weitere Anwendungen.

```
> groesse [groesse > 145]
    146 147 148
> groesse [groesse < 140]
    numeric(0)                    # Kein Element vorhanden
> gewicht [gewicht > 60 & gewicht != 64]
    62
```

Das Zeichen `&` ("Kaufmanns–Und") verknüpft zwei logische Ausdrücke, so daß die Ausdrücke wahr werden, für die beide Teilausdrücke wahr sind. In unserer Anwendung wollen wir alle Gewichte sehen, die größer als 60 sind *und* nicht gleich 64.

Logische Ausdrücke in Index–Selektionen müssen sich nicht auf die Variable beziehen, deren Indizes selektiert werden. Wir können uns ebenso die Gewichte der Kinder ansehen, die größer als 145 cm sind. "Logisch ausgedrückt" wollen wir die Gewichte, für die gilt, daß die zugehörige Größe größer als 145 ist.

```
> gewicht [groesse > 145]
      62 64 59
```

Genauso können wir die Körpergrößen der Kinder extrahieren, die
schwerer als 60 kg sind.

```
> groesse [gewicht > 60]
      146 147
```

| Hinweis | Vorsicht bei negativen Indizes zum Ausschluß gewisser Wer-
te in Kombination mit logischen Ausdrücken. Nehmen wir an, wir
würden alle Werte einer Variable x selektieren wollen, die kleiner sind
als -1. Eventuell würden wir

```
> x [x<-1]
```

eingeben. Der Ausdruck innerhalb der eckigen Klammern wird zuerst
ausgewertet und da zwischen "kleiner" und "minus" kein Leerzeichen
ist, haben wir den Zuweisungsoperator <- verwendet! Somit hat x
den Wert 1 zugewiesen bekommen und ist überschrieben.
In solchen Ausdrücken muß ein Leerzeichen um den Operator "<" sein
oder die -1 in Klammern gesetzt werden: (-1).   ◁

3.6 Zusammenfassung

Diese Zusammenfassung soll noch einmal vertiefen, was wir bisher
gesehen haben. Wir werden durch eine detailliert ausgearbeitete Anwendung gehen und einen realen Datensatz untersuchen.
Erinnern wir uns zunächst an das Generieren von Zahlenreihen mit
den Funktionen **seq** und **rep**. Beide sind hilfreich, um Indizes zu generieren, mit denen man einzelne Werte aus großen Datensätzen herausfiltern kann.

```
> seq (1,6,1)            # 1 bis 6 in Schritten von 1
      1 2 3 4 5 6
> seq (1,6,2)            # 1 bis 6 in Schritten von 2
      1 3 5
> rep (1,6)              # Wiederhole 1 sechsmal
      1 1 1 1 1 1
> rep (6,1)              # Wiederhole 6 einmal
      6
> rep (1:3,2)           # Wiederhole 1:3 zweimal
      1 2 3 1 2 3
```

Bei der Installation von S-PLUS werden einige Datensätze mitinstalliert, auf die wir direkt zugreifen können. Wir wollen jetzt einen dieser Datensätze mit den Methoden, die wir bisher kennengelernt haben, ein wenig untersuchen.

Im weiteren Verlauf werden wir uns noch intensiv mit den Daten des wasserspeienden Geysirs "Old Faithful Geyser" auseinandersetzen, daher soll für den Moment genügen, daß die Daten aus den Messungen für die Wartezeit auf eine Eruption und die Dauer einer Eruption bestehen. Als erstes speichern wir die Daten so, daß wir zwei Vektoren haben.

```
> Wartezeit <- geyser$waiting
> Dauer <- geyser$duration
```

Damit haben wir die Vektoren `Wartezeit` und `Dauer` erstellt, mit denen wir im folgenden arbeiten wollen. Die Bedeutung des Zeichens $ werden wir noch behandeln.

Wenn der Datensatz auf dem Bildschirm ausgegeben wird, ist die Darstellung aufgrund seiner Größe etwas unübersichtlich. Wir könnten die ersten zehn Daten von `Wartezeit` ansehen.

```
> Wartezeit.Erste.10 <- Wartezeit [1:10]
> Wartezeit.Erste.10              # Ausgeben der Werte
     80 71 57 80 75 77 60 86 77 56
```

Die nächsten fünf Werte können auf die gleiche Art extrahiert werden.

```
> Wartezeit.Weitere.5 <- Wartezeit[11:15]
> Wartezeit.Weitere.5
     81 50 89 54 90
```

Um die ersten fünfzehn Daten in einem Vektor zu haben, können wir die zwei Variablen `Wartezeit.Erste.10` und `Wartezeit.Weitere.5` zusammenfügen.

```
> Wartezeit.Erste.15 <- c(Wartezeit.Erste.10,
+ Wartezeit.Weitere.5)
> Wartezeit.Erste.15
     80 71 57 80 75 77 60 86 77 56 81 50 89 54 90
```

Wollten wir einen weiteren Wert 100 zwischen den beiden Vektoren einfügen, kann dies genauso geschehen.

```
> c(Wartezeit.Erste.10, 100, Wartezeit.Weitere.5)
     80 71 57 80 75 77 60 86 77 56 100 81 50 89 54 90
```

Als nächstes können wir ansehen, welche kleinen Werte im Geysir-Datensatz für die Variable `Wartezeit` vorhanden sind. Wir selektieren alle Wartezeiten unter 50 Minuten.

```
> Wartezeit.Kurz <- Wartezeit [Wartezeit < 50]
```

Analog dazu können wir die Eruptionsdauern auswählen, die zu den Wartezeiten unter 50 Minuten gehören.

```
> Dauer.Nach.Kurzer.Wartezeit <- Dauer [Wartezeit<50]
```

Wie viele solcher kurzer Wartezeiten haben wir eigentlich? Wir können die Länge des Vektors `Wartezeit.Kurz` abfragen oder die Anzahl der Wartezeiten unter 50 Minuten im gesamten Vektor `Wartezeit` zählen.

```
> length (Wartezeit.Kurz)
     16
> sum(Wartezeit < 50)
     16
```

Hoffentlich sind die Dauern, die zu den kurzen Wartezeiten unter 50 Minuten gehören, von der gleichen Anzahl.

```
> length (Dauer.Nach.Kurzer.Wartezeit)
     16
```

Wir können den Mittelwert der kurzen Wartezeiten und den Mittelwert aller Wartezeiten errechnen.

```
> mean (Wartezeit.Kurz)
     47.8125
> mean (Wartezeit)
     72.31438
```

Ebenso errechnen wir den Mittelwert der Eruptionsdauern mit kurzer Wartezeit und aller Eruptionsdauern.

```
> mean (Dauer.Nach.Kurzer.Wartezeit)
     4.432292
> mean (Dauer)
     3.460814
```

Wir stellen fest, daß zu den kurzen Wartezeiten mittlere Eruptionsdauern von 4.43 Minuten gehören, die durchschnittliche Eruptionsdauer aller Eruptionen aber geringer ist, nur etwa 3.46 Minuten.

Sehen wir uns die Dauer der Eruption zu kurzen Wartezeiten an.

```
> Dauer.Nach.Kurzer.Wartezeit
       4.60000   4.46667   4.33333   4.00000   4.60000
       4.91667   4.58333   4.00000   4.00000   4.46667
       4.45000   4.41667   4.98333   4.00000   4.33333
       4.76667
```

Von den sechzehn Werten sind einige ziemlich genau gleich vier. Wir prüfen nach, um wie viele Werte es sich handelt.

```
> Dauer.Nach.Kurzer.Wartezeit==4
       F F F T F F F T T F F F F T F F
> sum(Dauer.Nach.Kurzer.Wartezeit==4)
       4
```

Wir können die Werte selektieren, die gleich 4 sind.

```
> Dauer.Ist.Vier <- Dauer.Nach.Kurzer.Wartezeit==4
> Dauer.Nach.Kurzer.Wartezeit [Dauer.Ist.Vier]
       4.000000 4.000000 4.000000 4.000000
```

Diesem Ausdruck, der die Dauern mit dem Wert 4 herausfiltert, können wir einen Wert zuweisen. Damit werden alle Werte, die auf dem Bildschirm angezeigt werden, durch einen neuen Wert ersetzt. Zuvor speichern wir die Daten in einer neuen Variable ab.

```
> Neue.Dauer <- Dauer.Nach.Kurzer.Wartezeit
> Neue.Dauer [Neue.Dauer==4] <- 4.01
> Neue.Dauer
       4.60000   4.46667   4.33333   4.01000   4.60000
       4.91667   4.58333   4.01000   4.01000   4.46667
       4.45000   4.41667   4.98333   4.01000   4.33333
       4.76667
```

Damit wollen wir unsere erste Arbeitssitzung mit S-PLUS beenden und zumindest für den Moment keine neuen Befehle mehr kennenlernen. Zur Vertiefung und insbesondere, um eine Reihe von Anwendungen dieser Befehle kennenzulernen, wollen wir die ersten Aufgaben angehen.

3.7 Aufgaben

Aufgabe 3.1

Berechne die ersten 50 Potenzen von 2, also $2^1 = 2$, $2^2 = 2 * 2 = 4$, $2^3 = 2 * 2 * 2 = 8$, $2^4 = 2 * 2 * 2 * 2 = 16$, usw.

Berechne die Quadrate aller ganzen Zahlen von 1 bis 50, also $1^2 = 1 * 1 = 1$, $2^2 = 2 * 2 = 4$, $3^2 = 3 * 3 = 9$, $4^2 = 4 * 4 = 16$, usw.

Welche der Zahlenpaare erfüllen die Bedingung $2^n = n^2$?

Verwende S-PLUS, um diese Berechnungen durchzuführen.

Aufgabe 3.2

Berechne für die Zahlen $0, 0.1, 0.2, ..., 2*\pi$ Sinus, Cosinus und Tangens mit den S-PLUS–Funktionen sin, cos und tan.

Berechne alternativ den Tangens dieser Zahlen aus der Beziehung $\tan(x) = \sin(x)/\cos(x)$.

Vergleiche die Ergebnisse der beiden Berechnungsverfahren für den Tangens. Wie viele Werte sind gleich und wie groß ist die maximale Differenz, wenn der Tangens über die S-PLUS Funktion `tan(x)` bzw. über `sin(x)/cos(x)` berechnet wird?

Aufgabe 3.3

Welche Wirkung haben die Funktionen `floor`, `trunc`, `round` und `ceiling` und wie lautet die Syntax der Befehle? Schlage in den auf dem Rechner verfügbaren Hilfsseiten nach.

Überlege, welche Ergebnisse für die Zahlen -3.7 und +3.8 zu erwarten sind, wenn diese Funktionen angewendet werden, und überprüfe die Überlegungen mit S-PLUS.

3.8 Lösungen

Lösung zu Aufgabe 3.1

Zunächst erstellen wir einen Vektor, der die Zahlen 1 bis 50 enthält, da wir diesen Vektor noch häufiger verwenden werden.

```
> eins.bis.fuenfzig <- 1:50
```

Dieser Vektor wird verwendet, um die Zahl zwei mit seinen Elementen zu potenzieren und um die zweiten Potenzen seiner Zahlen zu errechnen.

```
> x <- 2^eins.bis.fuenfzig
> x
      2 4 8 16 32 64 128 256 512 1024 2048 ...
> y <- eins.bis.fuenfzig^2
> y
      1 4 9 16 25 36 49 64 81 100 121 ...
```

Indem x und y miteinander verglichen werden, wird ein neuer Vektor bestehend aus T (TRUE) und F (FALSE) gebildet. Sind zwei Elemente von x und y gleich, ist das entsprechende Element des neuen Vektors T, sonst F. Der neue Vektor hat die gleiche Länge wie x bzw. y.

```
> identisch <- (x == y)
> identisch
      F T F T F ... F
```

Nun ermitteln wir die Werte, die in x und y gleich sind.

```
> x [identisch]
      4 16
```

Zum Test sehen wir uns die gleichen Elemente in y an.

```
> y [identisch]
      4 16
```

Es ist auch möglich, die Indizes der gleichen Zahlen in x und y zu ermitteln.

```
> (1:50) [identisch]
       2 4
```

Der zweite und vierte Eintrag in x und y sind identisch. Schlußendlich können wir noch S-PLUS errechnen lassen, wie viele identische Werte wir gefunden haben.

```
> length(x[identisch])
      2
```

Dieses Resultat könnte auch erzielt werden, indem wir die Anzahl der
TRUE–Werte in der Variable `identisch` zählen.

```
> sum (identisch)
      2
```

Zusammenfassend sind zwei der fünfzig Zahlenpaare identisch, die
Werte Nummer 2 und 4 in `x` und `y`, die den Zahlen 4 und 16 entsprechen.

Lösung zu Aufgabe 3.2

S-PLUS kennt die Kreiszahl π (Pi) als `pi`. Doch die Aufgabe läßt sich
auch mit der Approximation 3.14 lösen.
Mittels der `seq`–Funktion wird eine Reihe von Werten erzeugt und die
Differenz zwischen $\tan(x)$ und $\sin(x)/\cos(x)$ berechnet.
Wir weisen explizit darauf hin, daß diese Ergebnisse vom verwendeten
System, also von Hardware und Software, abhängig sind und daher
leicht differieren können.

```
> x <- seq(0, 2*pi, by=0.1)
> x.cos <- cos(x)
> x.sin <- sin(x)
> x.tan <- tan(x)
> diff <- tan(x) - sin(x)/cos(x)
```

Wir sehen uns nun an, welche der Differenzen, also der Werte in `diff`,
gleich 0 sind. Erwartungsgemäß sollten dies eigentlich alle Werte sein,
da die Funktion Tangens als der Quotient aus Sinus und Cosinus definiert ist.

```
> diff == 0
      T F F F T T F F T F F F F F T F T T T T T
      T F T T T F T T T T T T T T F T T T T F T T
      T F F T T F T T T T T T T T F T T F T T T
```

Offensichtlich sind einige der Differenzen nicht gleich 0, genauer gesagt, alle die mit einem F für FALSE codiert sind. Um dieses überraschende Ergebnis zu untersuchen, betrachten wir die Anzahl aller
Werte, die Anzahl der Werte, die exakt gleich 0 sind, und die größte
absolute Differenz.

```
> length (diff)
      63
> sum (diff==0)
      43
> sum (diff!=0)
      20
> max (abs(diff))
      1.421085e-014
```

Insgesamt sind 20 der 63 Werte ungleich 0 und die größte Differenz beträgt 1×10^{-14} oder 0.00000000000001. Für die meisten praktischen Anwendungen ist dieser Unterschied vernachlässigbar. Trotzdem sollte man in Fällen, in denen solche Differenzen wichtig sind, diesen Unterschied im Kopf behalten.

Die zunächst überraschenden Differenzen gehen zurück auf verschiedene Berechnungen zu Sinus, Cosinus und Tangens und numerische Ungenauigkeiten.

Lösung zu Aufgabe 3.3

Diese Aufgabe führt in die Welt der Rundungsmethoden. Wie wir schon in der Aufgabenstellung gesehen haben, bietet S-PLUS vier verschiedene Funktionen zum Runden von Zahlen an.

Tabelle 3.4. Rundungs-Funktionen

Funktion	Beschreibung
floor	Rundet auf die nächst kleinere ganze Zahl
trunc	Schneidet alle Nachkommastellen ab
round	Rundet auf die nächste ganze Zahl
ceiling	Rundet auf die nächste größere Zahl

Aus diesen Beschreibungen lassen sich schon die Ergebnisse der Anwendungen erahnen. Wendet man diese Funktionen auf positive und negative Zahlen an, so ergeben sich klare Unterschiede zwischen den Funktionen, die aufzeigen, daß tatsächlich alle vier Rundungsfunktionen notwendig sind, um alle möglichen Wünsche abzudecken.

Hier ist das Ergebnis für unsere vier Funktionen, angewandt auf die Zahlen -3.7 und 3.8.

```
> x <- c(-3.7, 3.8)
```

```
> floor(x)
     -4 3
> ceiling(x)
     -3 4
> trunc(x)
     -3 3
> round(x)
     -4 4
```

Vielleicht liefern die Funktionen `floor` und `ceiling` für negative Werte auf den ersten Blick verwirrende Resultate, da die nächst höheren bzw. niedrigeren Werte andere sind als erwartet. Die nächst kleinere ganze Zahl von -3.7 ist -4 und die nächst größere ganze Zahl von -3.7 ist -3. Zur besseren Übersicht fassen wir diese Ergebnisse in einer Tabelle zusammen.

Tabelle 3.5. Rundungs-Funktionen angewandt

	x=-3.7	x=3.8
floor (x)	-4	3
ceiling (x)	-3	4
trunc (x)	-3	3
round (x)	-4	4

Wir erhalten vier verschiedene Zahlenpaare als Ergebnis der Rundungen.

4. Die Zweite Sitzung

Im vorangegangenen Kapitel haben wir die elementaren Techniken gelernt, um mit S-PLUS als System umzugehen. Darauf aufbauend wollen wir uns in diesem Kapitel mit den etwas komplexeren Strukturen befassen, die in S-PLUS aufgebaut werden können. Wir gehen insbesondere auf Datenstrukturen wie Matrizen und mehrdimensionale Felder ein, behandeln Datensätze, die in sogenannten Data Frames abgespeichert sind und beschäftigen uns mit Listenstrukturen. Schließlich werden wir mit fehlenden Werten arbeiten und abschließend unsere Kenntnisse auf den Geysir–Datensatz anwenden. Die Übungsaufgaben vertiefen die Kenntnisse anhand praktischer Fragestellungen.

4.1 Datenstrukturen

Wie wir in der ersten Sitzung mit S-PLUS gelernt haben, sind Vektoren eine Datenstruktur, die die Verkettung mehrerer Objekte der gleichen Art zu einem Objekt (einer Variablen) erlauben. Zum Erstellen dieser Verkettung haben wir die Funktion c kennengelernt. Wenn mehrere solcher Vektoren zu einer neuen Struktur verknüpft werden, so ergeben sich zweidimensionale Strukturen, die wir im folgenden betrachten wollen. Mathematisch betrachtet sind zweidimensionale Strukturen Matrizen, S-PLUS kennt weitere Arten zweidimensionaler Datenstrukturen.

Die folgenden Abschnitte befassen sich mit Matrizen, Feldern (Arrays), Datenfeldern (Data Frames) und Listen. Zur besseren Übersicht stellen wir die Strukturen zu Beginn kurz vor.

Matrizen sind im Prinzip eine Reihe von vertikal dargestellten Vektoren, hintereinander angeordnet. Daraus ergibt sich eine rechteckige Form. Die Horizontalen werden als Zeilen bezeichnet, die Vertikalen als Spalten. Jede Spalte entspricht einem Vektor, jede Zeile einer Beobachtung.

Ordnet man die Daten Alter, Körpergewicht und Körpergröße von 10 Personen zu einer Matrix an, ergibt sich eine 10x3–Matrix mit 10 Zeilen und 3 Spalten. Jede Zeile enthält alle Daten zu einer Person, jede Spalte die Daten einer Variable zu allen Personen.
Matrizen können nur Variablen eines Typs, also entweder Zahlen oder Zeichenketten oder einen anderen Typ beinhalten.

Arrays sind eine etwas globalere Form von Matrizen, so daß jede Matrix auch ein Array ist. Ein Array kann in S-PLUS bis zu acht Dimensionen haben. Arrays können wie Matrizen nur einen Datentyp umfassen. Die wichtigsten Strukturen von Arrays haben spezielle Namen. Ein nulldimensionales Array wird auch Skalar genannt (entsprechend einem einzelnen Datum), ein eindimensionales Array heißt Vektor, ein zweidimensionales Array wird Matrix genannt und ein dreidimensionales Array wird auch als Würfel bezeichnet.
Wollten wir die im vorigen Abschnitt über Matrizen erwähnten Personendaten für mehrere Kontinente erheben, könnte man auf jedem der fünf Kontinente zehn Personen untersuchen und mit den Daten ein Array der Dimension 10x3x5 anlegen. Jeder Schnitt durch die zweite Dimension fixiert eine Variable, so daß, wenn die Variable Körpergröße betrachtet wird, wir eine Matrix der Dimension 10x5 erhalten. Schneiden wir durch die dritte Dimension, zum Beispiel, um alle Daten des Kontinents Afrika zu erhalten, bekommen wir eine 10x3–Matrix.

Data Frames sind aufgebaut wie Matrizen. Sie erlauben die Kombination verschiedener Datentypen zu einer Matrix, so daß wir in einem Data Frame bei unseren Personendaten noch zusätzlich die Variable Herkunftsland abspeichern können (bei einer Matrix oder einem Array wäre dies nicht möglich).

Listen sind die universellsten Datenstrukturen. Sie können in jedem Element eine beliebige Datenstruktur enthalten und erlauben verschiedene Größen für jedes Element der Liste. Die Flexibilität fordert allerdings manchmal den Preis eines etwas aufwendigeren Zugriffs.

Als erstes befassen wir uns mit Matrizen.

4.1.1 Matrizen

Eine Matrix ist eine rechteckige Struktur, die in jeder Zelle ein Datum enthält. Eine Zelle hat eine Adresse, die durch die Nummer der Zeile und der Spalte festgelegt ist, in der das Datum sich befindet. Ein solches Arrangement liegt beispielsweise auch Spreadsheets wie Excel zugrunde. Das Konzept abstrakt zu beschreiben ist weit komplizierter als es anhand von Anwendungen zu verdeutlichen. Daher sehen wir uns einige Möglichkeiten an, Matrizen zu verwenden.

Zunächst muß eine Matrix erstellt werden. Dazu hält S-PLUS die Funktion **matrix** bereit. Die Syntax der Funktion **matrix** ist im wesentlichen die folgende:

$$\texttt{matrix } (\textit{data},\ \textit{nrow},\ \textit{ncol},\ \texttt{byrow=F})$$

oder auf Deutsch

$$\texttt{matrix } (\textit{Daten},\ \textit{Zeilenzahl},\ \textit{Spaltenzahl},\ \textit{zeilenweise=F})$$

Zur Definition einer Matrix brauchen wir demnach vier Argumente. Unbedingt notwendig sind die Daten und zudem kann man die Anzahl der Zeilen und Spalten angeben sowie ob die Matrix zeilenweise oder spaltenweise aufgefüllt werden soll. Wenn die Voreinstellung des Parameters **byrow=F** nicht umgesetzt wird auf **byrow=T**, wird die Matrix spaltenweise gefüllt, also zuerst die erste Spalte, dann die zweite, usw. Wird **byrow=T** gesetzt, wird zeilenweise (horizontal) mit den Werten in *Daten* aufgefüllt.

Die Dimensionsangaben sind ebenfalls optional. Fehlen die Angaben *Zeilenzahl* und *Spaltenzahl*, wird eine eindimensionale Matrix erstellt, was dem Setzen von **ncol=1** entspricht.

Eine eindimensionale Matrix ist aber wiederum ein Vektor. Wir erstellen eine erste Matrix mit den Zahlen von 1 bis 6.

```
> matrix (1:6)
     1 2 3 4 5 6
```

Wenn nur eine der beiden Dimensionsangaben vorliegt, bestimmt S-PLUS die fehlende andere Dimension durch einfache Division. Liegen 6 Daten vor und die Anzahl der Zeilen ist gleich 2, so hat die Matrix 6/2=3 Spalten.

```
> matrix (1:6, nrow=2)
     1 3 5
     2 4 6
```

Natürlich können auch beide Dimensionen angegeben werden. Ist die Dimension so, daß die Datenzahl nicht zur Matrixstruktur paßt, verwendet S-PLUS die Daten nur teilweise oder mehrfach, informiert uns aber mit einer Warnung, daß dies geschehen ist.

Wir sehen, daß die Matrix zuerst in der ersten Spalte, dann in der zweiten und anschließend in der dritten Spalte gefüllt worden ist. Wollten wir sie horizontal füllen, würden wir die Option `byrow=T` setzen (also "by rows", zeilenweise, füllen). Das T steht für den logischen Wert TRUE.

```
> matrix (1:6, nrow=2, byrow=T)
     1 2 3
     4 5 6
```

Wenn Daten als Datei vorliegen und diese in eine Matrixstruktur eingelesen werden sollen, geschieht dies typischerweise zeilenweise.
Was wird von den folgenden Befehlen erstellt? (Erst überlegen und dann ausprobieren!)

```
> x <- 3:8
> matrix (x, 3, 2)
> matrix (x, ncol=2)
> matrix (x, ncol=3)
> matrix (x, ncol=3, byrow=T)
```

Hinweis Matrizen können nur aus einem Datentyp bestehen. In unserem Fall besteht die Matrix aus Zahlen, sie kann aber auch aus Zeichenketten bestehen, jedoch nicht aus beiden Typen gleichzeitig. Für diesen Fall sind Data Frames die bessere Datenstruktur, auf die wir in Kapitel 4.1.3 eingehen.   ◁

Wir erstellen im weiteren Verlauf eine Anwendung, die wir nach und nach verfeinern. Wir wollen Daten in einer Matrix speichern, die für verschiedene Länder deren Bruttosozialprodukt (BSP), Bevölkerung (in Millionen) und die Inflationsrate (in Prozent für 1995) angibt.[1]

```
> daten <- c(2075, 81.1, 1.8, 1355, 57.7, 1.7,
+ 197,7.9,2.2)
> landesdaten <- matrix (data, nrow=3, byrow=T)
> landesdaten
       2075  81.1  1.8
       1355  57.7  1.7
        197   7.9  2.2
```

Die Daten sind als Variable in `landesdaten` abgelegt, aber in dieser Form sind sie nicht sehr brauchbar. Wenn wir keine weitere Beschreibung haben, wissen wir nicht, welche Zahl welches Land und

---

[1] Die Daten sind dem Buch "The Economist Pocket World in Figures, 1997 Edition" entnommen.

welche Variable angibt. Wir können die Matrix "beschriften", indem wir Label (Beschreibungen) zu den Zeilen und Spalten der Matrix hinzufügen.
Die Label müssen mit der Anzahl Zeilen und Spalten übereinstimmen, so daß wir einen Vektor der Länge 3 für die Zeilen und einen weiteren Vektor der Länge 3 für die Spalten erstellen.

Beispiel 4.1. Label einer Matrix erstellen
Wir weisen der Matrix `landesdaten` Label (Beschriftungen) für Zeilen und Spalten zu. Dazu verwenden wir die Funktion `dimnames`.

```
> dimnames (landesdaten)
      NULL                          # Bestehende Namen
> dim (landesdaten)
      3 3                           # Dimension der Matrix
> laender <- c("Deutschland", "Frankreich",
+  "Oesterreich")
> variablen <- c("BSP", "Bev", "Inflation")
```

Wir können zunächst nur den Zeilen Label zuweisen, die aus den Landesnamen bestehen. Um auszudrücken, daß die Spalten kein Label bekommen sollen, verwenden wir die leere Variable NULL.

```
> dimnames (landesdaten) <- list (laender, NULL)
> landesdaten
      Deutschland  2075   81.1   1.8
       Frankreich  1355   57.7   1.7
      Oesterreich   197    7.9   2.2
```

Damit wäre uns schon geholfen, die Länder zu identifizieren. Analog können nur den Spalten Label zugewiesen werden oder Zeilen und Spalten beschriftet werden.

```
> dimnames (landesdaten) <- list (NULL, variablen)
> landesdaten
      BSP    Bev   Inflation
     2075   81.1        1.8
     1355   57.7        1.7
      197    7.9        2.2
> dimnames (landesdaten) <- list (laender, variablen)
> landesdaten
                    BSP    Bev   Inflation
      Deutschland  2075   81.1        1.8
       Frankreich  1355   57.7        1.7
      Oesterreich   197    7.9        2.2
```

Mit der gleichen Funktion, die zur Zuweisung von Labels verwendet wurde, können wir die Label abfragen. Wir lassen dazu die Zuweisung auf der rechten Seite weg und erhalten die Zeilen– und Spaltenlabels zurück.

```
> dimnames (landesdaten)
     [[1]]:
     "Deutschland"   "Frankreich"   "Oesterreich"
     [[2]]:
     "BSP"           "Bev"          "Inflation"
```

◁

Die Namen werden als Liste eingegeben (list (*Zeilennamen, Spaltennamen*)). Listen behandeln wir noch ausführlich, für den Moment genügt, daß Matrixlabel mit zwei Elementen über die Funktion **dimnames** angegeben werden. Der spezielle Werte **NULL** entfernt Namen oder gibt an, daß keine vorhanden sind.

Zugreifen auf Elemente von Matrizen

Daten werden nicht abgelegt, um sie zu speichern, sondern um mit ihnen zu arbeiten. Demzufolge wollen wir auf die Daten, die wir in der Matrix **landesdaten** gespeichert haben, zugreifen.

Wenn die Indizes der interessierenden Daten in der Matrix bekannt sind, können wir direkt auf sie zugreifen. Wir wissen beispielsweise, daß die Daten von Österreich sich in der dritten Zeile befinden und die Bevölkerung in der zweiten Spalte. Daher können wir die Bevölkerung Österreichs extrahieren.

```
> landesdaten[3, 2]
     7.9
```

Österreichs Einwohnerzahl beträgt also etwa 7.9 Millionen.

⎡Hinweis⎤ Auf Daten einer Matrix wird mit Angabe der Zeilennummer und der Spaltennummer (in dieser Reihenfolge) zugegriffen.   ◁

Wir können mehr als nur eine Zahl auf einmal extrahieren, indem als Index ein Vektor angegeben wird. So extrahieren wir alle Daten zu Frankreich, indem wir die zweite Zeile und dort die Spalten 1 bis 3 anfordern.

```
> landesdaten[2, 1:3]
     BSP    Bev   Inflation
     1355   57.7       1.7
```

Wenn alle Daten einer Zeile oder einer Spalte gefragt sind, kann der entsprechende Index ganz weggelassen werden. Eine kürzere Eingabe für alle Daten von Frankreich wäre daher

```
> landesdaten[2, ]
      BSP    Bev   Inflation
     1355   57.7        1.7
```

Wenn eine Matrix Labels besitzt, können diese zur Adressierung der Zellen verwendet werden. Indizes sind zwar schneller einzutippen, die Benutzung der Labels macht Programme aber wesentlich besser lesbar und erlaubt auch, daß Zeilen und Spalten eventuell neu sortiert werden, ohne daß das Programm geändert werden muß.

```
> landesdaten["Deutschland", "Inflation"]
     1.8
> landesdaten[, "Inflation"]
       Deutschland   Frankreich   Oesterreich
               1.8          1.7           2.2
```

Dies soll genügen, um das Prinzip der Adressierung von Daten zu erläutern.

| Hinweis | Mit der vorgestellten Adressierung können Daten nicht nur extrahiert, sondern auch neu zugewiesen werden. So kann der Stand der Bevölkerung von Frankreich auf 58 (Millionen) erhöht werden durch

```
> landesdaten["Frankreich", "Bev"] <- 58
```

◁

Rechnen mit Matrizen

Matrizen unterliegen Rechenregeln. Wir wollen diese kurz rekapitulieren und betrachten, wie diese Regeln in S-PLUS umgesetzt sind.

Um Matrizen zu addieren oder subtrahieren, müssen beide Matrizen von der gleichen Dimension sein, gleiche Zeilen- und Spaltenzahl haben. Ein Spezialfall ist eine einzelne Zahl, die bei Addition oder Subtraktion zu jedem Element der Matrix addiert oder von jedem Element subtrahiert wird. (S-PLUS rechnet auch mit Matrizen, deren Dimensionen ein Vielfaches der Dimension einer anderen Matrix sind. Von einem absichtlichen Benutzen dieser Funktionalität ist außer bei einzelnen Zahlen im allgemeinen abzuraten.)

Addition und Subtraktion von Matrizen wird elementweise durchgeführt, so daß zu jedem Element einer Matrix A der Dimension 5x4 das korrespondierende Element der gleichen Zelle in Matrix B addiert bzw. davon subtrahiert wird. Eine Matrix C der Dimension 4x5 kann nicht zu einer Matrix A der Dimension 5x4 addiert werden.

```
> A <- matrix (0:5, 2, 3)
> B <- matrix (seq (0, 10, 2), 2, 3)
> A+B
      0   6   12
      3   9   15
```

Auf die gleiche Art und Weise können elementweise Matrizen multipliziert und dividiert werden.

Matrixmultiplikation im mathematischen Sinne ist komplizierter. Die Multiplikation einer Matrix A der Dimension mxn mit einer Matrix B der Dimension pxq ergibt eine Matrix C der Dimension mxq. Dabei muß die Anzahl der Spalten der ersten Matrix (A) der Anzahl der Zeilen der zweiten Matrix (B) entsprechen, d.h. n muß gleich p sein. Der Operator für Matrixmultiplikation besteht in S-PLUS aus drei Symbolen, die sich zusammensetzen zum Operator %*%.

```
> C <- A %*% B
```

Matrixdivision im eigentlichen Sinne ist nicht möglich. Die Umkehroperation zur Matrixmultiplikation ist die Inversenbildung, so daß eine (beliebige passende) Matrix multipliziert mit einer Matrix D und wieder multipliziert mit der Inversen von D die Ausgangsmatrix ergibt. Zur Bildung der inversen Matrix bietet S-PLUS die Funktion `solve` an, die aufgrund ihrer weiteren Fähigkeiten, Gleichungssysteme zu lösen, diesen Namen erhalten hat. Der Aufruf zur Invertierung einer Matrix A würde demzufolge lauten:

```
> A.Invers <- solve(A)
```

Matrizen verschmelzen

Häufig sollen zu bestehenden Datensätzen weitere Daten hinzugefügt werden. Für Matrizen wie in unserem Fall für **landesdaten** bedeutet dies, eine neue Zeile für ein neues Land oder eine neue Spalte für eine weitere Variable hinzuzufügen.

Ein sehr einfacher Weg um Daten zu editieren besteht darin, den eingebauten Daten–Editor von S-PLUS zu verwenden, der über das Kontextmenu im Object Browser erreichbar ist.

Zur Zeit erlaubt dieser Editor die Veränderung der generellen Struktur eines Datensatzes nicht, so daß keine weiteren Zeilen oder Spalten ergänzt werden können. Wir erstellen daher eine neue Matrix, die die bisherigen Daten und die neuen Daten enthält.

Um zu einer Matrix eine neue Zeile anzubinden, wird die Funktion `rbind` verwendet, für Zeilen verwendet man `cbind` (`rbind` - row bind, `cbind` - column bind). Wir nehmen in unseren Datensatz `landesdaten` die Fläche der einzelnen Staaten auf. Dazu erstellen wir einen Vektor `Flaeche`, der die Zahlen enthält, und fügen ihn den Landesdaten hinzu.

```
> Flaeche <- c(358, 544, 84)
> landesdaten <- cbind (landesdaten, Flaeche)
> landesdaten
              BSP    Bev   Inflation   Flaeche
Deutschland   2075   81.1        1.8       358
Frankreich    1355   57.7        1.7       544
Oesterreich    197    7.9        2.2        84
```

Man beachte, daß S-PLUS automatisch den Namen der Variable als neues Label hinzugefügt hat.

Eine neue Zeile für die Daten der Schweiz wird in genau der gleichen Weise hinzugefügt. Wir verwenden dazu die Funktion `rbind`.

```
> Schweiz <- c(265, 7.1, 1.8, 41)
> landesdaten <- rbind (landesdaten, Schweiz)
> landesdaten
              BSP    Bev   Inflation   Flaeche
Deutschland   2075   81.1        1.8       358
Frankreich    1355   57.7        1.7       544
Oesterreich    197    7.9        2.2        84
Schweiz        265    7.1        1.8        41
```

In dieser Art können auch Matrizen miteinander verbunden werden. Wenn `rbind` verwendet wird, müssen die Zeilen gleich lang sein, im Falle von `cbind` gilt das gleiche für die Spaltenlängen.

4.1.2 Arrays

Arrays oder Felder sind eine mehrdimensionale Erweiterung von Matrizen. Matrizen sind zweidimensionale Strukturen, charakterisiert durch Zeilen und Spalten. Ein Array kann ein Vektor sein, der nur durch einen Index charakterisiert ist, eine Matrix, oder eine dreidimensionale Struktur, die einem Würfel ähnlich ist. Mehr als drei Dimensionen sind schwierig vorstellbar, in S-PLUS als Datenstruktur aber realisierbar.

Die allgemeinen Regeln, die wir für Matrizen eingeführt haben, gelten auch für Arrays.

Ein Array wird folgendermaßen erstellt:

$$\texttt{array}\ (\textit{data},\ \textit{dim})$$

oder auf Deutsch

$$\texttt{array}\ (\textit{Daten},\ \textit{Dimension(en)})$$

Beide Parameter müssen geschlossene Ausdrücke sein, die nicht durch Komma getrennt aufgezählt werden. So kann *data* ein Ausdruck der Form `c(1,4,11,7,4,4)` sein und *dim* ein Vektor der Form `c(2,3)`. Ein dreidimensionales Array der Dimension 3x2x4 (drei Zeilen, 2 Spalten und 4 "Scheiben"), das die Zahlen 1 bis 24 enthält, wird erstellt durch

```
> x <- array (1:24, c(3,4,2))
```

Wenn ein Array auf dem Bildschirm ausgegeben werden soll, kann es nur in zwei Dimensionen dargestellt werden. S-PLUS läßt zuerst den höchsten Index laufen, dann den zweithöchsten, usw., um zweidimensionale Scheiben der mehrdimensionalen Struktur darzustellen.

Beispiel 4.2. Ausgabe von Arrays

Wir erstellen ein dreidimensionales Array und betrachten das Ausgabeformat, das den höchsten Index am schnellsten laufen läßt, während je zwei Indizes vollständig ausgegeben werden, um eine zweidimensionale Scheibe anzuzeigen.

```
> x <- array (1:24, c(3,4,2))
> x
       , , 1

          [,1]  [,2]  [,3]  [,4]
    [1,]     1     4     7    10
    [2,]     2     5     8    11
    [3,]     3     6     9    12
```

```
, , 2
           [,1]   [,2]   [,3]   [,4]
    [1,]     13     16     19     22
    [2,]     14     17     20     23
    [3,]     15     18     21     24
```

Wenn wir die zweite Scheibe der zweiten Dimension des Arrays sehen wollten, könnten wir dies tun, indem der zweite Index fixiert wird.

```
> x[,2,]                        # Fixiere 2. Index
           [,1]   [,2]
    [1,]      4     16
    [2,]      5     17
    [3,]      6     18
```
◁

| Hinweis | An Arrays können Label angefügt werden wie an Matrizen. Die Funktion `dimnames` kann analog wie zuvor bei Matrizen verwendet werden. ◁

apply

Die Funktion `apply` bietet eine sehr elegante Möglichkeit, mit Arrays (und daher auch mit Matrizen) zu arbeiten. Eine Funktion kann auf alle Elemente eines Arrays angewandt werden, und der Benutzer ist in der Lage, zu spezifizieren, wie durch das Array gelaufen werden soll. So kann bei einer Matrix Spalte für Spalte der Mittelwert ausgerechnet werden oder in einem Array für jede Matrix, die sich ergibt, wenn durch den dritten Index gelaufen wird, der Mittelwert subtrahiert und durch die Standardabweichung dividiert werden, um die Daten zu standardisieren.

Die Syntax der Funktion `apply` lautet:

$$\texttt{apply}\ (data,\ dim,\ function,\ \dots)$$

oder auf Deutsch

$$\texttt{apply}\ (Daten,\ Dimension(en),\ Funktion,\ \dots)$$

Wir können uns ein besseres Verständnis für die Anwendung von `apply` verschaffen, indem wir die Funktion auf den zuvor erstellten Datensatz `landesdaten` anwenden.

Beispiel 4.3. Anwendungen von `apply`

Mit der Funktion `apply` berechnen wir das Maximum über jede einzelne Spalte des Datensatzes `landesdaten`, den wir zuvor erstellt haben. Wir errechnen somit das größte Bruttosozialprodukt, die höchste Bevölkerungszahl, die höchste Inflation und die größte Fläche.

Daß die Anwendung auf die Spalten der Matrix erfolgen soll, wird durch die Zahl 2 ausgedrückt, die sich auf die zweite Dimension des Arrays bezieht.

```
> apply (landesdaten, 2, max)
      BSP   Bev  Inflation  Flaeche
     2075  81.1        2.2      544
```

Für alle Spalten der Matrix ruft `apply` der Reihe nach `max` auf. Von `max` wird je ein Wert pro Aufruf zurückgegeben, und alle Werte gemeinsam werden von `apply` als Vektor retourniert.

In dieser Art kann jede Funktion in S-PLUS, die die entsprechende Eingabe akzeptiert, mittels `apply` aufgerufen und angewandt werden.

4.1.3 Data Frames

Data Frames sind eine weitere Verallgemeinerung von Matrizen. Sie erlauben insbesondere, verschiedene Datentypen wie Zahlen, Zeichenketten, Faktoren und andere in einer Matrixstruktur abzuspeichern. Bisher könnten wir nicht Geschlecht (als "m" und "w" codiert) und Alter in einer Matrix ablegen, doch mit Data Frames ist dies möglich. SAS–Benutzer kennen diesen Datentyp vielleicht bereits als Data Set. Ein Data Frame wird erstellt, indem die zugehörigen Elemente, im allgemeinen Vektoren, Matrizen oder Data Frames, aufgezählt werden. Die Syntax lautet

```
data.frame (Element1, Element2, ....)
```

Wir führen unsere Länderdaten fort und erweitern sie um eine neue Variable, die nicht als Zahl ausgedrückt wird. Wir können festhalten, welche Staaten zur Europäischen Union gehören und welche nicht (Stand 1997). Die Staaten Deutschland, Frankreich und Österreich erhalten das Attribut "EU", die Schweiz bekommt das Attribut "Nicht-EU".

Wenn wir die neue Variable mit `cbind` zur bestehenden Matrix
`landesdaten` hinzufügen, passiert folgendes:

```
> EU <- c("EU", "EU", "EU", "nicht-EU")
> landesdaten.neu <- cbind (landesdaten, EU)
> landesdaten.neu
                                  Infla
               BSP      Bev      tion    Flaeche          EU
Deutschland  "2075"   "81.1"   "1.8"     "358"          "EU"
 Frankreich  "1355"   "57.7"   "1.7"     "544"          "EU"
Oesterreich   "197"    "7.9"   "2.2"      "84"          "EU"
    Schweiz   "265"    "7.1"   "1.8"      "41"    "nicht-EU"

> apply (landesdaten.neu, 2, max)
      Error in FUN(x):
      Numeric summary undefined for mode "character"
      Dumped
```

Die Matrix wurde erstellt, aber S-PLUS weigert sich, auf Zeichenketten einen Mittelwert zu errechnen. Es folgt die gleiche Anwendung
mit einem Data Frame.

Beispiel 4.4. Erstellen eines Data Frames
Wir erstellen einen Data Frame der Länderdaten einschließlich der
Angabe EU/nicht–EU.

```
> EU <- c("EU", "EU", "EU", "nicht-EU")
> laender.dataframe <- data.frame (landesdaten, EU)
> laender.dataframe
                               Infla
               BSP    Bev      tion   Flaeche         EU
Deutschland   2075   81.1      1.8       358         EU
 Frankreich   1355   57.7      1.7       544         EU
Oesterreich    197    7.9      2.2        84         EU
    Schweiz    265    7.1      1.8        41   nicht-EU
```

Jetzt können wir auf die neu erstellten Daten die Funktion max spaltenweise anwenden.

```
> apply (laender.dataframe, 2, max)
      BSP    Bev   Inflation   Flaeche
     2075   81.1         2.2       544
```

Man sieht, daß S-PLUS automatisch erkennt, daß über die Variable EU kein Maximum zu bilden ist. Das Ergebnis zeigt lediglich die Maxima aller numerischen Variablen an.   ◁

| Hinweis | Innerhalb eines Data Frames können numerische Funktionen nur auf numerische Daten angewandt werden. Im allgemeinen erkennt S-PLUS die Anwendbarkeit.   ◁

Die Variablen unseres Datensatzes können in Matrixnotation adressiert werden. Auf das Bruttosozialprodukt kann zugegriffen werden mit `laender.dataframe [, "BSP"]`, auf die Bevölkerungszahlen mit `laender.dataframe [, "Bev"]`, usw. Ebenso können die Variablen in Listennotation adressiert werden durch `laender.dataframe$BSP`, `laender.dataframe$Bev`, etc. Zu Listen mehr im folgenden Kapitel. Um auf die Variablen direkt mit ihrem Namen zugreifen zu können, bietet S-PLUS die Funktion `attach` mit ihrem Gegenstück `detach` an. Nachdem ein Datensatz "attached" ist, kann auf ihn zugegriffen werden wie auf ein Verzeichnis, er taucht im Suchpfad auf und seine Variablen sind S-PLUS bekannt.

Beispiel 4.5. Bearbeiten eines Data Frames mit `attach` und `detach` Der Datensatz `laender.dataframe` kann seine Variablen direkt zur Verfügung stellen, wenn sie mit `attach` zugreifbar gemacht werden.

```
> attach (laender.dataframe)
```

Auf die Variable `Bev` greifen wir nun nur mit ihrem Namen zu, ohne `laender.dataframe [, "Bev"]` verwenden zu müssen.

```
> Bev
     Deutschland  Frankreich  Oesterreich  Schweiz
            81.1        57.7          7.9      7.1
> EU
     "EU" "EU" "EU" "nicht-EU"
```

Für die Variable EU werden keine Ländernamen angezeigt wie zuvor bei `Bev`. Jetzt gilt es aufzupassen! Wir haben zuvor eine Variable mit dem Namen EU erstellt, die sich als separate Variable in der interaktiven Sitzung befindet. Zusätzlich können wir mit dem gleichen Namen auf die Variable EU zugreifen, die Teil des Datensatzes `laender.dataframe` ist! Hier zeigt S-PLUS die Daten an, die zuerst gefunden werden, in unserem Falle die interaktiv definierten Daten. Eine Variable namens `Bev` hatten wir nicht separat definiert.

Wir sollten sicherheitshalber ein `detach` durchführen, die nicht mehr benötigten Daten `EU` löschen und danach `laender.dataframe` erneut attachen.

```
> detach()
> rm (EU)                        # Löschen der Variablen
> attach (laender.dataframe)
> EU                             # neuer Versuch
    Deutschland  Frankreich  Oesterreich    Schweiz
             EU          EU           EU    nicht-EU
> detach()
> EU
    Error: Object "EU" not found
```
◁

| Hinweis | Wenn eine Variable gleichen Namens mehrfach vorkommt, als S-PLUS-Funktion, als eigenständige Variable und als Teil eines Data Frames, der mit `attach` bearbeitet wird, findet S-PLUS das erste Vorkommen dieses Namens. Globale Variablen werden vor Variablen innerhalb eines Data Frames gefunden.   ◁

Ein weiterer Quervergleich für SAS Anwender: Der set-Befehl in SAS hat eine Reihe von Ähnlichkeiten zum Befehl `attach` in S-PLUS.

4.1.4 Listen

Listen sind die flexibelste Datenstruktur, um auch völlig heterogene Daten in einer Variablen zusammenzubinden. Eine Liste besteht aus einer Anzahl von Elementen, die nichts gemeinsam haben müssen. So kann das erste Element einer Liste eine Matrix der Dimension 100x7 sein und Zahlen enthalten, das zweite Element kann ein Vektor der Länge 17 mit Zeichenketten sein und das dritte Element könnte wieder eine Liste sein, die aus mehreren Elementen besteht.
Der Befehl, um eine Liste zu erstellen, lautet

`list (Element1, Element2, ....)`

Der Befehl `list` erstellt eine Liste, die die Teilelemente zu einer neuen Variablen zusammenfügt, ohne die Elemente direkt miteinander zu verknüpfen. Elemente werden hintereinander angefügt und mittels doppelter Klammern adressiert. Das erste Element wird durch *Variablenname*[[1]] angesprochen, das zweite durch *Variablenname*[[2]], etc.

Wird eine Liste durch die Eingabe von

```
list  (Name1=Element1,  Name1=Element2,  ....)
```

erstellt, können die Elemente auch durch *Variablenname*$*Name1*, *Variablenname*$*Name2*, etc. adressiert werden.

Wir erweitern unsere Daten der europäischen Länder, die wir bisher erstellt haben. Wir fügen die Information hinzu, welche Länder in Europa Deutsch als Amtssprache haben. Die Länder sind Belgien, Deutschland, Liechtenstein, Luxemburg, Österreich und Schweiz. Wir erstellen einen Vektor, der die Namen der Länder enthält, und fügen den Vektor und die bisherigen Daten, die in einem Data Frame abgespeichert sind, in eine Liste ein.

Beispiel 4.6. Erstellen einer Liste

```
> deutschsprachig <- c("Belgien", "Deutschland",
+ "Liechtenstein", "Luxemburg", "Oesterreich",
+ "Schweiz")
> laender.liste <- list (Basisdaten=laender.dataframe,
+ sprache.d=deutschsprachig)
> laender.liste
```

```
$Basisdaten:
                 BSP    Bev   Inflation   Flaeche        EU
Deutschland     2075   81.1         1.8       358        EU
Frankreich      1355   57.7         1.7       544        EU
Oesterreich      197    7.9         2.2        84        EU
Schweiz          265    7.1         1.8        41   nicht-EU

$sprache.d:
          "Belgien"      "Deutschland"    "Liechtenstein"
          "Luxemburg"    "Oesterreich"    "Schweiz"
> length(laender.liste$sprache.d)
      6
> laender.liste$sprache.d[length(laender.liste$sprache.d)]
      "Schweiz"
```

Wir greifen auf einzelne Elemente der Liste zu, indem wir die Indizes der Liste mit Doppelklammern adressieren, wie in [[1]] oder [[2]], und die Indizes der Listenelemente wie gewohnt als Matrix– oder Vektorkoordinaten eingeben.

```
> laender.liste[[1]]["Oesterreich", "Bev"]
     7.9
> laender.liste[[1]]["Oesterreich", "EU"]
     EU
     Levels:
     "EU" "nicht-EU"
```

Natürlich können wir auf Listenelemente alle Funktionen anwenden, die wir anwenden könnten, wären die Daten nicht in einer Liste. Wie zuvor verwenden wir auch hier **apply**, um das Maximum jeder Variable zu errechnen.

```
> apply (laender.liste[[1]], 2, max)
     BSP    Bev  Inflation  Flaeche
    2075   81.1       2.2      544
```

◁

Diese Einführung soll zunächst genügen, um mit Listen zu arbeiten. Da Listen eine große Flexibilität bieten, die in vielen Anwendungen genutzt wird, gehen wir in Kapitel 8.7 (Seite 240) ausführlich auf weitere Möglichkeiten ein.

4.2 Fehlende Werte: Eine Kurze Einführung

Fehlende Werte können von S-PLUS durch nicht erlaubte Berechnungen generiert werden, sie können aber auch vom Benutzer eingegeben werden, um zu dokumentieren, daß ein Wert nicht zur Verfügung steht. Würden wir beispielsweise das Bruttosozialprodukt von Österreich nicht zur Verfügung haben, müßten wir diese Zelle mit der Angabe "nicht vorhanden" füllen können. Zu diesem Zweck kennt S-PLUS eine spezielle Variable namens **NA**, eine Abkürzung für Not Available oder nicht vorhanden.

Mit fehlenden Werten läßt sich umgehen wie mit anderen Daten, S-PLUS erkennt diese Codierung und verarbeitet sie entsprechend. So können wir das Bruttosozialprodukt von Österreich als fehlend markieren, indem wir das entsprechende Feld auf den Wert **NA** setzen.

```
> laender.dataframe["Oesterreich", "BSP"] <- NA
```

```
> laender.dataframe[ , "BSP"]
     Deutschland  Frankreich  Oesterreich  Schweiz
            2075        1355           NA      265
```

Wir gehen zu einem späteren Zeitpunkt im Detail auf fehlende Werte ein. Viele Funktionen in S-PLUS reagieren speziell auf **NA**-Werte, so daß es sinnvoll ist, bereits jetzt einen kurzen Einstieg in das Thema zu haben.

Nachdem in den BSP–Daten einer der Werte fehlend ist, reagiert die Funktion **max** darauf.

```
> max (laender.dataframe[,"BSP"])
     NA
```

Die dahinterstehende Regel lautet, daß alle Operationen, in denen ein oder mehrere Daten **NA**-Werte sind, als Ergebnis ein **NA** zurückgeben. Damit der Programmieraufwand nicht zu groß wird, indem zuerst alle fehlenden Werte aus einem Datensatz gefiltert werden, bevor das Maximum errechnet wird, besitzt die Funktion **max** (wie viele andere auch) einen Parameter **na.rm**, dessen Default auf **F** (**FALSE**) gesetzt ist. Wird er auf **T** gesetzt, berechnet S-PLUS das Maximum nach Entfernung aller fehlenden Werte.

```
> max (laender.dataframe[ , "BSP"], na.rm=T)
     2075
```

Fehlende Werte können entdeckt und entfernt werden, indem jeder Wert eines Datensatzes mit der Funktion **is.na** darauf überprüft wird, ob er ein **NA** ist oder nicht.

```
> x <- laender.dataframe[,"BSP"]
> x.na <- is.na(x)
```

Den Vektor **x.na** können wir nun als Index–Selektor verwenden.

```
> max (x)
     NA
> max (x[-x.na])
     2075
> max (x[!x.na])
     2075
```

Hier haben wir den Vektor **x.na** als Indexselektor benutzt, um alle Werte zu selektieren, die nicht gleich **NA** sind (daher die Negation !, die auch durch das negative Vorzeichen dargestellt werden kann).

Weitere Details zu fehlenden Werten folgen in Kapitel 6.5 (Seite 159),
nachdem wir uns weitere Grundlagen angeeignet haben.

4.3 Anwendungen

Wie im vorherigen Kapitel wollen wir das soeben Gelernte konzentriert wiederholen und auf den Geysir–Datensatz anwenden, um zu
sehen, was mit der Kombination von Befehlen erreicht werden kann.
Die Stärke der Anwendung von S-PLUS besteht schlußendlich darin,
daß man flexibel mit dem System umgehen kann. Dazu sollten die
Grundlagen vorhanden sein, um nicht bei jedem Detail im Handbuch
nachschlagen zu müssen.
Als erstes hatten wir im vorherigen Kapitel die Daten, die in der Variablen **geyser** gespeichert sind, in zwei separate Vektoren kopiert. In
diesem Kapitel haben wir den Befehl **attach** kennengelernt, der auf
Data Frames ebenso anwendbar ist wie auf Listen. Nach der Eingabe von **attach** stehen uns die in **geyser** vorhandenen Elemente als
eigenständige Daten zur Verfügung.

```
> attach (geyser)
```

Der Datensatz **geyser** ist im Übrigen als Liste abgespeichert, die die
Elemente **waiting** und **duration** hat. Ab sofort können wir die Varia-
blen **waiting** und **duration** verwenden. Als erstes erstellen wir eine
Matrix mit zwei Spalten. S-PLUS beschriftet die Spalten automa-
tisch mit den Namen **waiting** und **duration**. Wir können die Namen
Wartezeit und Dauer vergeben.

```
> geyser.matrix <- cbind (waiting, duration)
> dim (geyser.matrix)          # Dimension abfragen
      299 2                    # 299 Zeilen und 2 Spalten
> dimnames(geyser.matrix) <-  list (NULL,
+  c("Wartezeit", "Dauer"))
```

Um einen Eindruck von den Daten zu bekommen, fragen wir nach
Minimum und Maximum. Wir berechnen Minimum und Maximum
für jede Spalte der Matrix, indem wir die Funktion **apply** verwenden.

```
> apply (geyser.matrix, 2, min)
      Wartezeit        Dauer
         43   0.833333
```

```
> apply (both, 2, max)
        Wartezeit  Dauer
            108    5.45
```

Wir könnten vermuten, daß die minimale Wartezeit und die minimale
Ausbruchsdauer zu einer Beobachtung gehören, also in einer Zeile der
Matrix anzutreffen sind. Dies können wir überprüfen, indem wir den
Index der minimalen Wartezeit suchen und die entsprechende Zeile
der Matrix selektieren.

```
> Wartezeit.min <- waiting==min(waiting)
> geyser.matrix[Wartezeit.min, ]
        Wartezeit       Dauer
             43    4.333333
```

Die minimale Wartezeit und die minimale Ausbruchslänge gehören
daher nicht zusammen. Vielleicht gehört die minimale Wartezeit zur
maximalen Ausbruchsdauer? Eventuell aber auch nur zur zweitläng-
sten Eruption. Daher wollen wir zwei Datensätze erstellen, die jeweils
die kürzesten und längsten Wartezeiten mit den zugehörigen Eruptionsdauern beinhalten.

Wir wählen als untere Grenze 48 Minuten und als obere Grenze 95
Minuten. Nun selektieren wir alle Zeilen der Matrix, in denen die
Wartezeit zum einen kürzer als 48 Minuten, zum anderen länger als
95 Minuten ist.

```
> geyser.matrix [waiting < 48, ]
        Wartezeit       Dauer
             43    4.333333
             45    4.416667
             47    4.983333
             47    4.766667
> geyser.matrix [waiting > 95, ]
        Wartezeit       Dauer
            108    1.950000
             96    1.833333
             98    1.816667
             96    1.800000
```

Es wird erkennbar, daß eine hohe Wartezeite mit einer niedrigen Dauer
verknüpft ist und umgekehrt.

| Hinweis | In dieser Anwendung ist zu beachten, daß die Liste namens
geyser die Variablen **waiting** und **duration** enthält, die wir für un-

sere Berechnungen verwenden. Die Matrix namens `geyser.matrix`, die als Datengrundlage dient, enthält dagegen zwei Spalten namens `Wartezeit` und `Dauer`. Ein `attach(geyser.matrix)` würde uns erlauben, auf die letzteren zwei Variablen zuzugreifen. Wir wollen aber nicht völlig durcheinandergeraten.   ◁

Die beiden Teilmatrizen mit den kleinsten und größten Werten der Wartezeit können wir zu einer Matrix verschmelzen, indem wir Variablen erstellen und die entstehenden zwei Matrizen mit `rbind` zu einer zusammenfügen.

```
> geyser.warte.kurz <- geyser.matrix [waiting < 48, ]
> geyser.warte.lang <- geyser.matrix [waiting > 95, ]
> geyser.extrem <- rbind (geyser.warte.kurz,
+ geyser.warte.lang)
> geyser.extrem
        Wartezeit      Dauer
           43       4.333333
           45       4.416667
           47       4.983333
           47       4.766667
          108       1.950000
           96       1.833333
           98       1.816667
           96       1.800000
```

Schließlich stellen wir fest, daß die Daten der Matrix `geyser.extrem` nicht sortiert sind. Wir würden sie gern nach der ersten Spalte, den Werten für Wartezeit, sortieren. Nur die Wartezeiten zu sortieren, wäre ein einfaches Unterfangen. Wir könnten die Funktion `sort` verwenden.

```
> sort (geyser.extrem[, 1])
   43 45 47 47 96 96 98 108
```

Wir möchten aber die Matrix nach der ersten Spalte sortieren. In diesem Fall können die Ordnungszahlen der Variable `waiting` errechnet und als Index für beide Spalten verwendet werden. Dazu verwenden wir die Funktion `order`.

```
> geyser.extrem.ordnung <- order (geyser.extrem[, 1],
+ geyser.extrem[, 2])
> geyser.extrem.ordnung
   1 2 4 3 8 6 7 5
```

Diese Zahlen geben uns an, daß der kleinste Wert sich in der ersten
Zeile befindet, der zweitkleinste in der zweiten und der drittkleinste
in der vierten Zeile. Der acht-kleinste oder größte Wert findet sich
in Zeile 5. Diese Ordnungszahlen als Index verwendet ergeben eine
sortierte Matrix.

```
> geyser.extrem[geyser.extrem.ordnung, ]
      Wartezeit      Dauer
           43    4.333333
           45    4.416667
           47    4.766667
           47    4.983333
           96    1.800000
           96    1.833333
           98    1.816667
          108    1.950000
```

Wir haben der Funktion order zwei Argumente übergeben, um zu bewirken, daß zuerst nach der ersten Spalte der Matrix geyser.extrem
sortiert werden soll. Wenn gleiche Werte auftreten, wird nach der zweiten Spalte sortiert. Für die Wartezeiten 47 und 96 sind zwei Werte
vorhanden, so daß jeweils zuerst der Wert mit der kleineren Eruptionsdauer vorkommt.

Für den Moment haben wir genügend neue Dinge gelernt, um eine
kleine Pause zu machen. Anschließend wollen wir das in diesem Kapitel gelernte anwenden. Die Aufgaben vertiefen das neue Wissen, indem
die Daten der europäischen Länder durch Kombination verschiedener
Befehle weiter untersucht werden.

4.4 Aufgaben

Aufgabe 4.1

Der bisher erstellte Datensatz der europäischen Länder beinhaltet eine
Reihe interessanter Informationen. Die flächenmässig großen Länder
Deutschland und Frankreich sind mit den kleineren Staaten Schweiz
und Österreich verglichen worden, ohne irgendeine Normierung auf
die Größe vorzunehmen.
Daher soll nun das Bruttosozialprodukt pro Kopf berechnet werden.
Die neue Variable soll Teil des bereits erstellten Data Frames werden,
den wir `laender.dataframe` genannt hatten.
Berechne das Maximum für jede der Variablen des Data Frames.
Welches Land hat das höchste Bruttosozialprodukt pro Kopf?
Setze das BSP für Frankreich auf einen fehlenden Wert. Schließe
Frankreich von den Berechnungen der Maxima aus und errechne er-
neut die Maximalwerte.
Welches Land wird nun als das Land mit der größten Fläche ange-
zeigt – stimmt die Angabe?
Wie müssen die Maxima berechnet werden, um die korrekte Lösung
zu erhalten?

Aufgabe 4.2

Wir setzen die bisherige Datenanalyse fort.
Der Datensatz `laender.dataframe`, der nun die Variable BSP pro
Kopf beinhaltet, soll nach dieser Variable sortiert werden.
Sortiere die Zeilen der Variablen so, daß die Länder in aufsteigender
Reihenfolge des BSP pro Kopf angezeigt werden (das Land mit dem
kleinsten Bruttosozialprodukt pro Kopf zuerst).
Was muß eingegeben werden, um die Länder in absteigender Reihen-
folge des Bruttosozialprodukts zu sortieren? Benutze die von S-PLUS
angebotene Hilfe, um die Sortierung in absteigender Reihenfolge vorzunehmen.

Aufgabe 4.3

Wir wollen die Liste der Länder (`laender.liste`) um einen weiteren Eintrag ergänzen. Der Eintrag soll ein Vektor von Zeichenketten
sein, der die Länder umfaßt, in denen Französisch die oder eine der
Amtssprachen ist.
Als nächstes wollen wir mit diesen Daten von S-PLUS anzeigen lassen, in welchen Ländern Deutsch und Französisch offizielle Sprachen
sind.
Dazu soll ein gemeinsamer Vektor der Länder mit Amtssprachen
Deutsch und Französisch erstellt werden, der darauf überprüft wird,
welche Länder doppelt vorkommen. Diese müssen Deutsch und Französisch als Amtssprache haben.
Hilfestellung: Die Länder, in denen Französisch offizielle Amtssprache
ist, sind Belgien, Frankreich, Luxemburg und Schweiz.

4.5 Lösungen

Lösung zu Aufgabe 4.1

Wir wollen das Bruttosozialprodukt pro Kopf für jedes Land berechnen und die neue Variable dem Datensatz `laender.dataframe` hinzufügen. Sie entsteht durch Teilen des Gesamt-Bruttosozialproduktes durch die Bevölkerungszahl.

```
> attach (laender.dataframe)   # Variablen direkt zugreifen
> laender.neu <- data.frame (laender.dataframe,
+ BSP/Bev)
> detach ()                    # und wieder schliessen
> laender.neu
```

	BSP	Bev	Infla tion	Flae che	EU	BSP.Bev
Deutschland	2075	81.1	1.8	358	EU	25.58570
Frankreich	1355	57.7	1.7	544	EU	23.48354
Oesterreich	197	7.9	2.2	84	EU	24.93671
Schweiz	265	7.1	1.8	41	nicht-EU	37.32394

Die neue Variable hat einen merkwürdigen Namen bekommen, da S-PLUS versucht hat, diesen aus der Division herauszufiltern. Wir können den Namen neu zuweisen durch die Funktion **dimnames**.

```
> dimnames (laender.neu)[[2]][6] <- "BSP.pro.Kopf"
```

Das gleiche Ergebnis erzielt man, indem beim Zusammenstellen gleich der Variablenname auf die linke Seite eines Gleichheitszeichens geschrieben wird.

```
> laender.neu <- data.frame (laender.dataframe,
+ BSP.pro.Kopf=BSP/Bev)
> laender.neu
```

	BSP	Bev	Infla tion	Flae che	EU	BSP.pro. Kopf
Deutschland	2075	81.1	1.8	358	EU	25.58570
Frankreich	1355	57.7	1.7	544	EU	23.48354
Oesterreich	197	7.9	2.2	84	EU	24.93671
Schweiz	265	7.1	1.8	41	nicht-EU	37.32394

Das Maximum für jede Variable (Spalte) wird mit den Funktionen **apply** und **max** berechnet. Dabei darf die 5. Spalte nicht berücksichtigt werden, da diese keine numerischen Werte enthält.

```
> apply (laender.neu[, -5], 2, max)
        BSP    Bev  Inflation  Flaeche  BSP.pro.Kopf
       2075   81.1        2.2      544      37.32394
```

Für den Wert Fläche ist der Maximalwert von 544 angegeben.

Wir setzen das BSP für Frankreich auf fehlend und berechnen die
Maximalwerte neu.

```
> laender.neu[2,1] <- NA
> apply (laender.neu[, -5], 2, max)
        BSP    Bev  Inflation  Flaeche  BSP.pro.Kopf
         NA   81.1        2.2      544      37.32394
```

Mit den nächsten Befehlen werden die Zeilen identifiziert, die fehlende
Werte enthalten, und von der erneuten Berechnung des Maximums
ausgeschlossen.

```
> BSP.fehlt <- is.na (laender.neu[, "BSP"])
> apply (laender.neu[!BSP.fehlt, -5], 2, max)
        BSP    Bev  Inflation  Flaeche  BSP.pro.Kopf
       2075   81.1        2.2      358      37.32394
```

Bei der Berechnung des Maximums werden die Zeilen nicht berücksichtigt, die einen oder mehrere fehlende Werte beinhalten. In unserem
Datensatz gibt es einen fehlenden Wert für Frankreich. Damit werden alle Angaben für dieses Land bei der Berechnung des Maximums
nicht berücksichtigt, auch wenn für andere Parameter keine fehlenden Werte vorliegen. Das flächenmäßig größte Land ist Deutschland
mit einer Fläche von 358'000 Quadratkilometern. Bei der Betrachtung
der Rohdaten ist zu sehen, daß eigentlich Frankreich das größte Land
ist. Grund für diese Diskrepanz ist der fehlende Wert beim BSP für
Frankreich. Eigentlich wäre nur der Ausschluß des fehlenden Wertes
bzgl. des BSP nötig und nicht der Ausschluß der gesamten Zeile. Die
Hilfstexte geben für die Funktion max an, daß mit dem Parameter
na.rm die Behandlung von fehlenden Werten gesteuert werden kann
und einzelne Werte von der Analyse ausgeschlossen werden können.

```
> help (max)                        # Hilfe aufrufen
> apply (laender.neu[, -5], 2, max, na.rm=T)
        BSP    Bev  Inflation  Flaeche  BSP.pro.Kopf
       2075   81.1        2.2      544      37.32394
```

Lösung zu Aufgabe 4.2

Im folgenden werden wir den Datensatz aus der vorherigen Aufgabe, `laender.neu`, aufsteigend und absteigend nach BSP pro Kopf sortieren. Die Funktion `order` liefert die Indexzahlen der unsortierten Variablen so, daß wenn diese Zahlen als Indizes verwendet werden, die Reihe aufsteigend sortiert ist. Benutzt man die Indizes als Zeilenindizes einer Matrix, wird die gesamte Matrix nach der Variable sortiert, die an `order` übergeben wurde. Wir erstellen die Variable `BSP.order`, die die Indexzahlen enthält, die zu `BSP.pro.Kopf` gehören.

```
> BSP.order <- order (laender.neu[, "BSP.pro.Kopf"])
> BSP.order                        # Vektor sortierter Indizes
      3 1 2 4
```

Werden die Ordungszahlen als Zeilenindex eines neuen Data Frames eingesetzt, resulitcrt ein Data Frame in gewünschter Folge.

```
> laender.neu.sortiert <- laender.neu[BSP.order, ]
> laender.neu.sortiert
```

	BSP	Bev	Infla tion	Flae che	EU	BSP.pro. Kopf
Frankreich	1355	57.7	1.7	544	EU	23.48354
Oesterreich	197	7.9	2.2	84	EU	24.93671
Deutschland	2075	81.1	1.8	358	EU	25.58570
Schweiz	265	7.1	1.8	41	nicht-EU	37.32394

Es kann nicht häufig genug betont werden, daß die Help-Funktion in S-PLUS benutzt werden sollte. Zu einem Befehl existiert meist ein Hyperlink zu anderen in Verbindung stehenden Befehlen. Zum Beispiel gibt es für die Funktion `order` einen Hyperlink zu der Funktion `rev`. Mit ein wenig Vorstellungskraft kann man erahnen, daß diese Funktion die Reihenfolge umkehrt. Verfolgt man den Hyperlink, erkennt man, daß genau dies die Funktionsweise der `rev`-Funktion ist.

```
> help (order)
> laender.neu [ rev(BSP.order), ]
```

	BSP	Bev	Infla tion	Flae che	EU	BSP.pro. Kopf
Schweiz	265	7.1	1.8	41	nicht-EU	37.32394
Deutschland	2075	81.1	1.8	358	EU	25.58570
Oesterreich	197	7.9	2.2	84	EU	24.93671
Frankreich	1355	57.7	1.7	544	EU	23.48354

Lösung zu Aufgabe 4.3

Wir wollen die Daten der europäischen Länder um die französischsprachigen ergänzen und anschließend mit S-PLUS die Länder suchen, die
Deutsch und Französisch als offizielle Amtssprache haben.

Französisch ist in fünf europäischen Ländern Amtssprache oder eine
der Hauptsprachen. Selbstverständlich kann die Aufgabe auch ohne
dieses Wissen bearbeitet werden.

Die bereits bestehende Liste namens `laender.liste` fassen wir mit
dem Vektor der deutschsprachigen Länder und dem Vektor der französischsprachigen Länder zu einer neuen Liste zusammen.

```
> franz.sprachig <- c("Belgien", "Frankreich",
+ "Luxemburg","Schweiz")
> amtssprachen <- list (laender.liste$Basisdaten,
+ deutschsprachig, franz.sprachig)
> amtssprachen
    [[1]]:
                             Infla
               BSP    Bev    tion   Flaeche         EU
Deutschland    2075   81.1    1.8       358         EU
Frankreich     1355   57.7    1.7       544         EU
Oesterreich     197    7.9    2.2        84         EU
    Schweiz     265    7.1    1.8        41   nicht-EU

    [[2]]:
    "Belgien" "Deutschland" "Liechtenstein"
    "Luxemburg" "Oesterreich "Schweiz"
    [[3]]:
    "Belgien" "Frankreich" "Luxemburg"
    "Schweiz"
```

Es gibt nicht nur einen Lösungsweg um herauszufinden, in welchen
Ländern Deutsch und Französisch gesprochen wird. Hier ist einer der
vielen Wege.

Wir erstellen einen neuen Vektor von Ländern, der alle Länder aus
dem Vektor `deutschsprachig` und zudem alle Länder aus dem Vektor
`franz.sprachig` enthält. Die Länder, die beide Sprachen als offizielle
Sprachen führen, müssen im neuen Vektor doppelt vorkommen. Ob
ein Element in einem Vektor mehr als einmal vorkommt, kann mit
der Funktion `duplicated` ermittelt werden.

```
> d.oder.f <- c(deutschsprachig, franz.sprachig)
> doppelt <- d.oder.f [duplicated (d.oder.f)]
```

```
> doppelt
      "Belgien", "Luxemburg" "Schweiz"
> laender.liste2$Basisdaten[doppelt, ]
          BSP  Bev  Inflation  Flaeche        EU
           NA   NA         NA       NA        NA
           NA   NA         NA       NA        NA
Schweiz   265  7.1        1.8       41  nicht-EU
```

Wir erhalten zwei Zeilen, die nur fehlende Werte (NA) enthalten, da für
die Länder Belgien und Luxemburg keine Basisdaten über Bevölkerung, Bruttosozialprodukt, etc. vorliegen. Die dritte Zeile gibt die Daten des dritten mehrsprachigen Landes an, der Schweiz.

5. Grafik

Wie wir im folgenden sehen werden, sind Grafiken einfach und sehr flexibel zu erstellen. Die Möglichkeit der Grafik–Erstellung durch vorhandene Systemroutinen und Adaption an eigene Bedürfnisse sowie das interaktive Hinzufügen von weiteren Elementen sind wesentliche Stärken des Systems S-PLUS. Interaktiv können auch mehrere Grafiken und Fenster simultan bearbeitet werden.

Dieses Kapitel befaßt sich mit dem Thema Grafik, deren Erstellung und Verwendung, der Benutzung von Parametern, Bearbeitung von Teil–Elementen, und mehr. Abschließend werden wir die wichtigsten Elemente zur effizienten Erstellung von Grafiken noch einmal zusammenfassen.

Das Gesamtsystem S-PLUS bietet insbesondere im grafischen Bereich sehr viele Funktionen und Optionen, deren Umfang weit über das hinausgeht, was in einem Kapitel behandelt werden kann. Im folgenden werden wir daher keine komplette Übersicht geben, die grundlegenden Elemente aber ausführlich besprechen und praktisch relevante Anwendungen diskutieren. Viele weitere Einzelheiten finden sich in den Handbüchern oder der Online–Hilfe.

Es sei darauf hingewiesen, daß die hier diskutierten Funktionen durchaus in Kombination mit der grafischen Oberfläche verwendet werden können. So kann die grundlegende Grafik durch ein paar Mausklicks erstellt und anschließend Funktionen über die Kommandozeile aufgerufen werden. Die folgenden Funktionalitäten sind insbesondere auch dazu geeignet, aus einer Funktion heraus Grafiken auf den Bildschirm zu bringen.

5.1 Kommandozeile an Grafikfenster: Bitte zeichnen

Wenn auf dem Bildschirm noch kein Grafikfenster (Graph Sheet) zu sehen ist, kann es mit dem Befehl

```
> graphsheet()¹
```

geöffnet werden.
Damit können im Kommandofenster (Command Window) Befehle eingegeben werden, die eine Grafik im Grafikfenster erstellen. Wenn zwei Variablen x und y in einer einfachen x–y–Grafik dargestellt werden sollen, kann der folgende Befehl eingegeben werden.

```
> plot(x, y)
```

Auf die gleiche Art kann ein Histogramm einer Variablen x erzeugt werden.

```
> hist(x)
```

Die Variable kann ebenso ein Ausdruck sein, der noch auszuwerten ist.

```
> hist(1:100/100:1)
```

Andere Funktionen wie `boxplot` zum Erstellen eines Boxplots, `stem` zur Darstellung eines Datensatzes in einem Stamm- und Blatt-Diagramm (Stem and Leaf Plot) oder `summary` zu einer kurzen Übersicht über eine Variable lassen sich analog aufrufen.

5.2 Erstellen von Grafiken

Das Erstellen von Grafiken oder genauer das Format der Grafik hängt davon ab, für welches Gerät die Grafik erstellt werden soll. Das Format für den Bildschirm ist abhängig vom Betriebssystem, ein Drucker hat wiederum ein anderes Format, beispielsweise versteht er PostScript oder ist LaserJet–kompatibel, und ein Plotter versteht vielleicht ein weiteres Format. Daher muß vor Erstellen einer Grafik das Ausgabegerät spezifiziert werden, was im allgemeinen durch den Aufruf des entsprechenden Treibers ('Device Driver') geschieht.
Der Aufruf eines Gerätetreibers ist typischerweise der Aufruf einer S-PLUS–Funktion, die das Gerät initialisiert (zum Beispiel auf dem

---

¹ Für S-PLUS–Versionen vor 4.0 ist der entsprechende Treiber zu benutzen. Mehr dazu im folgenden Abschnitt.

Bildschirm ein Grafik–Fenster öffnet). Von nun ab werden alle Befehle, die irgendeine Grafik oder einen Teil davon erzeugen, an dieses *aktive* Gerät gesendet, das den Befehl entsprechend umsetzt. Auf dem Bildschirm wird eine Linie durch den gleichen S-PLUS–Befehl erzeugt wie auf dem Drucker. Die Umsetzung ist auf dem Bildschirm natürlich anders als auf dem Drucker.

S-PLUS erlaubt den Betrieb von mehreren Ausgabegeräten gleichzeitig, man kann also mehrere Grafik–Bildschirme öffnen und bedienen, ebenso mehrere Drucker, und zwischen den Einheiten hin- und herschalten. Im folgenden wollen wir uns mit den verfügbaren Geräten und ihrer Benutzung befassen, bevor wir dazu übergehen, Grafiken zu erzeugen.

5.3 Ausgabegeräte

Wie wir schon andeutungsweise gesehen haben, existieren viele verschiedene Ausgabegeräte. Als Ausgabe auf dem Bildschirm kann und sollte jedoch immer ein Graph Sheet verwendet werden, das sich mit

```
> graphsheet()                 # Grafik–Fenster
```

öffnen läßt.

Weitere Ausgabegeräte sind `win.graph` unter Windows oder X11, `motif` und `openlook` unter UNIX.

Für Druckerausgabe gilt genau das gleiche Vorgehen, vor Erstellen der Grafik wird das Ausgabegerät initialisiert durch Aufruf der entsprechenden Funktion. Diese ist unter MS–Windows allgemein

```
> win.printer()                 # Windows–Drucker
```

für den standardmäßig eingestellten Drucker. Unter UNIX wird typischerweise ein PostScript-Drucker installiert sein, der mittels

```
> postscript("Dateiname")
```

angesteuert wird.

Eine weitere Möglichkeit, die im allgemeinen benutzt wird, wenn die Grafik nicht als Datei abgelegt wird oder eine andere Größe bekommen soll, besteht darin, die Grafik erst auf dem Bildschirm zu erzeugen und anschließend auf [PRINT] in der Menu–Leiste zu klicken. Die Grafik wird nun automatisch in das Druckerformat umgewandelt und an den Drucker gesandt. In Tabelle 5.1 sind die gängigen Ausgabegeräte aufgeführt.

Nachdem das Ausgabegerät durch Aufruf der entsprechenden Funktion geöffnet ist, können Grafik–Befehle an S-PLUS gesendet werden. S-PLUS wird diese umsetzen in eine Ausgabe auf dem entsprechenden Gerät.

Tabelle 5.1. Die gängigen Ausgabegeräte unter S-PLUS

System	Ausgabegerät	S-PLUS–Funktion[1]
Allgemein		
Bildschirm	Graph Sheet	`graphsheet`
UNIX		
Bildschirm–Fenster	X Windows (X11)	`X11`
	Motif	`motif`
	OpenLook	`openlook`
	Iris	`iris4d`
	VT 100 Terminals	`vt100`
Drucker		
(Schreiben auf Datei)	PostScript	`postscript`[2]
	LaserJet	`laserjet`[2]
	HPGL	`hpgl`[2]
	Textdrucker (nur ASCII-Zeichen)	`printer`[2]
MS–Windows		
Bildschirmfenster	Grafik–Fenster	`win.graph`
Drucker	Standarddrucker (sendet direkt)	`win.printer`
	PostScript	`postscript`[2]
	Textdrucker (nur ASCII-Zeichen)	`printer`[2]

[1] : Um die genannten S-PLUS–Funktionen aufzurufen, sind die Klammern anzufügen, wie beispielsweise für `X11()`.

[2] : Diese Funktionen benötigen, um eine Datei zu generieren, den Namen der Datei als Argument. Beispiel: `postscript (file="grafik.ps")`.

Sehen wir uns ein Bild des Geysir–Datensatzes an, den wir bereits vorher besprochen haben (Ausgabegerät zuerst öffnen!).

```
> plot (geyser$waiting, geyser$duration)
```

In dieser Art kann man auch mehrere Ausgabegeräte wie Bildschirmfenster und Drucker parallel betreiben. Das letzte geöffnete Gerät wird mit `dev.off` geschlossen.

```
> dev.off()
```

Alle Geräte auf einmal zu schließen, ist mit `graphics.off` möglich.

```
> graphics.off()
```

| Hinweis | Ausgabegeräte zu schließen ist insbesondere wichtig, wenn auf eine Datei geschrieben oder an einen Drucker gesendet wird. Da grafische Elemente nach und nach hinzugefügt werden können, wird die Seite erst abgeschlossen, wenn eine neue Grafik eröffnet oder die Datei geschlossen wird. Erst dann wird auf dem Drucker ausgegeben. Wenn man S-PLUS verläßt, werden offene Dateien automatisch geschlossen. ◁

| Hinweis | Die Bildschirmfenster besitzen eine Menu–Leiste mit einem 'Print Button'. Mit einem Mausklick kann die Bildschirmgrafik an den Drucker gesandt werden. Auf UNIX–Systemen wird zusätzlich eine Datei generiert, die im aktuellen Verzeichnis unter dem Namen ps.out.xxxx.ps abgelegt wird. ◁

Optionen

Die besprochenen Funktionen zur Gerätesteuerung können mit Argumenten aufgerufen werden, die die voreingestellten Werte verändern. So können die Höhe und Breite einer Seite oder die Orientierung ('Portrait' und 'Landscape' oder Hoch– und Querformat) eingestellt werden. Um andere Werte zu spezifizieren, muß der entsprechende Wert an die Funktion übergeben werden. Wenn eine PostScript–Datei 5 Zoll (Inches) breit und 4 Zoll hoch sein soll, und außerdem in der Datei 'bildchen.ps' abgelegt werden soll, wird der Befehl `postscript` wie folgt aufgerufen:

```
> postscript ("bildchen.ps", height=4, width=5)
```

| Hinweis | Inches oder auf deutsch Zoll sind ein amerikanisches Standardmaß. Ein Inch entspricht genau 2.54 cm. ◁

Mehrere Grafik–Ausgaben gleichzeitig bearbeiten

S-PLUS kann mehrere Geräte parallel geöffnet haben. So ist es für Präsentationen oft hilfreich, wenn zwischen mehreren Fenstern hin- und hergeschaltet werden kann. Die Funktion `demo` zeigt ein paar eindrucksvolle Beispiele solcher Anwendungen.

```
> demo()
```

Die verschiedenen Geräte (Bildschirmfenster, Drucker, etc.) können
direkt angesteuert werden, indem sie aktiviert werden. Eine Ausgabe
erfolgt immer auf dem gerade aktiven Gerät. Tabelle 5.2 gibt einen
Überblick und eine Kurzbeschreibung der wichtigsten Befehle.

Tabelle 5.2. Grafik–Ausgabegeräte und zugehörige Befehle

Befehl	Wirkung
`dev.list()`	Anzeige aller geöffneten Ausgabe–Einheiten
`dev.cur()`	Name und Nummer des aktiven Ausgabegeräts
`dev.next()`	Name und Nummer des nächsten Ausgabegeräts (ohne es zu aktivieren)
`dev.prev()`	Name und Nummer des vorherigen Ausgabegeräts (ohne es zu aktivieren)
`dev.set($n$)`	Setzen des aktiven Geräts auf Nummer n. Kann kombiniert werden zu `dev.set(dev.next())`
`dev.copy(`*device*`)`	Kopiert eine Grafik auf ein anderes Ausgabegerät. *device* ist der Name der Funktion zum Start der Ausgabeeinheit. Beispiel: `dev.copy(win.graph)`
`dev.copy(which=`n`)`	Kopieren der aktiven Grafik auf Ausgabeeinheit n. Beispiel: `dev.copy(which=2)`
`dev.off()`	Schließen des aktuelles Ausgabegerätes
`dev.print()`	Absenden der aktuellen Grafik an den Drucker
`graphics.off()`	Schließen aller aktiven Geräte
`dev.ask(ask=T)`	Abfrage an den Benutzer, bevor eine neue Grafik erstellt wird.

Die hier vorgestellten Funktionen sind hilfreich, wenn eine Grafik auf-
gehoben werden soll, um sie mit einer später erstellten zu vergleichen,
oder um verschiedene Ansichten gleichzeitig auf dem Bildschirm zu haben. Ebenso kann damit wie in der Funktion **demo** eine eindrucksvolle
selbsterklärende Demonstration eigener Routinen erstellt werden.
Wenn viele Grafiken erstellt werden sollen, kann man die Grafiken in
verschiedene Fenster zeichnen lassen, um sie alle auf dem Schirm zu
haben. Ebenso kann vor dem Start einer Funktion der Druckertreiber aufgerufen werden, um alles direkt an den Drucker zu schicken.
Natürlich kann auch beides gleichzeitig geschehen.

5.4 Elementare Grafikbefehle

Nachdem die Grundtechniken zur Arbeit mit Grafik–Fenstern und zur Druckausgabe erlernt sind, kommen wir zum eigentlichen Erstellen von Grafiken. Die nachfolgenden Sektionen behandeln die wichtigsten Befehle und geben Hinweise, wie Grafiken in S-PLUS schnell und zufriedenstellend erstellt werden können.

5.4.1 Der `plot`–Befehl

Der grundlegende Grafik–Befehl in S-PLUS ist der `plot`–Befehl. Durch den Aufruf von `plot` wird eine neue Grafik erstellt, die die Daten grafisch anzeigt, die als Argument an die Funktion gegeben wurden. Soll eine Variable x gegen eine Variable y abgetragen werden, lautet der entsprechende Befehl

```
> plot(x,y)
```

Dabei werden die Skalierungen der Achsen, die Achsenbeschriftungen, die Symbole für jeden einzelnen Datenpunkt und vieles mehr automatisch gesetzt. Die Werte der x–Variablen sind an der horizontalen Achse ablesbar, die Werte der y–Variablen an der vertikalen Achse. Natürlich sind für x und y gewisse Spielregeln einzuhalten. Im allgemeinen sollten x und y Vektoren der gleichen Länge sein, es geht aber auch anders. Die `plot`–Funktion kann auch nur mit einer x–Variablen aufgerufen werden, wie in

```
> plot(x)
```

In diesem Fall wird x auf der vertikalen Achse abgetragen gegen einen Indexvektor mit den Werten 1,2,...,n auf der horizontalen Achse. Ist x dagegen eine Matrix mit zwei Spalten, wird die erste Spalte gegen die zweite abgetragen, und falls x eine Liste ist, werden die Komponenten x und y der Liste gegeneinander abgetragen.
Jeder Punkt der Grafik wird mit einem voreingestellten Symbol, einem Punkt oder einem Stern, dargestellt. Dies ist nur eines der Elemente, die veränderbar sind. So wird zum Beispiel durch den Befehl

```
> plot(x, y, pch="P")
```

jeder Datenpunkt mit dem Buchstaben 'P' dargestellt. Der Parameter pch steht dabei als Abkürzung für 'plot character'.

5.4.2 Verändern der Darstellung der Werte

Um in einer einfachen x–y–Grafik Daten darzustellen, existieren viele Möglichkeiten. Die Daten können dargestellt werden als Punkte, Sterne, Kreise oder Buchstaben, oder durch eine Linie verbunden sein. Daten können als vertikale Striche dargestellt werden oder auch gar nicht, um ein leeres Bild aufzubauen und einzelne Elemente später hinzuzufügen.
Für diese Zwecke hat die Funktion `plot` einen Parameter `type`. Abbildung 5.1 zeigt einige Beispiele zur Verwendung dieses Parameters. Tabelle 5.3 gibt eine Übersicht über die Möglichkeiten der Darstellung.

Tabelle 5.3. Optionen zum Parameter `type` im `plot`–Befehl

Option zu `type`	Darstellung
`type="p"`	Punkte (Voreinstellung)
`type="l"`	Linien, verbundene Punkte
`type="b"`	Beides (Punkte und verbindende Linien)
`type="h"`	Höhenlinien (vertikal)
`type="o"`	Überlagerte Punkte und Linien
`type="s"`	Stufendarstellung
`type="n"`	Nichts (Grafik ohne Punkte)

Abbildung 5.1 (S. 83) zeigt verschiedene Optionen.

Die Befehle zur Erstellung von Abbildung 5.1 lauten wie folgt:

```
> x <- -5:5                    # Erstelle -5 -4 ... 3 4 5
> y <- x^2                     # y als Quadrat von x
> par  (mfrow=c(3, 2))         # Layout für die Seite
> plot (x, y)                  # Erstellen der Grafik
> plot (x, y, type = "l")      # mit versch. Optionen
```

```
> plot (x, y, type = "b")
> plot (x, y, type = "h")
> plot (x, y, type = "o")
> plot (x, y, type = "n")
> mtext ("Verschiedene type-Optionen im plot-Befehl",
+ side=3, outer=T, line=-0.5)
```

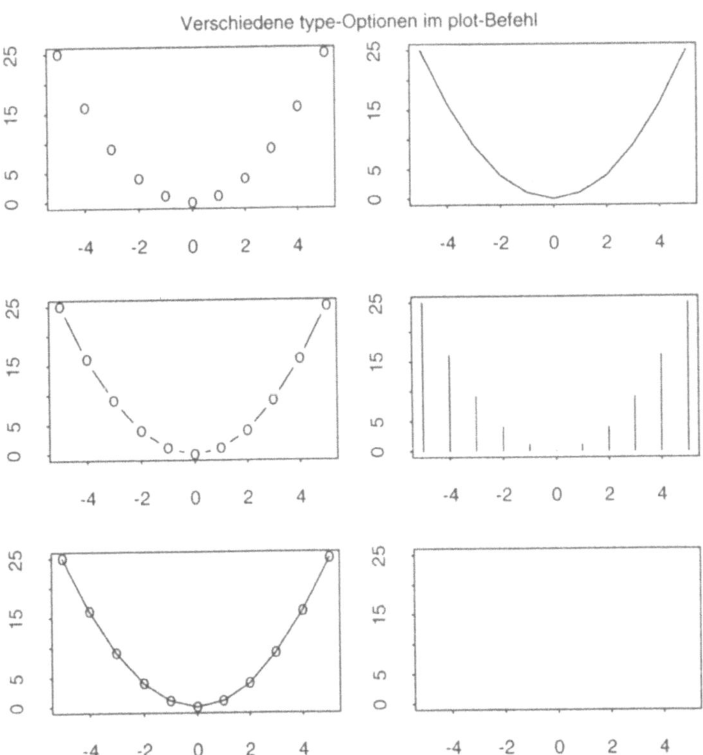

Abbildung 5.1. Beispiele für verschiedene type-Optionen im plot-Befehl

5.4.3 Verändern von Elementen einer Grafik

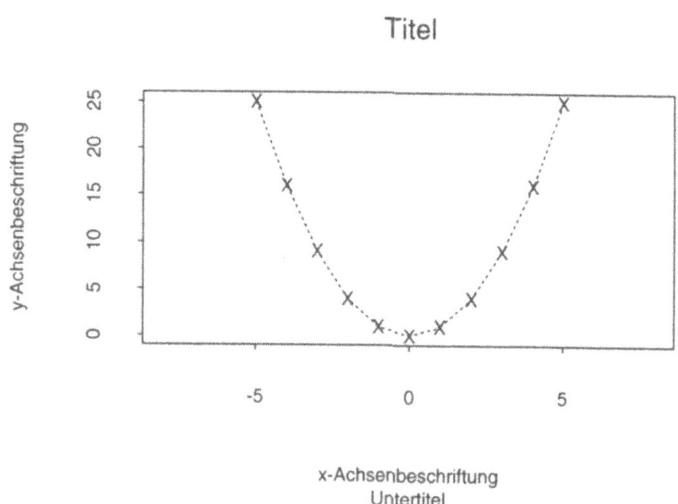

Abbildung 5.2. Beispiel eines Grafik–Layouts

Neben der Punkte–Darstellung einer einfachen x–y–Grafik können auch fast alle anderen Elemente einer Grafik verändert werden. Im allgemeinen sind für alle Grafik–Befehle die Parameter gleich, so daß zum Beispiel mit

```
> plot(x, y, axes=F)
```

die Achsen weggelassen werden. Ebenso kann die äußere Box entfernt werden oder die Beschriftung einer Achse geändert werden. Tabelle 5.4 gibt einen komprimierten Überblick.

Abbildung 5.2 zeigt, wie einige der Elemente verändert werden können. Die Grafik wurde mit den folgenden Befehlen erstellt.

```
> x <- seq(-5, 5, 1)
> y <- x^2
> plot (x, y, pch="X", main="Titel", sub="Untertitel",
+ xlab="x-Achsenbeschriftung",
+ ylab="y-Achsenbeschriftung",
+ xlim=c(-8, 8), type="o", lty=2)
```

Tabelle 5.4. Optionen der `plot`-Funktion

Parameter	Effekt
`type=`	type–Option (siehe Tabelle 5.3)
`axes=T / axes=F`	Mit und ohne Achsen
`main="Titel"`	Haupttitel oberhalb der Grafik
`sub="Untertitel"`	Untertitel unterhalb der Grafik
`xlab="x-Achsenlabel"`	x-Achsenbeschriftung
`ylab="y-Achsenlabel"`	y-Achsenbeschriftung
`xlim=c(xmin, xmax)`	Skalierung der x–Achse
`ylim=c(ymin, ymax)`	Skalierung der y–Achse
`pch="*"`	Symbol für Punkte wie z.B. in `plot (1, 2, pch="?")`
`lwd=1`	Liniendicke (line width). 1=normale Dicke, 2=doppelte Dicke, usw.
`lty=1`	Linientyp (line type). 1=durchgezogen, 2=mit kleinen Unterbrechungen, usw.
`col=1`	Farbe, abhängig vom Ausgabegerät 0=Hintergrundfarbe, 1=schwarz
`box=T/F`	Mit/ohne äusseren Rahmen (Box)

Diese Liste der Optionen ist noch nicht vollständig. Alle Details sind in den Hilfsseiten zu sehen (`help(par)`).

5.5 Hinzufügen von Elementen

Da S-PLUS ein interaktives System ist, sind auch Grafiken keine fix und fertigen Resultate nach einem Programmaufruf, sondern werden sukzessiv durch den Benutzer nach seinen Wünschen erstellt. Typischerweise geht man so vor, daß das Grundgerüst erstellt wird. Anschließend werden weitere Elemente wie Titel oder Achsen hinzugefügt, bis das Resultat zufriedenstellend ist. In diesem Abschnitt befassen wir uns daher mit einer Reihe von Funktionen, die Elemente zu bereits existierenden Grafiken hinzufügen.

5.5.1 Funktionen, die Elemente zu Grafiken hinzufügen

Anhand des Beispiels von Abbildung 5.3 wollen wir uns ansehen, wie eine etwas aufwendigere Grafik entstehen kann. Zunächst werden die Daten erstellt, die abgebildet werden sollen. Anschließend zeichnen wir den Datensatz mit der Standardfunktion `plot`, allerdings ohne Achsen, äußeren Rahmen, Titel und Achsenbeschriftungen. Diese und weitere Elemente wie horizontale Linien werden erst danach hinzugefügt. Abb. 5.3 ist wie folgt entstanden.

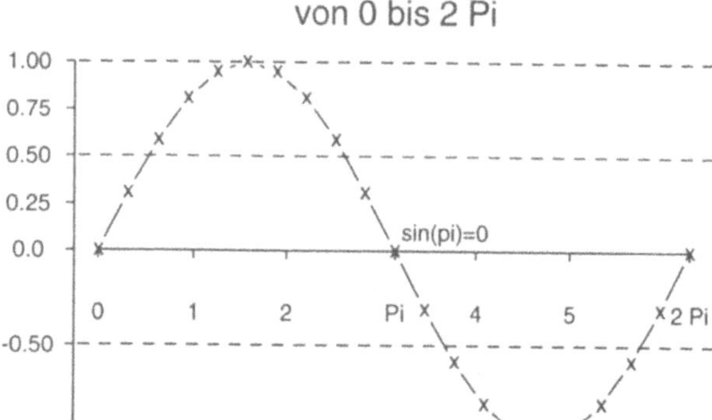

Abbildung 5.3. Eine gestaltete Grafik: Zweizeiliger Titel, verschobene Achse, irreguläre Achsenbeschriftungen und hinzugefügter Text

```
> x <- seq(0, 2*pi, length=21) # 21 Punkte von 0 bis 2 Pi
> y <- sin(x)
> # Erstellen der Grund-Grafik
> plot (x, y, axes=F, box=F, type="b", pch="x",
+ xlab="", ylab="")
> # x-Achse mit speziellen Beschriftungen hinzufügen
> axis (1,at=c(0,1,2,pi,4,5,2*pi),
+ labels=c(0,1,2,"Pi",4,5,"2 Pi"), pos=0)
> axis (2, at=c(-1,-0.5,0,0.25,0.5,0.75,1))  # y-Achse
> abline(h=c(-1,-0.5,0.5,1), lty=3)
> # Text an der Stelle (Pi, 0.1), linksbündig
> text (pi, 0.1, " sin(pi)=0", adj=0)
> title ("Die Sinus-Funktion\nvon 0 bis 2 Pi")
```

Die hier verwendeten und weitere Befehle sind in Tabelle 5.5 zusammengefaßt.

Hinweis Um unterbrochene Linien zu zeichnen, muß man lediglich wissen, daß S-PLUS einen Linienzug unterbricht, wenn ein Datum fehlt (ein missing value ist). Die Linie wird vom und zum fehlenden Wert unterbrochen, der mit NA codiert ist. ◁

Tabelle 5.5. Hinzufügen von Elementen zu bestehenden Grafiken

Funktion	Beschreibung
`abline(`a,b`)`	Linie mit Achsenabschnitt a und Anstieg b
`abline(`h`)`	Horizontale Linien. `abline(h=0:5)` fügt 6 horizontale Linien hinzu, die die y-Achse in den Punkten 0,1,2,3,4,5 kreuzen
`abline(`v`)`	Analoger Befehl für vertikale Linien
`arrows(`$x1,y1,x2,y2$`)`	Pfeile mit Start- und Endpunkten ($x1$, $y1$) und ($x2$, $y2$)
`axes()`	x– und y–Achse
`axis(`n`)`	Achse an der Seite n. n=1 entspricht der unteren Seite, n=2 links, n=3 oben und n=4 rechts
`axis(`n`,at=`x`,labels=`s`,pos=`y`,las=`m`)`	Hinzufügen einer Achse an Seite n mit Beschriftungen s an den Stellen x. Die Achse geht durch die Koordinate y, die Beschriftungen (Label) laufen parallel zur Achse (`las=0`), horizontal (`las=1`) oder um 45 Grad rotiert (`las=2`)
`box()`	Äußerer Rahmen (Box)
`lines(`x,y`)`	Hinzufügen von Linien, die die Punkte verbinden, deren Koordinaten durch x und y spezifiziert werden
`points(`x,y`)`	Punkte an den Koordinaten x und y
`segments(`$x1,y1,x2,y2$`)`	Segmente (unverbundene Linien) zwischen den Punkten ($x1,y1$) und ($x2,y2$)
`text(`$xpos,ypos,text$`)`	Text $text$ an den Stellen $xpos$, $ypos$
`title("`$Titel$`","`$Untertitel$`")`	Titelzeile $Titel$ und Untertitel $Untertitel$

5.5.2 `abline` im Detail

Im vorherigen Kapitel haben wir gesehen, daß mit der Funktion `abline` horizontale und vertikale Linien zu einer Grafik hinzugefügt werden können. Die Funktion eignet sich sehr gut, um zu zeigen, wie daraus viele Anwendungen entstehen. Tabelle 5.6 gibt einige Beispiele. Die Funktion `abline` wird vor allem verwendet, wenn Geraden gezeichnet oder Gitter über eine Grafik gelegt werden sollen. Das Ergebnis einer linearen Regression kann zum Beispiel direkt an die Funktion `abline` übergeben werden, um die Regressionsgerade in den Datensatz einzuzeichnen, da das Resultat in einer Liste mit der Komponente `coefficients` abgelegt ist.

Tabelle 5.6. Beispiele für die Anwendung von `abline`

`abline (a, b)`	Hinzufügen einer Geraden mit Achsenabschnitt a und Steigung b
`abline (l)`	Für den Fall, daß l eine Liste ist und die Komponente `$coefficients` enthält, wird `$coefficients` als Argument für Achsenabschnitt und Steigung verwendet
`abline (h=`x`)`	Horizontale parallele Linien, die die y–Achse an den Punkten x schneiden. Falls x ein Vektor ist, entsteht eine Gerade pro Punkt in x. Nützlich für die Rasterung eines Bildes
`abline (v=`x`)`	Vertikale parallele Linien, die die x–Achse in den Punkten x schneiden. Analog zu horizontalen Linien

Natürlich akzeptiert `abline` auch weitere Argumente wie Farben oder Linientypen. Eine mehr im Hintergrund stehende Rasterung kann somit durch Grau anstatt Schwarz erzeugt werden, indem als weiteres Argument zum Aufruf von `abline col=`n hinzugefügt wird, wobei n die Zahl ist, die für die gewünschte Farbe steht. Weiterhin können die Linien auch gestrichelt oder dicker oder dünner sein. Hierzu können die Parameter `lty=`n und `lwd=`n gesetzt werden (n eine ganze positive Zahl).

Um ein zufriedenstellendes Ergebnis zu erhalten, muß man immer ein wenig ausprobieren. Vorteilhaft ist aber, daß dazu nur der Befehl `abline` erneut ausgeführt werden muß, man kann auf dem Bildschirm schon vorhandene Linien übermalen. Auf dem Drucker funktioniert das natürlich nicht (da alle Linien gezeichnet werden). Am Schluß können schließlich die Befehle in einer Datei oder Funktion zusammengestellt werden. Empfehlenswert ist es, dafür die History–Funktion zu benutzen, die als `history` aufgerufen werden kann oder via Menu erreichbar ist. Aus dem *History Tool* heraus können die Befehle auch erneut aufgerufen werden.

Natürlich können alle Parameter beliebig kombiniert werden. Wie kann man beispielsweise eine Schar paralleler diagonaler Linien in verschiedenen Farben erzeugen?

5.5.3 Gestalten von Achsen

Die Achsen, x–Achse und y–Achse sowie in dreidimensionalen Grafiken die z–Achse, werden von S-PLUS automatisch bestimmt und dargestellt. Die wesentlichen Elemente sind dabei Minimum und Maximum sowie die Punkte, an denen Markierungen und Beschriftungen gesetzt werden sollen (neben vielen anderen). Es gibt viele Anwendungen, in denen die x- und y-Achsen speziell dargestellt werden sollen, so daß die Achsenpunkte nicht im gleichen Abstand (äquidistant) oder an ganz bestimmten Punkten nur beschriftet werden sollen, oder die y-Achse auf der rechten statt auf der linken Seite erscheinen soll. Die allgemeine Vorgehensweise ist, daß zunächst die Grafik erstellt wird, die Achsen aber weggelassen werden. Zu jedem grafischen Befehl, der eine neue Grafik erzeugt, läßt sich das Argument **axes=F** hinzufügen, der bewirkt, daß keine Achsen gezeichnet werden, wie in

```
> plot(x, y, axes=F)
```

Ebenso kann mit dem Zusatz **box=F** die umgebende Box weggelassen werden. Nun kann der Befehl **axis** benutzt werden, um die Achse wie gewünscht hinzuzufügen. Zum Beispiel bewirkt die folgende Eingabe, daß die x-Achse oben und die y-Achse rechts erscheint.

```
> axis(3)
> axis(4)
```

In Tabelle 5.8 haben wir bereits besprochen, daß Seiten mit Nummern codiert werden, ausgehend von der Unterseite, die mit 1 codiert wird, gegen den Uhrzeigersinn. Was für andere grafische Funktionen gilt, gilt auch für Achsen: Farbe, Dicke der Linien, etc. können genauso verändert werden. Mit

```
> axis (4, lwd=2, col=2)
```

wird die y-Achse an der rechten Seite des Bildes in der Farbe Nr. 2 und zweifacher Dicke angefügt. Tabelle 5.7 faßt das soeben besprochene und einige weitere Optionen zusammen.

5.5.4 Hinzufügen von Text

Text zu Grafiken hinzuzufügen ist sinnvoll, wenn spezielle Details hervorgehoben werden sollen. Die Funktionen **text** und **mtext** leisten dabei gute Dienste, wenn sie mit den entsprechenden Parametern angepaßt werden. Eine Standardanwendung wäre, zu einem Wert den Text 'Extremwert' hinzuzufügen, so daß der Text rechts des Punktes beginnt. Wir nehmen an, der Punkt befinde sich an den Koordinaten (1,2).

```
> text(1,2,"Extremwert", adj=0)
```

Tabelle 5.7. Optionale Parameter zum Zeichnen der Achsen

Parameter	Beschreibung
lab=c(5,5,7)	Anzahl der Label (Beschriftungen) an x– und y–Achse sowie deren Länge
las=0	Darstellung der Beschriftungen (label style) der Achsen. 0=parallel zu den Achsen, 1=horizontal, 2=orthogonal zu den Achsen
mgp=c(3,1,0)	Zeile, auf der Achsentitel, Beschriftung und Achse erscheinen sollen (im Rand des Bildes)
xaxt="s"	x–Achsentyp. **xaxt="n"** zeichnet keine Achse
yaxt="s"	y–Achsentyp. **yaxt="n"** zeichnet keine Achse
tck=-0.02	Länge der Markierungen auf der Achse (tickmarks). Positive Werte ragen in das Bild hinein, negative nach außen.
xaxp=c(x,y,z)	Parameter der Achse: Anfang, Ende und Intervall zwischen Markierungen
lty=1	Linientyp. 1=durchgezogen, 2=mit kleinen Unterbrüchen, usw.
lwd=1	Liniendicke. 1=übliche Dicke, 2=zweimal so dick, usw.

Die angegebenen Werte entsprechen den Voreinstellungen (Defaults), die angenommen werden, wenn nichts anderes spezifiziert wird.

Das (optionale) Zusatzargument **adj=0** weist S-PLUS an, den Text linksbündig zu setzen, so daß der Text an der angegebenen Position beginnt.

| **Hinweis** | Manchmal berührt der Text gerade noch den Punkt, was meist nicht wünschenswert ist. In diesen Fällen hilft der Trick, an den Anfang oder das Ende des Textes einfach noch ein Leerzeichen einzufügen. ◁

Tabelle 5.8 gibt eine Übersicht über weitere Möglichkeiten, mit **text** und **mtext** Texte in Grafiken einzufügen.

Tabelle 5.8. Optionale Parameter zum Einfügen von Text in Grafiken

Parameter	Beschreibung
`adj=0.5`	Text–Adjustierung. 0=linksbündig, 0.5=zentriert, 1=rechts-bündig
`cex=1`	Zeichengröße (character expansion) relativ zur Standard-größe. cex=2 vergrößert auf doppelte Zeichengröße
`col=1`	Zeichenfarbe (color). 0 entspricht der Hintergrundfarbe, 1 der Standardzeichenfarbe (im allgem. schwarz)
`crt=0`	Rotation der Zeichen (character rotation) in Grad, von der Horizontalen gegen den Uhrzeigersinn
`srt=0`	Rotation der Zeichenketten (string rotation) in Grad, von der Horizontalen gegen den Uhrzeigersinn
`font=1`	Zeichensatz (font), Durchnumerierung abhängig vom Aus-gabegerät

`mtext` ausschließlich (Text im Rand der Figur, margin text):

`side=`n	Seite, zu der der Text hinzugefügt werden soll. 1=unten, 2=links, 3=oben, 4=rechts
`outer=`F	Für `outer=T` wird bei einem Mehrfachlayout, z.B. durch `par(mfrow=c(2,2))`, der Text außerhalb der Gesamtgrafik plaziert. Siehe Abb. 6.15, Seite 168
`line=`n	Zeile, auf der der Text auf dem Rand der Figur erscheinen soll. Negative Zahlen liegen innerhalb der Abbildung

Text wird im allgemeinen mittels der Funktionen `text` oder `mtext` hinzu-gefügt. Manche Bildschirme wie Textmodus–Bildschirme und Textdrucker sind nicht in der Lage, alle Funktionalität zu bieten (beispielsweise Rotieren von Zeichen).

5.6 Optionen

Fast alle grafischen Funktionen akzeptieren und verwenden Argumen-te um Elemente wie Farbe, Liniendicke und Zeichensatz zu verändern. Wenn nichts spezielles angegeben wird, benutzt S-PLUS eine Vorein-stellung (Default) für diese Parameter. S-PLUS offeriert eine Reihe weiterer Optionen, die auch systemweit gesetzt werden können, um die Voreinstellung zu verändern. Das Setzen, Verändern und Abfra-gen dieser Werte geschieht mittels der Funktion `par`. Die Funktion `par` kann ganz ohne Argumente aufgerufen werden, um den aktuellen Status aller Werte abzufragen.

```
> par ()
```

Die Hilfsseiten erläutern alle Werte im Detail. Wir gehen auf die meistgenutzten Parameter ein und illustrieren diese in Abbildung 5.4. Wenn
diese Werte mittels **par** gesetzt werden, sind sie von nun ab permanent. Nach Verlassen von S-PLUS sind in der nächsten Sitzung alle
Werte wieder zurückgesetzt. Je nach System können die Parameter
auch durch das Menu verändert werden (wie z.B. unter Windows).

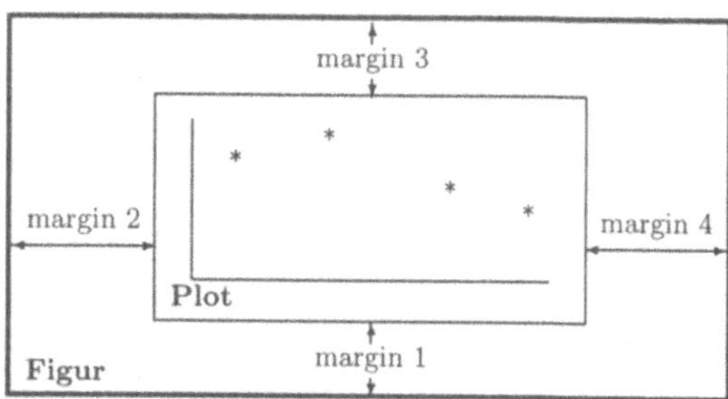

Abbildung 5.4. Aufbau von Grafiken. Definition der Seiten und Rahmen
(Margins) einer Grafik sowie der Abbildung (Plot) und der Figur (Figure)

Die in Tabelle 5.9 erwähnten Parameter können über die Funktion
par gesetzt werden. Im folgenden Beispiel setzen wir den Rahmen der
Abbildung zurück auf eine Zeile an jeder Seite.

```
> par(mar=c(1,1,1,1))
```

Durch Eingabe von

```
> par("mar")
```
oder
```
> par()$mar
```

kann der Wert wieder abgefragt werden.

| Hinweis | Das Setzen der Parameter wie Breite der Ränder muß er-
folgen, bevor die Grafik erstellt wird, damit Funktionen wie **plot** die
eingestellten Werte benutzen können.   ◁

Tabelle 5.9. Layout–Parameter

Parameter	Beschreibung
fin=c(w,h)	Figurgröße in Inches (1in=2.54cm) w=Breite, h=Höhe
pin=c(w,h)	Abbildungsgröße (Plot) in Inches, analog zu fin
mar=c(5,4,4,2)+0.1	Alle Rahmen (margins) in Zeilen (!)
mai=c(1.41, 1.13, 1.13,0.58)	Alle Rahmen in Inches
oma=c(0,0,0,0)	Äußerer Rahmen in Zeilen (outer margin)
omi=c(0,0,0,0)	Äußerer Rahmen in Inches
plt=c(0.11,0.94, 0.18,0.86)	Koordinaten der Plot-Region relativ zur Figur, die als (0,1,0,1) definiert ist
usr	Minimum und Maximum der aktuellen Achsenskalierungen. Kann z.B. benutzt werden, um Werte abzufragen und Text in die Ecken zu setzen
mfrow=c(m,n)	Erstellen einer $m \times n$ Matrix von Abbildungen auf einer Seite. Zeilenweise Anordnung der generierten Grafiken.
mfcol=c(m,n)	Matrix von Abbildungen wie bei par(mfrow), mit spaltenweiser Anordnung der Grafiken

Die Werte m und n sind durch ganze Zahlen zu ersetzen, alle anderen durch positive Zahlen.

⸢Hinweis⸣ Andere Optionen, die nicht mit grafischen Parametern zusammenhängen, sind mit

```
> options()
```

abfragbar. Hier werden Einstellungen wie Anzahl der Zeichen pro Zeile gesetzt. Man kann dem System eigene Parameter hinzufügen, indem eine unbenutzte Variable benutzt wird. Wir erstellen eine neue Umgebungsvariable mit dem Namen **schaun.mer.mal**, indem wir der Variablen direkt einen Wert zuweisen.

```
> options(schaun.mer.mal="Funktioniert")
```

Eigene Funktionen können diese Variable verwenden, indem sie den Wert abfragen.

```
> options("schaun.mer.mal")
        "Funktioniert"
```
◁

5.7 Die wichtigsten Kommandos zur Erstellung von Grafiken

Im allgemeinen erstellt S-PLUS äußerst zufriedenstellende Grafiken. Im Kapitel über Datenanalyse werden wir ausführlich auf die vorhandenen Routinen zur Darstellung von Daten eingehen. Die Parameter und Variationen, die wir in diesem Kapitel bisher betrachtet haben, kommen meist erst dann ins Spiel, wenn spezielle Wünsche erfüllt werden sollen. Nichtsdestotrotz hilft dieses Wissen zum besseren Verständnis des Aufbaus von Grafiken und der Arbeitsweise von S-PLUS, und früher oder später wird der Wunsch nach Modifikation der Standard–Grafik auftauchen. Zum Abschluß gehen wir daher auf die meistgenutzten Funktionen gezielt ein.

Insbesondere, wenn ein Layout mit mehreren Grafiken erstellt wird, kann es passieren, daß das Gesamtbild nicht das gewünschte Ergebnis zeigt. In diesem Fall müssen die Größe der Zeichen und der Abstand zwischen den Grafiken verändert werden. Für Standard–Layouts wollen wir einen praktischen Fall betrachten.

Eine 2x2–Matrix von Grafiken kann zum Beispiel wie folgt erstellt werden.

```
> par (mfrow=c(2,2))
> x <- 1:100/100:1
> plot (x)
> plot (x, type="l")
> hist (x)
> boxplot (x)
```

Dieses Bild wird zufriedenstellend generiert. Wenn jetzt aber die Größe geändert wird, um das Bild zum Beispiel in einer PostScript-Datei abzulegen, ist das Resultat oft nicht mehr optimal, da unter anderem die Rahmenbreiten zu groß sind. Wie man PostScript-Grafiken in Textverarbeitungssysteme einbindet, werden wir in Kapitel 11.2 behandeln. Hier betrachten wir die Erstellung einer Grafik und die Veränderung der Parameter, so daß das Bild wie gewünscht entsteht. Um eine Grafik in einer PostScript-Datei abzuspeichern, muß die Datei geöffnet werden, indem die `postscript` Funktion aufgerufen wird.

```
> postscript ("beispiel.ps", height=5, width=5)
```

Jetzt können die Grafik-Befehle erneut eingegeben werden, und die Grafik erscheint nicht im Grafik-Fenster auf dem Bildschirm, sondern wird als PostScript-Datei generiert. Das Gesamtbild wird 5x5 Inches oder 12.7x12.7 cm groß. Abschließend muß die Datei geschlossen werden durch

```
> dev.off()
```

Nun kann die Datei mit dem Namen beispiel.ps an den Drucker gesendet werden. Auf UNIX-Workstations geschieht dies im allgemeinen mit dem Befehl

```
lpr beispiel.ps
```

unter DOS/Windows kann man den Print–Befehl benutzen.

```
print /b beispiel.ps
```

| Hinweis | Natürlich braucht man einen PostScript–fähigen Drucker, um eine PostScript–Datei auszudrucken. Für andere Drucker verweisen wir auf Kapitel 5.3, um den richtigen Druckertreiber zu finden, bzw. auf Kapitel 11.2.6, um PostScript–Dateien auch auf anderen Druckern auszudrucken.   ◁

Um die Größe der Buchstaben für Überschriften und Achsenbeschriftungen zu ändern, müssen wir den Parameter cex setzen. Um die Buchstaben auf 60 Prozent ihrer Größe zu reduzieren, so wie in den Grafiken dieses Buches, setzen wir

```
> par (cex=0.6)
```

Als nächstes verändern wir den Rand, der jede einzelne Figur umgibt. Insbesondere bei einer größeren Matrix von Bildern will man diesen oft klein halten, um die Bilder selbst größer zu lassen. Die beiden Parameter-Einstellungen mar und mai stellen die Randbreite ein. Das Setzen von mai spezifiziert die Breiten der vier Ränder in Inches und mar definiert die Randbreiten über die Anzahl Zeilen, wobei die Zeilenhöhe von der Größe des gewählten Zeichensatzes abhängt. Um eine exakte Breite zu erreichen, empfiehlt sich demnach, par(mai) zu setzen. Bei allgemeiner Anwendung, um zum Beispiel eine persönliche Vorliebe für alle Grafiken einzustellen, ist par(mar) angebrachter, da sich die Randbreite immer noch dynamisch ändert, wenn sich der Zeichensatz oder die Figurengöße ändert. Allgemein lauten die Aufrufe

```
> par (mai=c(x1, x2, x3, x4))
```
bzw.
```
> par (mar=c(x1, x2, x3, x4))
```

wobei *x1* bis *x4* beliebige Zahlen größer Null sein sollten. Die Rand-
seiten werden in der Reihenfolge unten, links, oben, rechts angegeben.
Um einen Rand von einem Zentimeter rings um die Abbildung zu definieren, kann man auch einen Ausdruck eingeben (zur Erinnerung: 1
Inch entspricht 2.54 cm), da 1 cm durch 1/2.54 Inch beschrieben wird.

```
> par(mai=c(1,1,1,1)/2.54)
```

Für **mar** ist die Einstellung

```
> par(mar=c(2,2,1,1))
```

oft ausreichend, so daß für die beiden Achsenseiten je zwei Zeilen
reserviert werden und die anderen zwei Seiten (oben und rechts) nur
einen Rand von einer Zeile erhalten. Falls ein Titel hinzugefügt werden
soll, muß der obere Rand etwas größer gewählt oder der Titel etwas
tiefer gesetzt werden.

Es ist gut möglich, daß bei Versuchen, die Ränder einzustellen, die
folgenden Warnungen von S-PLUS ausgegeben werden.

```
no room for x-axis
no room for y-axis
```

In diesem Fall findet S-PLUS keinen Platz mehr, um die x–Achse
vollständig in der Grafik unterzubringen, oder mit anderen Worten:
Der Rand ist zu klein.

> Hinweis   Eine im Grafikfenster erstellte Grafik kann bequem expor-
tiert werden durch das Menu [EXPORT GRAPH] im Hauptmenu [FI-
LE]. Als Option läßt sich das gewünschte Format eingeben, das Post-
Script, Windows MetaFile und einige weitere umfaßt.   ◁

5.7.1 Layouts

Ein Layout von mehreren Grafiken auf einer Seite kann in S-PLUS
nicht nur als einer Matrix von Bildern erzeugt werden, wo jede Grafik
ihren festen Platz findet. Die Position einer Grafik ist auf dem Blatt
frei wählbar, und wie eine solches Layout erzeugt wird, wollen wir nun
betrachten.

Zunächst muß eine neue Grafik–Seite eröffnet werden. Wenn das Bildschirmfenster oder die Druckerdatei schon eröffnet sind, wird die Seite
beendet und eine neue eröffnet durch den Befehl **frame()**.

```
> frame()                         # neue Grafikseite
```

Nebenbei bemerkt, bewirkt `frame()` in einem Matrix–Layout das Springen zur nächsten Figur. So kann man ein Feld der Matrix leer lassen, indem `frame()` zweimal ausgeführt wird.

Eine neue Seite, die noch leer ist, wird von S–PLUS mit den Koordinaten (0,0) und (1,1) initialisiert. Wir zeichnen im folgenden den `geyser`-Datensatz. Wir erstellen zuerst das Layout und setzen es anschließend in ein kleines Programm um. Das Ergebnis soll ein x–y–Plot sein, zudem ein Histogramm der x–Daten oberhalb der Grafik und ein Boxplot der y–Daten auf der rechten Seite.

Eine Skizze der Koordinaten unseres Layouts sieht dann folgendermaßen aus.

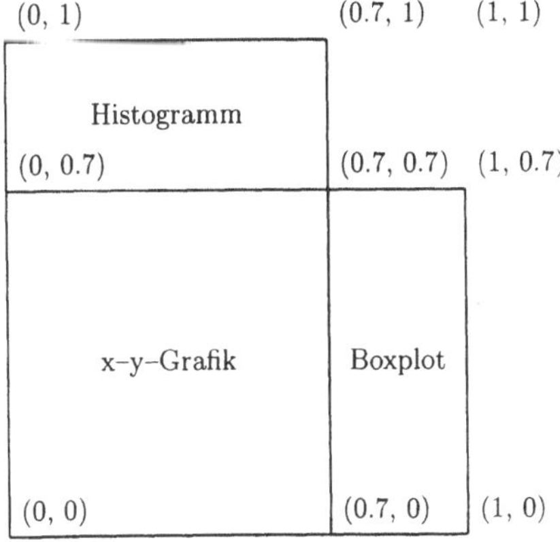

Abbildung 5.5. Selbsterstelltes Layout einer Grafik

Daraus geht hervor, daß die Grafik selbst die linke untere Ecke (0,0) und die rechte obere Ecke (0.7, 0.7) haben soll. Das Histogramm wird definiert durch die linke untere Ecke (0.0, 0.7) und die rechte obere Ecke (0.7, 1.0). Der senkrechte Boxplot rechts erhält die Ecken (0.7, 0.0) und (1.0, 0.7).

Nach ein wenig Experimentieren stellen wir fest, daß der Gesamteindruck besser ist, wenn die Figuren sich ein wenig überlappen. Wir passen noch die Größe der Beschriftungen an und erhalten durch das folgende Programm das in Abbildung 5.6 dargestellte Ergebnis.

```
> frame()
> par(fig=c(0,0.7,0,0.7), mar=c(4,4,2,2), cex=0.7)
> plot(geyser$waiting, geyser$duration, pch="*",
+ xlab="Wartezeit", ylab="Dauer der Eruption")
> title ("\nOld Faithful Geyser Daten", cex=0.5)
> par(fig=c(0,0.7,0.65,1),mar=c(2,4,2,2), cex=0.7)
> hist(geyser$waiting)
> par(fig=c(0.6,1,0,0.7),mar=c(4,3,2,2), cex=0.7)
> boxplot(geyser$duration)
```

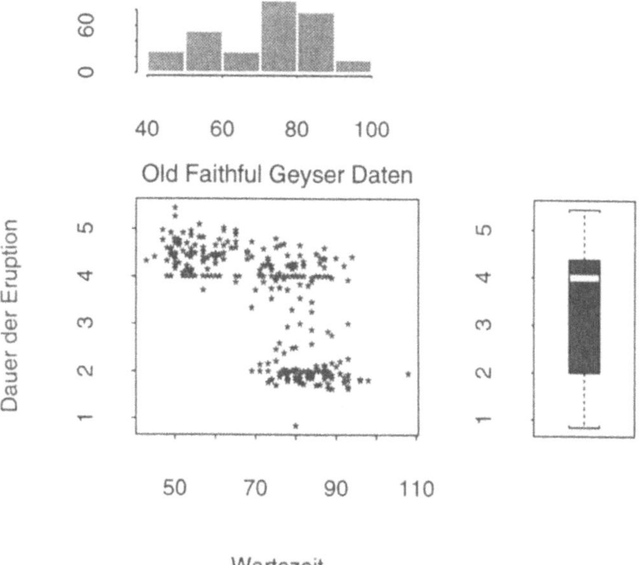

Abbildung 5.6. Ein selbsterstelltes Layout für den Geysir–Datensatz

Zusammenfassung

Abschließend folgt ein kurzes Programm, um eine 2x2–Matrix von Grafiken zu erstellen und in einer PostScript–Datei abzuspeichern. Die meist modifizierten Parameter wie Randbreite und Zeichensatzgröße werden verwendet.

```
> postscript ("beispiel.ps", height=5, width=5)
                                  # Anlegen einer PS-Datei
> par(mfrow=c(2,2))               # 2x2 Layout definieren
> par(cex=0.6)                    # Zeichensatz verkleinern
> par(mai=c(1,1,1,1)/2.54)        # Rand auf 1cm setzen
> par(mar=c(2,2,1,1))             # Rand neu setzen
> x <- rnorm (100)                # Beispiel-Daten generieren
> plot(x)                         # Erste Grafik
> plot(x, type="l")               # Zweite Grafik
> hist(x, cex=0.5)                # Dritte Grafik
> boxplot(x)                      # Vierte Grafik
> dev.off()                       # Datei schliessen
```

Hinweis: Abspeichern und Wiederherstellen der ursprünglichen Werte der Parameter ist sinnvoll, um nicht in einem völlig verstellten System zu enden. Ein Neustart von S-PLUS setzt die Werte wieder zurück, wie es anders geht, sehen wir in Kapitel 10.2.1 (Seite 278).

> **Hinweis** Nur als Randbemerkung wollen wir erwähnen, daß man Grafiken in S-PLUS sogar als Variablen abspeichern kann! Dazu muß lediglich das Grafik–Kommando statt an das Ausgabegerät an die Funktion **graphics** gesendet werden und das Ergebnis einer Variablen zugewiesen werden. Dies ist besonders hilfreich, wenn eine Grafik wiederholt gebraucht wird, die Berechnung aber langwierig ist. Das folgende Beispiel erklärt die Funktionsweise.

```
> xygrafik <- graphics(plot(rnorm(100), rnorm(100)))
```

Diese Eingabe produziert keine Grafik auf dem Bildschirm, sondern gibt das Ergebnis (eine Grafik) in die Variable **xygrafik**. Geben Sie jetzt **xygrafik** oder **print(xygrafik)** ein und die Variable wird angezeigt, d.h. die Grafik wird dargestellt.

Diese Funktion ist leider geräteabhängig, da sie in absoluten Koordinaten arbeitet. Ausgabe dieser Variable auf einem anderen Gerät als dem, für das sie produziert wurde, ist daher meist nicht möglich.

Trotzdem kann man viel Zeit sparen, wenn die Grafik umfangreich berechnet werden muss. In diesem Beispiel wird außer der Darstellung nichts mehr berechnet.

◁

5.8 Aufgaben

Aufgabe 5.1

Zeichne in eine Grafik die Funktionen sin(x), cos(x) und sin(x)+cos(x)
mit verschiedenen Linientypen und Farben. Benutze dazu 1000 Punkte
auf dem Intervall von -2 Pi bis 2 Pi und beschrifte die Figur mit Titel,
Untertitel und Achsenbeschriftungen.

Aufgabe 5.2

Erstelle zwei Vektoren x und y, so daß der S-PLUS–Befehl

```
> plot (x,y,type-"l")
```

die folgenden Figuren zeichnet:
– ein Rechteck oder Quadrat
– einen Kreis
– eine Spirale
Hinweis: Es ist nicht gefragt, y im mathematischen Sinne als eine
Funktion von x auszudrücken, sondern vielmehr, wie der Verlauf der
Linie erzeugt werden kann.
Um Kreise zu zeichnen, ist es hilfreich, sich an die Eigenschaft zu
erinnern, daß (in sogenannten Polarkoordinaten) jeder Punkt (sin(x),
cos(x)) auf dem Einheitskreis um (0,0) mit Radius 1 liegt.

Aufgabe 5.3

Wir betrachten die sogenannten Lissajous–Figuren. Sie sind definiert als

$$z(x) = \begin{pmatrix} \sin(ax) \\ \sin(bx) \end{pmatrix} = \begin{pmatrix} z_1 \\ z_2 \end{pmatrix},$$

oder, in anderer Schreibweise,

$$\begin{aligned} z_1(x) &= \sin(ax) \\ z_2(x) &= \sin(bx) \end{aligned},$$

a, b positive ganze Zahlen, x zwischen 0 und $2\,\pi$.

Zeichne z_1 gegen z_2 und verbinde die Punkte durch Linien. Wähle verschiedene Werte für a und b und zeichne weitere Kurven auf ein gemeinsames Blatt.

Wovon hängt die Form der Figur ab ? Vergleiche beispielsweise die Figuren für $(a,\ b) = (3,\ 4)$, $(3,\ 6)$ und $(6,\ 8)$.

5.9 Lösungen

Lösung zu Aufgabe 5.1

Um die trigonometrischen Funktionen Sinus, Cosinus und Sinus + Cosinus zu zeichnen, benötigen wir eine Sequenz von x–Werten, für die wir die Werte sin(x), cos(x) und sin(x)+cos(x) berechnen. Wenn mehrere Funktionen in ein Bild gezeichnet werden sollen, muß man beachten, daß der erste Aufruf von `plot` die Grenzen für x und y bestimmt. Wenn eine später hinzugefügte Funktion y–Werte hat, die größer oder kleiner sind, so liegen diese außerhalb des Bildes. Man könnte zuerst die y–Werte aller drei Funktionen berechnen und die Grenzen herausfinden, um sie als Argumente an `plot` (via `ylim=c(`*min*, *max*`)`) zu übergeben. Wir wissen hier, daß sin(x)+cos(x) die größten und kleinsten Werte hat und zeichnen deshalb diese Kurve zuerst.

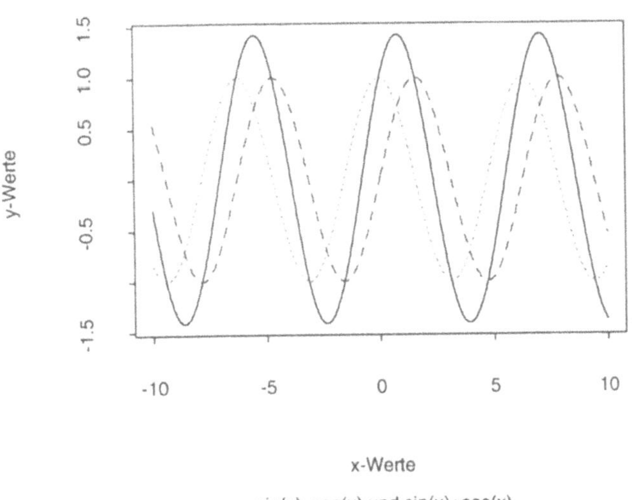

Abbildung 5.7. Trigonometrische Funktionen

```
> x <- seq (-10, 10, length=1000)
> plot (x, sin(x)+cos(x), xlab="x-Werte",
```

```
+ ylab="y-Werte")
> lines (x, cos(x), lty=2, col=2)
> lines (x, sin(x), lty=3, col=3)
> title ("Trigonometrische Funktionen"
+ "sin(x), cos(x) und sin(x)+cos(x)")
```

Lösung zu Aufgabe 5.2

Diese Aufgabe zielt darauf hin, zu zeigen, wie in geometrischen Figuren gedacht werden kann, um diese zu zeichnen.

a) Ein Rechteck ist eine einfache Figur, die aus vier geraden Linien besteht. Daher muß man lediglich die vier Eckpunkte in x- und y-Koordinaten definieren und diese miteinander verbinden. Eine kleine Falle liegt darin, daß man vom ersten zum zweiten Punkt eine Linie zeichnet, von dort zum dritten und zum vierten. Damit das Rechteck geschlossen wird, muß die Linie wieder zum Ausgangspunkt zurückkehren, so daß wir fünf Punkte benötigen, um ein Rechteck zu zeichnen.

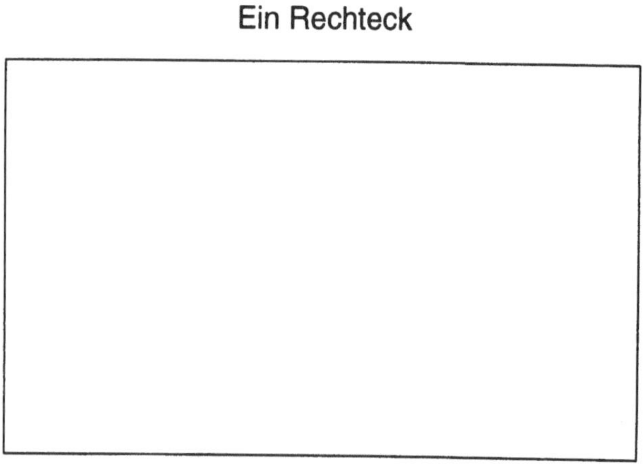

Ein Rechteck

Abbildung 5.8. Geometrische Figuren (a): Ein Rechteck

```
> x <- c(1,-1,-1, 1,1)
> y <- c(1, 1,-1,-1,1)
> plot (x, y, type="l", box=F,axes=F,xlab="",ylab="")
> title ("Ein Rechteck")
```

b) Um einen Kreis zu zeichnen, gibt es viele Möglichkeiten. Die einfachste Variante ist vielleicht die folgende. Wir benutzen die Eigenschaft, daß alle Punkte (sin(x), cos(x)) auf dem Einheitskreis mit Radius 1 liegen, da $\sin^2(x)+\cos^2(x)=1$ ist für alle x und y. Es bleibt noch, einen Vektor von 0 bis 2π zu erstellen und für diesen sin(x) gegen cos(x) zu zeichnen.

Eine andere Variante ist, zu benutzen, daß für alle Punkte auf dem Kreis mit Radius 1 gilt, daß $x^2 + y^2 = 1$ ist. Daraus ergibt sich, daß für y die Lösungen $y = \sqrt{1 - x^2}$ und $y = -\sqrt{1 - x^2}$ existieren. Versuche, eine Sequenz für x zu erstellen und y mit der obigen Formel zu berechnen.

Schlußendlich ergibt sich ein an das Bild angepaßter 'Kreis', der mehr eine Ellipse ist. Daher müssen wir S-PLUS noch mitteilen, daß das Bild und die Ränder quadratisch statt rechteckig gestaltet werden sollen. Wir benutzen dazu den Parameter **pin** (picture in inches).

Abbildung 5.9. Geometrische Figuren (b): Ein Kreis

```
> z <- seq(0, 2*pi, length=1000)
> x <- sin(z)
> y <- cos(z)
> par(pin=c(2,2))
> plot (x, y, type="l", box=F,axes=F,xlab="",ylab="")
> title ("Ein Kreis")
```

c) Eine Spirale ergibt sich aus einem Kreis, der mehrfach durchlaufen wird. Wenn beim Durchlauf der Radius geändert wird, erhalten wir die Windungen einer Spirale. Die Windungen und die Art der Spirale hängt sehr stark von der Serie der x–Werte und der Divisionszahl ab. Wir wählen eine Sequenz von 6π bis 32π, so daß sich 13 Windungen ergeben.

```
> z <- seq(6*pi, 32*pi, length=1000)
> x <- sin(z) / (0.1*z)
> y <- cos(z) / (0.1*z)
> plot (x, y, type="l", box=F, axes=F,
+ main="Eine Spirale mit 13 Windungen",
+ xlab="", ylab="")
```

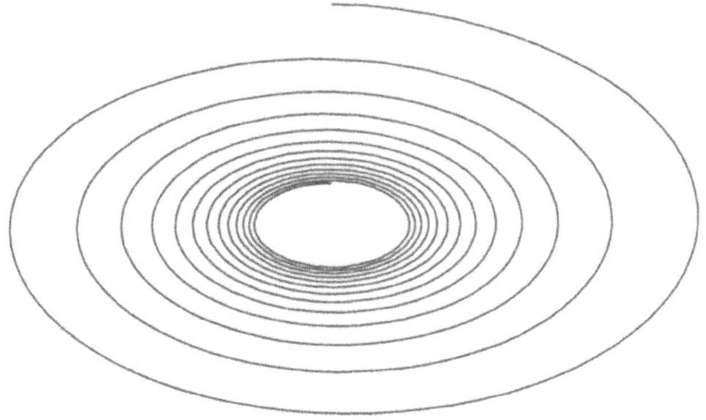

Abbildung 5.10. Geometrische Figuren (c): Eine Spirale

Lösung zu Aufgabe 5.3

Um Lissajous–Figuren zu erstellen, muß ein Vektor mit Werten zwischen 0 und $2\,\pi$ erstellt werden. Wir öffnen ein Grafikfenster und legen eine 2x2-Matrix von Bildern fest. Anschließend können die Lissajous–Figuren direkt gezeichnet werden, indem der Befehl

```
> plot(sin(a*x), sin(b*x), type="l")
```

eingegeben wird und a und b durch verschiedene ganze Zahlen ersetzt werden.

```
> par(mfrow=c(2,2))
> x <- seq(0, 2*pi, length=1000)
> plot(sin(3*x), sin (6*x), type="l")
> plot(sin(3*x), sin (8*x), type="l")
> plot(sin(3*x), sin(11*x), type="l")
> plot(sin(7*x), sin (8*x), type="l")
```

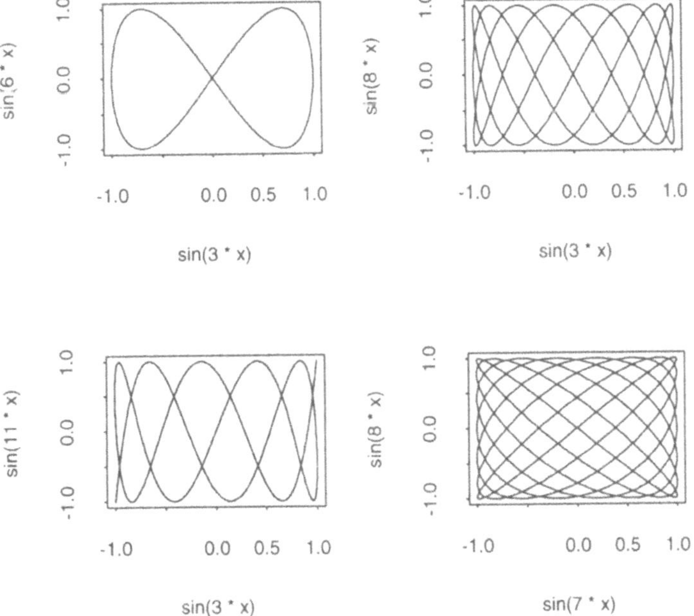

Abbildung 5.11. Lissajous–Figuren für verschiedene Werte von a und b

6. Datenanalyse

Die vorangehenden Kapitel haben die Grundlagen geschaffen, die notwendig sind, um die Arbeitsweise von S-PLUS zu verstehen. Dabei haben wir gesehen, wie Berechnungen durchgeführt werden, wie Daten generiert, abgespeichert und verwendet werden, und wie man sie grafisch darstellen kann. Damit sind die Voraussetzungen geschaffen, um reale Daten zu analysieren und dazu die Möglichkeiten zu nutzen, die S-PLUS bietet. Darum soll es in diesem Kapitel gehen.

Wir werden Datensätze im Detail untersuchen, die bei der Installation von S-PLUS mitangelegt werden, also auf jeder S-PLUS-Installation bereits vorhanden sind. Insbesondere die `barley`-Daten über die Ernte von Gerste–Arten auf verschiedenen Feldern in mehreren Jahren und den Geysir–Datensatz des "Old Faithful Geyser" im Yellowstone National Park werden wir genauer analysieren. Nota bene wird das deutsche Wort Geysir, den wasserspeienden Vulkan bezeichnend, im Englischen als "Geyser" bezeichnet. Daher finden sich die Daten unter dem Namen `geyser`.

6.1 Univariate Datenanalyse

Wir wollen im folgenden den Barley–Datensatz untersuchen, der unter dem Namen `barley` in S-PLUS abgelegt ist. Dabei werden wir zunächst die Variablen, die in diesem Datensatz enthalten sind, einzeln untersuchen, also univariate (eindimensionale) Analysen durchführen. Später folgt eine multivariate Analyse, die sich den höherdimensionalen Strukturen und dem Zusammenhang zwischen den Variablen widmet. Die univariate Analyse ist weiter unterteilt in deskriptive textuelle und grafische Analyse.

Die Barley–Daten. Die Barley-Daten beinhalten Messungen der Ernte von Gerste auf verschiedenen Feldern. Auf jedem der 6 Felder wurden in den Jahren 1931 und 1932 zehn verschiedene Gerste–Sorten angebaut. Jede Kombination aus 6 Feldern, 10 Sorten und 2 Jahren kommt genau einmal vor, so daß 120 Erntemessungen vorliegen. Die Ernte wird gemessen in Menge pro Fläche (bushels per acre), wobei ein Bushel etwa 35.24 Litern entspricht und 1 Acre 4047 Quadratmetern. Das Hauptinteresse liegt darin, die Abhängigkeit der Erntemenge von den Variablen Sorte, Anbaufeld und Anbaujahr zu erklären.

6.1.1 Deskriptive Statistik

Die deskriptive oder beschreibende Statistik wird oft im Zusammenhang mit explorativer Datenanalyse (EDA) verwendet. Das Konzept der EDA verwendet deskriptive Methoden, um Strukturen und Zusammenhänge in Daten zu entdecken, die a priori nicht bekannt sind oder nur vermutet werden. Dabei führen explorative Methoden oft zu einem besseren Verständnis der vorliegenden Zahlen und können Grundlagen für Modellannahmen der konfirmatorischen Statistik liefern. Der "klassische Ansatz" der konfirmatorischen oder schließenden Statistik wird häufig zur explorativen Analyse in Kontrast gesetzt, kann aber durchaus sinnvoll zu einer aussagekräftigen Kombination gestaltet werden.

Wie beginnt die Analyse eines Datensatzes? Im allgemeinen mit einem Blick auf die Daten. Hier stellt sich bereits die Frage nach dem wie. Ein kleinerer Datensatz kann einfach ausgedruckt werden, bei einem größeren macht dies kaum noch Sinn, weil die Informationen hinter den Mengen von Zahlen verschwinden. In unserem Fall können wir die Daten noch am Bildschirm ansehen, durch Eingeben von

```
> barley
```

zeigt S-PLUS den gesamten Datensatz an, der aus 120 Zeilen und 4 Spalten besteht. Wir wählen ein paar beliebige Zeilen aus.

```
> barley[c(2,17,64,70,82,98,118),]
```

	yield	variety	year	site
2	48.86667	Manchuria	1931	Waseca
17	29.66667	Svansota	1931	Grand Rapids
64	32.96667	Manchuria	1932	Crookston
70	26.16667	Glabron	1932	Crookston
82	32.06666	Velvet	1932	Crookston
98	44.70000	No. 462	1932	Waseca
118	35.90000	Wisconsin No. 38	1932	Crookston

Dieser kleine Auszug zeigt die Struktur der Daten, die in Matrixform angeordnet sind. Die Variable `yield` gibt die Erntemenge an, die, wir wir bereits wissen, in 'bushels per acre' gemessen wird. Die zweite Variable, `variety`, beinhaltet den Namen der Sorte, die angebaut wurde. Die Variable `year` gibt das Anbaujahr an, das entweder 1931 oder 1932 ist, und `site` beinhaltet den Namen der Anbaufläche (der Farm). Die Funktion `summary` ist nützlich, um einen ersten Überblick über die Daten zu gewinnen.

```
> summary(barley)

        yield          variety     year         site
  Min.:14.43     Svansota:12   1932:60   Grand Rapids:20
1st Qu.:26.87     No. 462:12   1931:60       Duluth :20
Median:32.87   Manchuria:12              Univ Farm :20
  Mean:34.42     No. 475·12                 Morris :20
3rd Qu.:41.40      Velvet:12              Crookston :20
  Max.:65.77    Peatland:12                 Waseca :20
                 Glabron:12
                 No. 457:12
              Wisc No.38:12
                  Trebi:12
```

Man erkennt, daß die Ernte sich zwischen 14.43 und 65.77 (Bushels pro Acre) bewegt, von jeder Sorte genau 12 Messungen vorhanden sind, jedes Jahr genau 60mal vorkommt, und jede Farm genau 20mal.[1]
Jetzt wollen wir genauer auf die Daten eingehen. S-PLUS bietet die Möglichkeit, Variablen, die in einem Datensatz enthalten sind, direkt anzusprechen. Mit der Eingabe von `yield` kann die Variable ohne Nennung des Datensatzes (`barley`) verwendet werden, ebenso wie alle anderen Variablen. Dazu verwenden wir die Funktion `attach`.

```
> attach (barley)
```

Sehen wir uns die Werte der Variable `yield` genauer an. Ein Stamm- und Blatt-Diagramm (stem and leaf display) gibt einen komprimierten Eindruck der Daten.

```
> stem (yield)
```

---

[1] Um exakt zu sein, zeigt die `summary` Funktion maximal sieben verschiedene Werte an, so daß die Darstellung etwas komprimierter erscheint. Um genau die oben gezeigte Ausgabe zu erhalten, haben wir den Parameter `maxsum` verändert. Die originale Eingabe lautete `summary(barley,maxsum=11)`.

```
N = 120   Median = 32.86667
Quartiles = 26.85, 41.46666

Decimal point is 1 place to the right of the colon
   1 : 4
   1 : 579
   2 : 0011122223333
   2 : 55566666666777777889999999
   3 : 000000111222223333344444
   3 : 5555667777888899
   4 : 000112223334444
   4 : 567777779999
   5 : 00
   5 : 5889
   6 : 4
   6 : 6
```

Ein Stamm– und Blatt–Diagramm ordnet die Daten und kategorisiert
sie. Die Kategorien sind die Stämme, die links vom Doppelpunkt erscheinen. Hier bestehen die Stämme aus den Zahlen 10, 20, 30, ..., 60,
die nur mit der ersten Ziffer dargestellt werden, aber durch die Aussage 'the decimal point is 1 place to the right of the colon' ergibt sich
der absolute Wert durch das Zehnfache der dargestellten Zahl. Auf
der rechten Seite, als Blätter, wird jedes Datum durch seine zweite
Ziffer repräsentiert. Den kleinsten Wert erkennen wir daher als 1.4,
mit dem Dezimalpunkt um eine Stelle nach rechts verschoben also 14
(gerundet).
Man kann an dieser Darstellung viele Dinge ablesen, zum Beispiel die
kleinsten Werte 14, 15, 17 und 19, und die mit Abstand größten Werte,
64 und 66 Bushels per Acre. Die meisten Werte liegen zwischen 20 und
30, insbesondere zwischen 25 (zweite Kategorie mit Stamm 2) und 34
(erste Kategorie mit Stamm 3). Die gesamte Verteilung sieht relativ
symmetrisch aus mit einem längeren Auslauf zu den hohen Werten
hin (auch als rechtsschief bezeichnet).
Ein Stamm– und Blatt–Diagramm oder stem and leaf display hat eine
direkte Verwandtschaft zum Histogramm. Die Werte werden in Kategorien unterteilt und die Anzahl der Werte in jeder Kategorie durch
die Höhe der Säulen dargestellt. Würden wir ein Histogramm mit den
gleichen Klasseneinteilungen zeichnen, so würde sich eine Grafik ergeben, deren Säulen so hoch sind wie die Blätter im Stamm– und
Blatt–Diagramm lang sind. Im Prinzip ist ein Histogramm daher ein

um 90 Grad gedrehtes Stamm– und Blatt–Diagramm, das die einzelnen Werte aber nicht mehr erkennen läßt.

Genau wie bei einem Histogramm kann sich die Darstellung unter Umständen durch die Wahl der Kategorien (Stämme) stark ändern. Um einen ersten Eindruck zu bekommen, ist die Darstellung aber hinreichend. In dieser Darstellung scheint die Ähnlichkeit zu der Glockenform einer Normalverteilung sichtbar, um dies zu bestätigen, sollten aber weitere Darstellungen oder Techniken verwendet werden.

Ein Stamm– und Blatt–Diagramm kann nur auf metrische, nicht aber auf kategorielle Daten angewandt werden. Würden wir die Funktion `stem` auf die anderen Variablen im Barley-Datensatz anwenden, würde S-PLUS uns mitteilen, daß dies nicht zulässig ist.

```
> stem(variety)
      Error in Ops.ordered(x, 0):
      "*" not meaningful for ordered factors
      Dumped
```

S-PLUS "erkennt", daß die Variable `variety` eine faktorielle Variable ist mit Werten wie 'Svansota' und 'Velvet' und ein Stamm– und Blatt–Diagramm daher nicht sehr sinnvoll ist. Die Fehlermeldung besagt genau dies aus.

Wir können die Schiefe der Variable `yield` genauer untersuchen, indem wir einige Quantile der Daten ausrechnen. Die Funktion `quantile` liefert diese Informationen. Wir spezifizieren, daß die Quantile 10, 20, 30, ..., 90 % von Interesse sind.

```
> quantile (yield, seq(0.1, 0.9, by=0.1))
         10%      20%     30%       40%       50%
    22.49667    26.08   28.09   29.94667   32.86667
         60%      70%     80%       90%
    35.13333   38.97333   43.32   47.45666
```

Das 10–Prozent–Quantil liegt etwa 10 Einheiten (Bushels per Acre) entfernt vom Median der Verteilung (50–Prozent–Quantil), wohingegen das 90–Prozent–Quantil etwa 15 Einheiten entfernt liegt. Bei einer symmetrischen Verteilung sollten diese Abstände in etwa gleich sein. Ein Maß für die Streubreite der Daten ist die Interquartilsdistanz, der Abstand zwischen dem 25%– und dem 75%–Quantil.

```
> quantile (yield, c(0.25, 0.75))
       25%    75%
    26.875   41.4
```

Die Aussage, die wir hier ableiten können, ist, daß etwa 50 Prozent
der Daten zwischen 26.9 und 41.4 Bushels pro Acre liegen. Wenn wir
den Median von 32.87 hinzunehmen, können wir nicht mehr so sicher
sein, daß die Verteilung der yield-Daten symmetrisch ist.
Wenn wir die Streuung der Daten beschreiben wollen, ist eines der
gebräuchlichsten Maße die Standardabweichung oder die Wurzel aus
der Varianz. Da S-PLUS keine Funktion zur Berechnung der Standardabweichung bereitstellt, berechnen wir sie selbst, indem wir die
Wurzel aus der Varianz ziehen.

```
> sqrt (var (yield))
    10.33471
```

Wenn wir ein robusteres Maß (robuster gegen extreme Werte oder
Ausreißer) bevorzugen, können wir die Interquartilsdistanz angeben,
den Abstand zwischen den zwei Quartilen (25– und 75%–Quantil).

```
> quantile(yield, 0.75) - quantile(yield, 0.25)
    14.525
```

Nun wollen wir die Daten nach Kovariablen auftrennen und Vergleiche
anstellen. Ein erster Ansatz wäre, zu untersuchen, wie die Ernten 1931
und 1932 ausgefallen sind. Lassen wir S-PLUS ein Summary für 1931
berechnen. Dazu wenden wir unsere Kenntnisse über Auswahl von
Werten, die ein bestimmtes Kriterium erfüllen, an. Wir wählen alle
yield-Werte, für die der zugehörige year-Wert 1931 ist.

```
> summary (yield[year==1931])

      Min.   1st Qu.   Median   Mean   3rd Qu.    Max.
      19.7     29.09     34.2   37.08     43.85   65.77
```

Analog erhalten wir für 1932 das Ergebnis:

```
> summary (yield[year==1932])

      Min.   1st Qu.   Median   Mean   3rd Qu.    Max.
     14.43     25.48    30.98   31.76      37.8   58.17
```

Daraus sehen wir direkt, daß alle Werte für 1931 größer ausfallen als
für 1932. Die Gerste–Ernte scheint 1931 wesentlich besser gewesen zu
sein als 1932.
Jetzt wollen wir einen Blick auf die ertragreichsten Farmen werfen,
um zu sehen, wie diese in beiden Jahren abgeschnitten haben. Sehen

wir uns die oberen 10 Prozent der Ernte an, d.h. die Werte oberhalb des 90–Prozent–Quantils. Dazu berechnen wir zunächst die 90%–
Quantile.

```
> quantile (yield[year==1931], 0.9)
       90%
  49.90334

> quantile (yield[year==1932], 0.9)
       90%
  44.28
```

Jetzt extrahieren wir alle Zeilen der Datenmatrix barley, in denen
der Ernteertrag (yield) oberhalb des jeweiligen 90%–Quantils liegt.

```
> barley[yield > 49.90334 & year==1931, ]
            yield      variety   year      site
     8   55.20000      Glabron   1931    Waseca
    20   50.23333       Velvet   1931    Waseca
    26   63.83330        Trebi   1931    Waseca
    32   58.10000      No. 457   1931    Waseca
    38   65.76670      No. 462   1931    Waseca
    56   58.80000   Wisc No.38   1931    Waseca

> barley[yield > 44.28 & year==1932, ]
            yield      variety   year      site
    86   49.23330        Trebi   1932    Waseca
    87   46.63333        Trebi   1932    Morris
    98   44.70000      No. 462   1932    Waseca
    99   47.00000      No. 462   1932    Morris
   116   58.16667   Wisc No.38   1932    Waseca
   117   47.16667   Wisc No.38   1932    Morris
```

Zur Erinnerung: Im Kapitel über Selektion von Werten aus Matrizen
haben wir gelernt, wie man nur gewisse Zeilen einer Matrix extrahiert.
Im obigen Befehl wählen wir alle Zeilen aus der Matrix barley aus, für
die gilt, daß der Ernteertrag größer als 44.28 ist und das Jahr der Ernte
gleich 1932 ist. Diese Abfrage ergibt einen Vektor mit TRUE/**FALSE**–
Werten, und dessen Verwendung als Indizes extrahiert nur die Werte,
die einem TRUE entsprechen.
Waseca scheint 1931 im Vergleich zu den anderen Farmen eine un-
glaubliche Ernte eingefahren zu haben, die größten Erträge wurden
alle in Waseca erzielt. 1932 war ebenso ein gutes Jahr für Waseca,
aber Morris hatte ebenfalls eine gute Ernte. Die großen Ernten fuh-
ren beide Farmen offensichtlich mit den gleichen Anbausorten ein, mit

Trebi, No. 462 und Wisc No. 38. Daraus ergeben sich bereits interessante Fragestellungen, die Anlaß für eine genauere Erörterung sein sollten.

Wenn wir Daten nach Kategorien trennen und untersuchen wollen, ist die Funktion **by** ein wertvolles Hilfsmittel (SAS-Anwender kennen die Funktionsweise des by-Befehls vermutlich). Mit **by** kann man Daten in Gruppen unterteilen und eine Funktion auf alle Untergruppen anwenden. So könnten wir das **summary** über die beiden Erntejahre mit einem Befehl ausrechnen lassen.

```
> by (barley, year, summary)
```

Wir erhalten eine Zusammenfassung des Datensatzes **barley**, getrennt nach den Werten der Variable **year**, durch Anwendung der Funktion **summary**. Wenn wir noch, wie in unserer vorhergegangenen Anwendung, den Parameter `maxsum=11` an **summary** übergeben wollen, können wir das auch durch by erledigen lassen.

```
> by (barley, year, summary, maxsum=11)
```

Ebenso könnten wir andere Statistiken oder Kennziffern für jede Farm oder Anbausorte separat berechnen lassen, ohne mit Schleifen oder anderen Konstrukten zu arbeiten. Wie wäre es, einen Blick auf die Ernteerträge der einzelnen Farmen zu werfen oder die Erträge der verschiedenen Sorten zu vergleichen?

Wir haben gesehen, daß mit nur wenigen elementaren Befehlen bereits interessante Einsichten in den Datensatz erzielt werden können und weitergehende Fragestellungen auftauchen.

Tabelle 6.1 faßt noch einmal die bisher verwendeten Funktionen zusammen und enthält weitere Funktionen, die hilfreich sein könnten bei der deskriptiv-explorativen Analyse von Daten in anderen Anwendungen.

| Hinweis | Es sei angemerkt, daß die Funktion **by** nicht wie erwartet funktioniert, wenn man beispielsweise den Mittelwert über die Ernte, getrennt nach Jahren, errechnen will.

```
> by (yield,year,mean)

Error in as.double:
Cannot coerce mode list to double: .Data = list(..
Dumped
```

Tabelle 6.1. Univariate deskriptive statistische Funktionen

S-PLUS–Funktion	Beschreibung
`quantile`	Quantile eines Datensatzes
`mean`	Mittel (optional auch getrimmt)
`median`	Median
`stem`	Stamm– und Blatt–Diagramm ("Stem and Leaf Display")
`var`	Varianz bzw. Kovarianz
`by`	Anwendung einer Funktion auf Gruppen von Daten
`summary`	Übersichts–Statistik eines Datensatzes
`apply, lapply, sapply`	Anwendung einer Funktion auf Zeilen oder Spalten einer Matrix (`apply`) oder auf Elemente von Listen (`lapply, sapply`)
`aggregate`	Aggregieren durch Ausführen einer Funktion auf Gruppen

Dieses Problem entsteht dadurch, daß die Funktion **mean** nicht objektorientiert ist. Die Funktion **by** reicht die Barley–Daten, die intern als Liste abgespeichert sind, an **mean** weiter, aber **mean** weiß mit einer Liste nichts anzufangen, so wie im Beispiel

```
> mean (list(123))
```

Ein Ausweg ist, die Daten aus einer Liste in einen Vektor zu konvertieren, bevor **mean** angewandt wird. Wir können eine kleine allgemeine Funktion schreiben.

```
> newmean <- function (x) { mean (unlist(x)) }
```

Mit **newmean** funktioniert der Aufruf von by.

```
> by (yield, year, newmean)
```

◁

6.1.2 Grafische Analyse

Wir haben bereits einige Einsicht in den Datensatz **barley** gewonnen, indem wir verschiedene Kennziffern berechnet haben. Der nächste Schritt ist eine grafische Abbildung der Daten. Wir wollen dabei die Variablen einzeln und in verschiedenen Darstellungen betrachten. Viele grafische Hilfsmittel zeigen ihre Stärken erst, wenn Zusammenhänge zwischen mehreren Variablen untersucht werden sollen, so daß wir uns hier auf elementare Funktionen beschränken, die im multivariaten Kontext wieder aufgenommen werden.

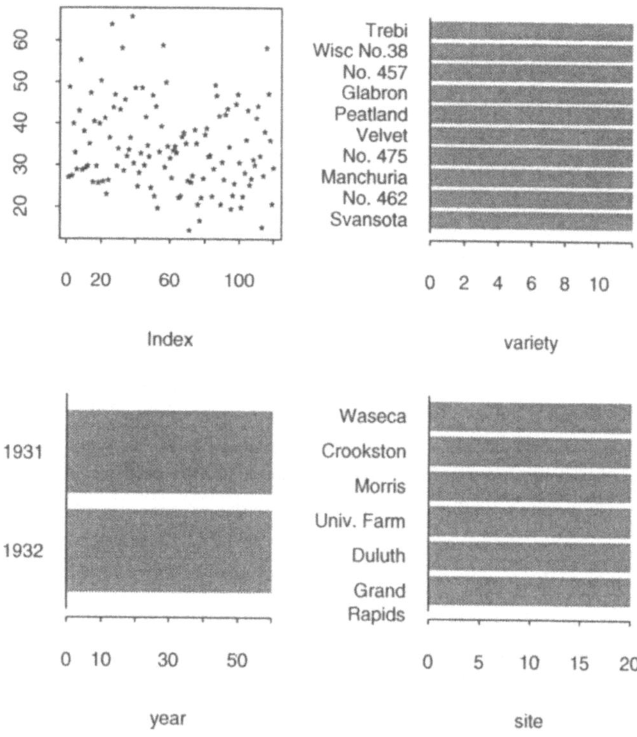

Abbildung 6.1. Die Variablen des `barley`-Datensatzes grafisch dargestellt

Tabelle 6.2 gibt eine Übersicht über einige der Funktionen, die S-PLUS bereitstellt.

Abbildung 6.1 zeigt eine einfache 2x2-Matrix von `plot`-Aufrufen für die Variablen, die in `barley` enthalten sind. Die verschiedenen Abbildungen sind durch mehrfachen Aufruf von `plot` entstanden.

```
> par (mfrow=c(2,2))          # 2x2 Layout
> plot (yield)
```

Tabelle 6.2. Univariate grafische Funktionen

S-PLUS Funktion	Beschreibung
boxplot	Boxplot–Darstellung
density	Dichteschätzung der Verteilung der Daten. plot(density(x)) stellt das Ergebnis grafisch dar
dotchart	Punkteraster (dot chart)
hist	Histogramm
identify	Identifizieren des Datenpunktes, der der Maus–position am nächsten liegt
pie	Torten– oder Kuchendiagramm (pie chart)
plot	Streudiagramm, Scatterplot (Abtragen von x gegen y)
qqnorm	Quantil–Quantil–Grafik zum Überprüfen einer Anpassung von Daten an eine Normalverteilung
qqplot	Quantil–Quantil–Grafik zur Überprüfung, wie gut zwei Datensätze sich überlagern
scatter.smooth	Darstellung von (x,y) und einer Anpassungslinie

Die meisten grafischen Funktionen haben eine lange Liste von Argumenten, die optional gesetzt werden können (also schon mit einem Wert vorbesetzt sind). So kann ein sehr einfaches Tortendiagramm mit pie(x) erzeugt werden, aber wenn man Farben und Schattierungen, Beschriftungen und hervorgehobene Stücke haben will, müssen die Argumente entsprechend besetzt werden. Die Einzelheiten sind in den Handbüchern und der Online–Hilfe ausführlich beschrieben. Die Funktion boxplot hat beispielsweise 27 Argumente, von denen lediglich die Daten selbst notwendig sind.

```
> plot (variety)
> plot (year)
> plot (site)²
```

Bemerkenswert ist, daß die Funktion plot sich für verschiedene Arten von Daten verschieden verhält. Wir sehen an Abb. 6.1, daß die Variable yield gegen einen Indexvektor von 1 bis 120 abgetragen wird, die Faktor–Variablen variety, year und site aber nach Kategorien (Faktoren) aufgeschlüsselt werden und ein Häufigkeitsdiagramm dargestellt wird. Man erkennt, daß alle Variablenausprägungen genau gleich häufig vorkommen. Dieses Verhalten, das auf der *Objektorientiertheit* von S-PLUS beruht, werden wir noch genauer betrachten.

---

[2] Die Namen (Label) der Variablen sind de facto etwas zu lang, um in das Bild zu passen. Wir haben sie leicht modifiziert. Die Benutzung von Steuerzeichen werden wir noch in Kapitel 8.4 diskutieren. Das erste Label wird auf zwei Zeilen verteilt, das zweite etwas gekürzt.

```
> levels(barley[[4]])[1] <- "Grand\nRapids"
> levels(barley[[4]])[3] <- "Univ. Farm"
```

Wir haben bereits festgestellt, daß die Gerste–Ernte offensichtlich stark von Erntejahr und Anbauort abhängt. Dies wollen wir näher betrachten, indem wir Histogramme für jede Kombination zeichnen. Da es 6 Anbauorte und zwei Erntejahre gibt, sind 12 Kombinationen möglich, die wir in Abbildung 6.2 zeigen. Jedes Histogramm enthält die 10 Erntewerte für alle in dem entsprechenden Jahr an diesem Ort angebauten Sorten.

Wir müssen darauf achten, daß alle Histogramme die gleichen Klassengrenzen und y–Skalen erhalten. Abb. 6.2 ist wie folgt entstanden.

```
> par (mfcol=c(6,2))              # Matrix von Grafiken
> yrange <- range (yield)
> limits <- seq (min (yield), max (yield), length=15)
> hist (yield[site=="Grand Rapids" & year==1931],
+ xlim=yrange, breaks=limits,
+ xlab="Grand Rapids im Jahr 1931")
> hist (yield[site=="Duluth" & year==1931],
+ xlim=yrange, breaks=limits,
+ xlab="Duluth im Jahr 1931")
> hist (yield[site=="Univ Farm" & year==1931],
+ xlim=yrange, breaks=limits,
+ xlab="Univ Farm im Jahr 1931")
> ...
# usw. für die weiteren Kombinationen [3]
```

Durch die angeordneten Histogramme können wir die Ernten systematisch vergleichen. In jeder Zeile der Grafiken sehen wir die Ernte für die zwei Jahre für eine bestimmte Farm. In jeder Spalte sehen wir die Ernten für alle Farmen in einem Jahr. Wir kommen darauf noch zurück.

---

[3] Okay, okay. Wir haben das nicht alles eingetippt. Für diejenigen, die schon einen Blick auf Kapitel 8.1 geworfen haben, wo wir die Funktionen for und paste behandeln, folgt hier die Kurzform:

```
> xrange <- range (yield)
> limits <- seq (min (yield), max (yield), length=15)
> for (ye in rev (levels (year)))
+  for (si in levels (site))
+   hist (yield[site==si & year==ye], xlim=xrange,
+     breaks=limits, xlab="", xlab=paste(si, "in", ye))
```

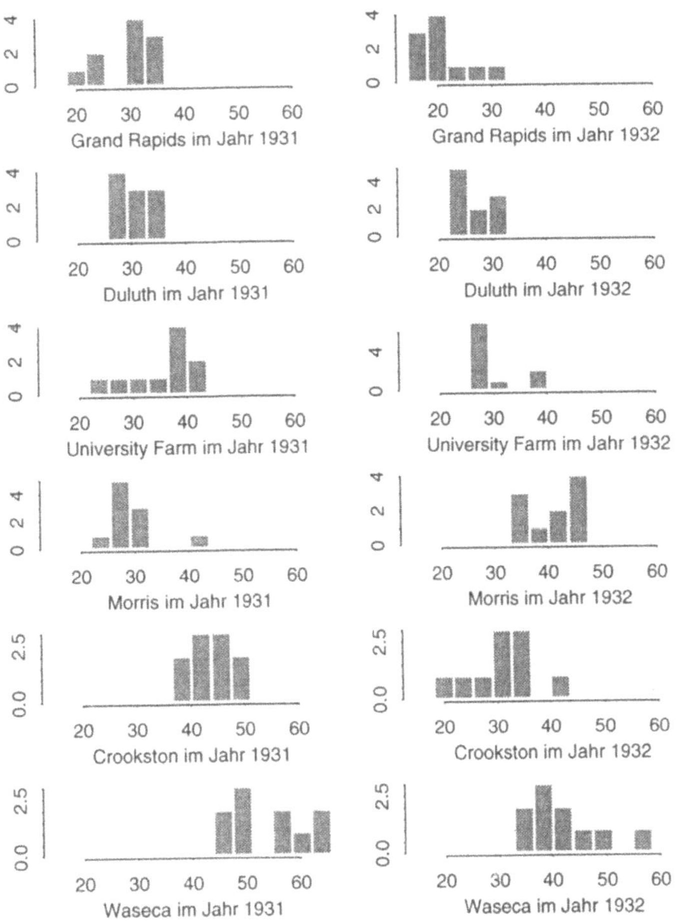

Abbildung 6.2. Die Gerste–Ernte aufgeschlüsselt nach Anbaujahr und Ort

6.2 Multivariate Datenanalyse

Wir wollen den `barley`–Datensatz im folgenden auf multivariate (mehrdimensionale) Strukturen untersuchen. Dabei werden wir auf Zusammenhänge zwischen Variablen eingehen und ebenso die Ernte der Gerste konditioniert auf Kombinationen von Variablen untersuchen.

Wir beschränken uns hier auf explorative und grafische Techniken. Deterministische Techniken wie multivariate Skalierung, Hauptkomponentenanalyse und mehr sind beispielsweise von Venables und Ripley (1994) detailliert behandelt. Wer mehr wissen möchte über diese Methoden, sollte auch in den Handbüchern nachschlagen und die entsprechenden Funktionen anwenden können.

Aber fahren wir weiter in der Analyse der `barley`–Daten.

6.2.1 Deskriptive Statistik

Wie im univariaten Fall wollen wir auch im multivariaten Kontext damit beginnen, einige charakterisierende Zahlen zusammenzustellen. In Tabelle 6.3 sind in S-PLUS enthaltene multivariate statistische Funktionen zusammengestellt.

Tabelle 6.3. Multivariate deskriptive statistische Funktionen

S-PLUS–Funktion	Beschreibung
by	Anwenden einer Funktion auf gruppierte Daten
crosstabs	Kontingenztafel-Darstellung für Faktor-Variablen
hist2d	Tabellarische Darstellung der Häufigkeiten der Kombinationen von zwei metrischen Variablen
split	Gruppieren der Daten nach den Werten einer Variable und Ablegen in einer Liste
table	Tabellarische Darstellung der Häufigkeiten der Kombination zweier diskreter Variablen
var	Varianz oder Kovarianz (für Matrizen)

Um einen Einblick in die zweidimensionale Struktur von Variablen zu erhalten, offeriert S-PLUS die Funktionen `table` und `hist2d`. Die Funktion `table` stellt die Häufigkeiten der auftretenden Kombinationen von Werten tabellarisch dar. Wir betrachten die Verteilung der Variablen `year` und `site`.

```
> table (year,site)

        Grand              Univ
        Rapids   Duluth    Farm   Morris   Crookston   Waseca
1932       10       10      10       10          10       10
1931       10       10      10       10          10       10
```

Daraus läßt sich erkennen, daß jede Farm in beiden Jahren 10 Ernten hatte, die als Daten vorliegen. Die Funktion `table` läßt sich auch mit mehr als zwei Variablen verwenden, so daß wir alle drei Variablen, `year`, `site` und `variety`, tabellieren können. Das Ergebnis kürzen wir aufgrund seiner Länge ein wenig.

```
> table (year,site,variety)

,,Svansota
        Grand              Univ
        Rapids   Duluth    Farm   Morris   Crookston   Waseca
1932        1        1       1        1           1        1
1931        1        1       1        1           1        1


,,No. 462
        Grand              Univ
        Rapids   Duluth    Farm   Morris   Crookston   Waseca
1932        1        1       1        1           1        1
1931        1        1       1        1           1        1

 ...
```

Die Darstellung dieser dreidimensionalen Tabelle (die man sich als Würfel vorstellen kann) geschieht in zweidimensionalen 'Scheiben', die von vorn nach hinten über die jeweils letzte Variable durchlaufen werden (in unserem Fall über die Anbausorte `variety`, deren Namen jeweils oberhalb der zweidimensionalen Tabelle dargestellt sind). Zunächst wird die Tabelle für `year` und `site` dargestellt für alle Werte-Tripel, bei denen die Variable `variety` den Wert `Svansota` annimmt. Danach wird gleich verfahren für die Sorte `No.462`, und so fort. In Fällen mit mehr als zwei Variablen kann es hilfreich sein, mehrere Schnitte anzusehen, indem man die Reihenfolge der Variablen beim Aufruf von `table` variiert.

Die Funktion `table` ist im allgemeinen nur bei kategoriellen Variablen sinnvoll anwendbar, da bei metrischen Variablen, wie in unserem Fall die Erntemenge `yield`, fast alle Werte verschieden sind und so eine sehr große Tabelle entstünde. Wir könnten `yield` auf Vielfache von

10 runden, oder aber eine andere Funktion von S-PLUS diese Arbeit tun lassen. Diese Funktion ist `hist2d`. Im Prinzip entspricht die Funktionsweise von `hist2d` derjenigen von `table`, nur daß die Werte in Kategorien (Intervalle) eingeteilt werden, analog zum eindimensionalen Histogramm, nur (zunächst) ohne grafische Darstellung. Da uns im Datensatz `barley` keine zweite metrische Variable zur Verfügung steht, verwenden wir zur Illustration `yield` zweifach.

```
> hist2d (yield, yield)
```

```
$x:
[1]  15 25 35 45 55 65

$y:
[1]  15 25 35 45 55 65

$z:
                10 to   20 to   30 to   40 to   50 to   60 to
                  20      30      40      50      60      70
    10 to 20       6       0       0       0       0       0
    20 to 30       0      42       0       0       0       0
    30 to 40       0       0      39       0       0       0
    40 to 50       0       0       0      26       0       0
    50 to 60       0       0       0       0       5       0
    60 to 70       0       0       0       0       0       2

$xbreaks:
[1]  10 20 30 40 50 60 70

$ybreaks:
[1]  10 20 30 40 50 60 70
```

S-PLUS hat die von uns gewünschte Tabelle generiert, und zudem erhalten wir noch die Vektoren `xbreaks` und `ybreaks` zurück, die die Klassengrenzen der Tabelle definieren. Diese könnten wir für eine Weiterverarbeitung verwenden. Am $, der den Namen vorangestellt ist, wie bei `$xbreaks`, ist erkennbar, daß das Ergebnis in einer Liste abgespeichert ist. Wir könnten die Ausgabe auf dem Bildschirm unterdrücken, wenn das Ergebnis in eine Variable umgeleitet wird.

```
> barley.hist2d <- hist2d (yield, yield)
```

Diese Eingabe zeigt nichts auf dem Bildschirm an, da die Ausgabe in der Variable `barley.hist2d` abgespeichert wird. Wir könnten nun direkt auf die Tabelle zugreifen durch `barley.hist2d$z`.

Wenn wir eine metrische und eine faktorielle Variable in einer Tabelle darstellen wollen, muß die metrische Variable auf wenige Werte reduziert werden, um die Darstellung übersichtlich und informativ zu halten (Gegenbeispiel: `table(yield)`). Mit der Funktion `round` kann eine solche Reduktion erfolgen. Die `yield`–Variable kann auf Vielfache von zehn gerundet werden, was einer Einteilung in Kategorien von 5 bis unter 15, 15 bis unter 25, 25 bis unter 35, etc. entspricht.

```
> yield.round <- round (yield, -1)
```

Das Argument -1 für den Parameter `digits` gibt an, auf wie viele Stellen nach dem Komma gerundet werden soll. Der Wert -1 läßt `round` auf ganze Zehner runden, auf -1 Stelle nach oder eine Stelle vor dem Komma.
Das Ergebnis können wir mit `table` ansehen.

```
> table (yield.round)
      10   20   30   40   50   60   70
       1   18   51   31   13    5    1
```

Wir sehen, daß nur noch die Werte 10, 20, 30, 40, 50, 60 und 70 auftreten, wobei 10 und 70 auch je nur einmal vorhanden sind.
Jetzt können wir die Ernte verschiedener Sorten vergleichen, indem wir `variety` gegen `yield.round` tabellieren.

```
> table (variety, yield.round)
                    10   20   30   40   50   60   70
        Svansota     0    3    4    4    1    0    0
         No. 462     0    3    4    2    2    0    1
       Manchuria     0    2    8    1    1    0    0
         No. 475     0    4    4    3    1    0    0
          Velvet     0    2    5    4    1    0    0
        Peatland     0    0    8    3    1    0    0
         Glabron     1    0    5    5    0    1    0
         No. 457     0    2    5    3    1    1    0
     Wisc No. 38     0    1    4    3    2    2    0
           Trebi     0    1    4    3    3    1    0
```

Was wir sehen, ist, daß die meisten Ernteerträge bei 30 Bushels pro Acre liegen, und nur ein Wert in der Kategorie 70 liegt, der von der Sorte No. 462 stammt. Ansonsten scheinen aber die Arten Trebi und Wisconsin die meisten Erträge in den höheren Kategorien und nur wenige niedrige Ernten zu haben.
Mit der Funktion by können wir dies genauer untersuchen. Wir berechnen für jede der Sorten eine Zusammenfassung mittels summary.

```
> by (yield, variety, summary)
        INDICES:Svansota
               x
         Min.    :16.63
         1st Qu.:24.83
         Median :28.55
         Mean    :30.38
         3rd Qu.:35.97
         Max.    :47.33
        ------------------------------
        INDICES:No. 462
               x
         Min.    :19.90
         1st Qu.:25.41
         Median :30.45
         Mean    :35.38
         3rd Qu.:45.28
         Max.    :65.77
        ------------------------------
        ...
        ------------------------------
        INDICES:Wisconsin No. 38
               x
         Min.    :20.67
         1st Qu.:31.07
         Median :36.95
         Mean    :39.39
         3rd Qu.:47.84
         Max.    :58.80
        ------------------------------
        INDICES:Trebi
               x
         Min.    :20.63
         1st Qu.:30.39
         Median :39.20
         Mean    :39.40
         3rd Qu.:46.71
         Max.    :63.83
```

Es scheint sich zu bestätigen, daß Trebi und Wisconsin die ertragreichen Sorten sind. Die gesamte Verteilung liegt eher in den größeren

Werten als bei den anderen Sorten, jede der Kennziffern ist relativ groß im Vergleich zu den anderen Sorten.
Wenn wir die Gesamtdaten in Gruppen teilen wollen, um beispielsweise jede Sorte Gerste getrennt zu untersuchen, können wir auf eine einzelne Gruppe wie die Daten zur Sorte Svansota wie folgt zugreifen.

```
> barley.Svansota <- barley [variety=="Svansota",]
```

Wir könnten aber auch alle Daten in Gruppen einteilen und bereits gruppiert in einer Liste abspeichern.

```
> barley.split.by.variety <- split (barley,variety)
```

Die Funktion `split` teilt eine Variable oder einen Datensatz in Teile, wobei die Teile nach den Werten einer zweiten Variablen erstellt werden. Alle Werte der ersten Variable, deren zugehörige Werte der zweiten Variablen gleich sind, kommen in eine gemeinsame Gruppe. Wir haben daher die Variable `barley.split.by.variety` erstellt, die als Liste abgespeichert ist. Jedes Listenelement trägt den Namen einer Sorte Gerste (`variety`) und enthält alle Werte von `barley`, die dieser Sorte entsprechen. Die erste Komponente von `barley.split.by.variety`, die die Ernte der Sorte Svansota enthält, sieht dann wie folgt aus.

```
> barley.split.by.variety$Svansota
```

```
       yield   variety   year          site
13  35.13333  Svansota   1931     Univ Farm
14  47.33333  Svansota   1931        Waseca
15  25.76667  Svansota   1931        Morris
16  40.46667  Svansota   1931     Crookston
17  29.66667  Svansota   1931   Grand Rapids
18  25.70000  Svansota   1931        Duluth
73  27.43334  Svansota   1932     Univ Farm
74  38.50000  Svansota   1932        Waseca
75  35.03333  Svansota   1932        Morris
76  20.63333  Svansota   1932     Crookston
77  16.63333  Svansota   1932   Grand Rapids
78  22.23333  Svansota   1932        Duluth
```

Um auf die Elemente dieser Liste zuzugreifen, kann man zunächst deren Namen abfragen.

```
> names (barley.split.by.variety)
```

Bei den Svansota–Ernten läßt sich noch festhalten, daß 1931 ein wesentlich besseres Erntejahr gewesen zu sein scheint als 1932, mit Ausnahme der Morris–Farm sind alle Ernten 1931 höher als 1932. Die hohen Ernten sind 1931 auf den Farmen Waseca, Crookston und University Farm zu verzeichnen, 1932 in Waseca, Morris und University Farm.

6.2.2 Grafische Analyse

Wir wollen nun auf multivariate grafische Verfahren übergehen und die Daten in verschiedenen Darstellungen untersuchen, um weitere Informationen über die versteckten Strukturen in den `barley`–Daten zu erhalten. Dazu werden wir eine Reihe von Darstellungsmethoden mit den zugehörigen S-PLUS–Funktionen kennenlernen und im weiteren auch den Datensatz `geyser` untersuchen.

Daten explorativ zu erarbeiten bedeutet, die Daten in vielen verschiedenen Arten und mit verschiedenen Methoden darzustellen, um neue Einsichten zu gewinnen und interessante Aspekte zu finden. Diese Informationen können dann Gegenstand vertiefter Untersuchungen sein, die die Daten oder deren Erhebung selbst betreffen, sie können aber auch durch weitere Methoden, beispielsweise klassische Tests, weiterverfolgt werden.

Zunächst wollen wir einen Überblick über die in S-PLUS vorhandenen Methoden gewinnen. Tabelle 6.4 gibt einen ersten Überblick über Methoden, die mehr als eine Variable verarbeiten können.

Als erstes wollen wir die Ernten von 1931 und 1932 grafisch miteinander vergleichen. Dazu wählen wir die Boxplot-Darstellung, die zwei separate Boxplots, einen für jedes Jahr, erstellt. Wie in den Handbüchern und der Online–Hilfe beschrieben, erwartet `boxplot` eine beliebige Liste von Variablen, um jede als einzelnen Boxplot in einem gemeinsamen Bild darzustellen.

So können wir die Ernten für 1931 und 1932 noch einmal nach Farmen unterteilen, indem wir zunächst `split` verwenden, bevor wir mit `boxplot` die Daten darstellen. Wir wollen also die Ernten für 1931 zunächst herausselektieren, um diese dann nach Farmen aufzuteilen. Zur Selektion des Jahrgangs 1931 verwenden wir einen einfachen logischen Vergleich (`year==1931`), zur Aufteilung nach Farmen die Funktion `split`.

Tabelle 6.4. Multivariate grafische Funktionen

S-PLUS Funktion	Beschreibung
barplot	Barplots (Säulen mit mehreren Teilelementen)
biplot	Ergebnisse aus Hauptkomponenten- und Faktoranalysen
boxplot	Boxplots mit einer oder mehreren Variablen in einer Grafik
contour	Konturlinien einer zweidimensionalen Verteilung Meist mit `contour(hist2d(x, y))` verwendet
coplot	Matrix von Grafiken, um die Abhängigkeiten zweier Variablen bedingt auf eine dritte aufzuzeigen
dotchart	Dotcharts (Punktediagramme), auf denen die Werte auf parallelen Linien mit ihren Namen abgetragen werden
faces	Chernoff–Gesichter, die hochdimensionale Daten durch Elemente von Gesichtern darstellen
hexbin	Hexagonal Binning, Technik zur Darstellung räumlicher Daten durch hexagonale Grundfläche und Farben
image	Image–Plots, farbige Darstellungen für (geografische) Höhen oder Dichtefunktionen. Der Farbton codiert die Höhe. Meist mit `image(hist2d(x, y))` verwendet
matplot	Abtragen einer Variable gegen weitere Variablen aus einer Matrix, verschiedene Symbole pro Variable
pairs	Matrix von zwei–dimensionalen Grafiken, die jede Kombination von Variablen einer Matrix zeigen
persp	Perspektivische Darstellung einer dreidimensionalen Oberfläche, oft mit `porsp(hist2d(x, y))` verwendet
stars	Star-Plots (Sternengrafik). Jede Beobachtung wird als Stern dargestellt, dessen Strahlenlängen proportional zu den Werten der Variablen sind
trellis	Trellis-Grafiken, die mehrdimensionale Daten durch zweidimensionale Grafiken mit Bedingung auf weitere Faktoren darstellen

```
> is.1931 <- year==1931        # TRUE/FALSE
> boxplot (split (yield[is.1931], site[is.1931]),
+ main="Jahrgang 1931", ylim=range (yield))
> boxplot (split (yield[!is.1931], site[!is.1931]),
+ main="Jahrgang 1932", ylim=range (yield)) 4
```

---

[4] Wie schon vorher haben wir auch hier die Labels der Variablen modifiziert, damit sie nicht überlappen. Mehr zum Gebrauch von Kontrollzeichen wie \n in Tabelle 8.2 auf Seite 233.

```
> yield.split.1931 <- split(yield[is.1931],site[is.1931])
> names (yield.split.1931)   # Labels anzeigen
> names (yield.split.1931)[[1]] <- "Grand\nRapids"
> boxplot (yield.split.1931)
```

Das Ergebnis ist in Abbildung 6.3 zu sehen.

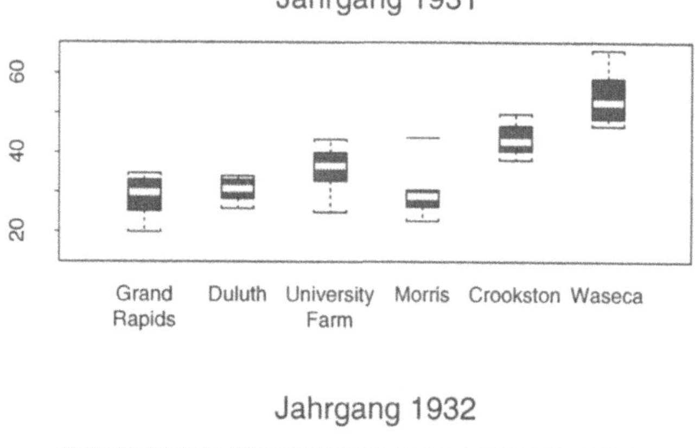

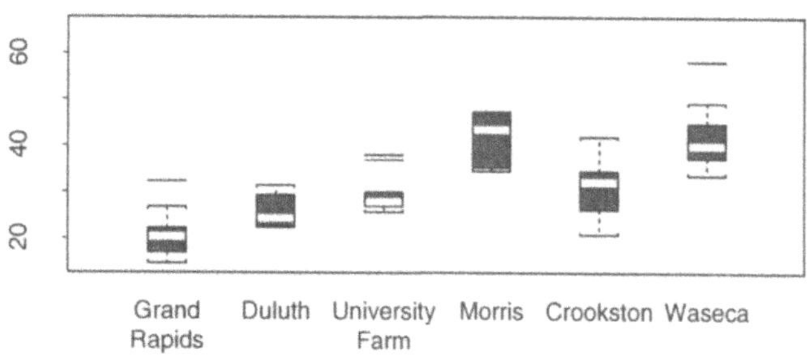

Abbildung 6.3. Boxplot–Darstellung der Ernte in den `barley`-Daten nach Jahren und Farmen getrennt

Man beachte die Verwendung der Variable `is.1931`, die logische Werte (`TRUE`/`FALSE`) enthält, um die Indizes für 1931 bzw. nicht 1931 zu selektieren. Im ersten Aufruf von `boxplot` selektieren wir alle Werte, für die `is.1931` `TRUE` ist, im zweiten alle Werte, für die ein `FALSE` steht.

Für diejenigen, die mit Boxplot–Darstellungen nicht vertraut sind, sei gesagt, daß die wesentlichen Elemente der Box den Kennzahlen der Daten entsprechen. Die Grenzen der Box entsprechen den Quartilen, so daß 50 Prozent der Daten innerhalb der Grenzen der Box liegen, der Strich in der Mitte stellt den Median dar. Somit gibt die Posi-

tion und Länge der Box einigen Aufschluß über die Lage der Daten
zueinander. Die äußeren Grenzen (Zäune, durch Linien bis zur Box
dargestellt) begrenzen einen weiteren Bereich der weiter außen liegen-
den Punkte, und die extremen Werte sind einzeln markiert. Tukey
(1977) und die meisten Standard–Textbücher zu deskriptiver und explorativer Datenanalyse erläutern diese Technik im Detail.

Abbildung 6.4. Die `barley`–Daten in Boxplot–Darstellung, nach Jahrgang
und Farm

Viele der Dinge, die wir uns im Laufe der bisherigen Analyse erarbeitet
haben, finden sich hier kombiniert wieder. Wir sehen auf einen Blick,
daß in Waseca sehr hohe Ernten eingefahren werden, aber die Ernten
stärker variieren als beispielsweise in Duluth. Grand Rapids scheint

immer sehr niedrige Erträge zu haben, und Morris fällt insofern aus
dem Rahmen, als daß die Ernte dort 1931 sehr niedrig war im Vergleich
zu den anderen Farmen, 1932 aber sehr hoch im direkten Vergleich.
Die anderen Farmen lassen sich in beiden Jahren sehr leicht nach
Ertragsstärke anordnen.
Viele weitere interessante Details lassen sich so entdecken. Es wäre
auch sinnvoll, beide Grafiken mit den gleichen y–Achsen zu zeichnen.
Was muß dazu in dem obigen kleinen Programm geändert werden?
Wir wollen die Ernteerträge noch anders arrangiert abtragen. Wir
splitten dazu `yield` nach Farmen und stellen dann beide Jahrgänge als
Boxplots dar. Abbildung 6.4 zeigt das Ergebnis. Es wird sehr deutlich,
daß nur die Morris–Farm 1932 eine höhere Ernte hat als 1931, da
die Boxen für alle Farmen 1932 'weiter unten' liegen als 1931. Der
Unterschied bei Morris ist zudem noch ziemlich groß.

Diese Idee der bedingten Darstellung wird verallgemeinert durch die
'Trellis Displays', die von Cleveland (1993) eingeführt wurden.
Ein Trellis Display zeigt eine Matrix von Grafiken. Jede einzelne Dar-
stellung zeigt eine Darstellung von im allgemeinen zwei Variablen,
bedingt auf die Werte weiterer Variablen. Die Abbildung in der Posi-
tion (i,j) der Matrix von Grafiken entspricht somit derjenigen, wo die
Zeilen–Variable den i–ten Wert annimmt und die Spalten–Variable
den j–ten Wert.
Wir wollen konkreter werden: Abbildung 6.5 zeigt eine solche Trellis–
Grafik für die `barley`–Daten. Die Zeilen werden durch die Werte der
Variable `year` bestimmt, und die Spalten durch die Werte von `site`,
den Namen der Farmen. Die Werte der beiden konditionierenden (be-
dingenden) Variablen sind oberhalb der Grafiken zu sehen.
Die erste Zeile enthält die Werte für 1931, die zweite für 1932. Die
erste Spalte enthält die Daten für die Grand Rapids Farm, die zweite
für Duluth, und so fort. Daraus können wir sofort die Ernten für zwei
Jahrgänge einer Farm vergleichen, indem wir nur die zwei Grafiken
untereinander betrachten. Der Vergleich der Ernten eines bestimmten
Jahrgangs entspricht dem Vergleich aller Grafiken einer Zeile. *Insgesamt haben wir also eine Darstellung vor uns, die in der Lage ist, vier
Variablen auf einmal zu verarbeiten.* Die einzelnen Grafiken in Abbildung 6.5 sind durch die Funktion `dotplot` entstanden, es lassen sich
aber fast alle anderen Funktionen ebenso verwenden.

Das Erstellen einer Trellis–Grafik ist relativ einfach. Um Abb. 6.5 zu erzeugen, geben wir den folgenden Befehl ein.

```
> dotplot (variety ~ yield | site + year, data=barley)
```

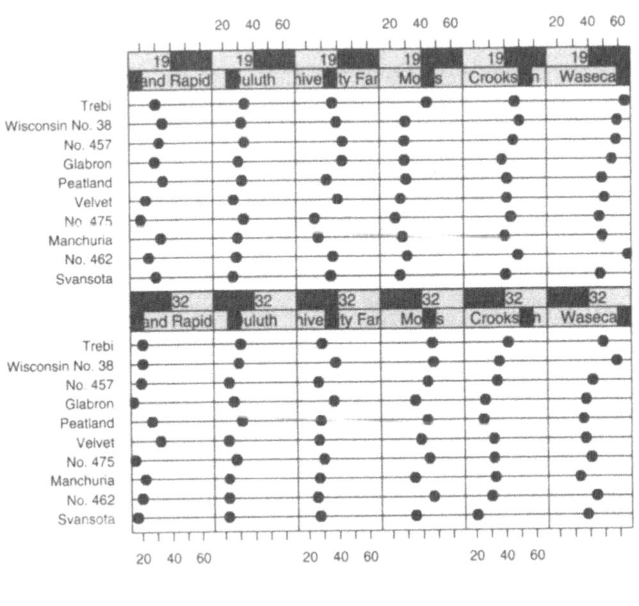

Abbildung 6.5. Trellis Dotplot–Darstellung der Barley–Daten

Welche Variable an welche Stelle plaziert wird, kann man in der Grafik sehen. Um aber etwas präziser zu werden, kann man sehen, daß der Ausdruck `variety ~ yield` auf der linken Seite der Formel die inneren Grafiken beschreibt, den Zusammenhang, der von Interesse ist. Der vertikale Strich (|) trennt diesen Teil der Formel von den konditionierenden Variablen auf der rechten Seite, auf die die Abbildungen bedingt werden (`site+year`).

Eine andere Art der Konditionierung kann andere Ansichten vermitteln, so daß man meist nicht nur eine Trellis–Grafik betrachten sollte. Das separate Trellis–Manual vermittelt mehr Informationen, aber vermutlich gibt dieses Beispiel bereits genug Ideen für viele mögliche Anwendungen.

Die Darstellungsart der Grafiken kann im Prinzip jede Form annehmen, Boxplots oder Histogramme, komplizierte Grafiken, und mehr. Darauf gehen wir im folgenden ein.

$\boxed{\text{Hinweis}}$ In den S-PLUS-Versionen 3 verwendet Trellis einen eigenen Ausgabestandard. Um ein Trellis–Grafikfenster zu öffnen, muß zunächst

```
> trellis.device()
```

eingegeben werden, bevor die Grafik erstellt wird.   ◁

Sehen wir uns noch einmal den Aufruf zum Trellis–Display an. Wir haben keine spezielle Trellis–Routine aufgerufen, sondern `dotplot`. Ein "Dotplot" ist das, was in einem der Fenster zu sehen ist. In vielen, wenn nicht den meisten Fällen, will man die Grafik noch etwas zurechtschneidern, und so wollen wir darauf eingehen, wie man die vorhandene Routine hernimmt und an eigene Bedürfnisse anpaßt. Eine Routine, die eine einzelne Trellis–Grafik erstellt, ist eine sogenannte Panel–Funktion. Die Funktion, die wir benutzt haben, heißt daher `panel.dotplot`.

Wir können uns ansehen, welche Panel–Routinen im System existieren. Wenn die Trellis–Bibliothek in Position 8 des Suchpfades ist (`search()` eingeben), suchen wir nach allen Funktionen, deren Name mit 'panel' beginnt.

```
> objects (pattern="panel*", where=8)
```

Trellis übernimmt die Aufbereitung der Seite, die Panel–Funktionen zeichnen lediglich eine Grafik für die bereits selektierten Variablen. Daher können wir uns auf das Schreiben einer Funktion für eine einzelne Grafik beschränken. Dazu nehmen wir die bereits vorhandene Funktion `panel.dotplot`, speichern sie unter dem neuen Namen `panel.new` ab und modifizieren sie. Unsere Idee ist es, zu jeder Grafik eine senkrechte Linie hinzuzufügen, die auf der Höhe des Mittelwerts der x–Daten liegt. Das Ergebnis ist in Abbildung 6.6 dargestellt.

Wir haben lediglich eine einzelne Zeile zur Panel–Funktion hinzugefügt, man kann leicht erahnen, was zu tun ist, um weitere Modifikationen vorzunehmen.

```
panel.new <- function (x, y, pch=dot.symbol$pch,
     col=dot.symbol$col, cex=dot.symbol$cex,
     font=dot.symbol$font, ...)
{
   ok <- !is.na(x) & !is.na(y)
   dot.symbol <- trellis.par.get ("dot.symbol")
   dot.line <- trellis.par.get ("dot.line")
   abline (h=y[ok], lwd=dot.line$lwd,
      lty=dot.line$lty, col=dot.line$col)
   points (x, y, pch=pch, col=col, cex=cex, font=font,
      ...)
   abline (v=mean(x),lwd=3,col=3) # Mittelwertslinie
}
```

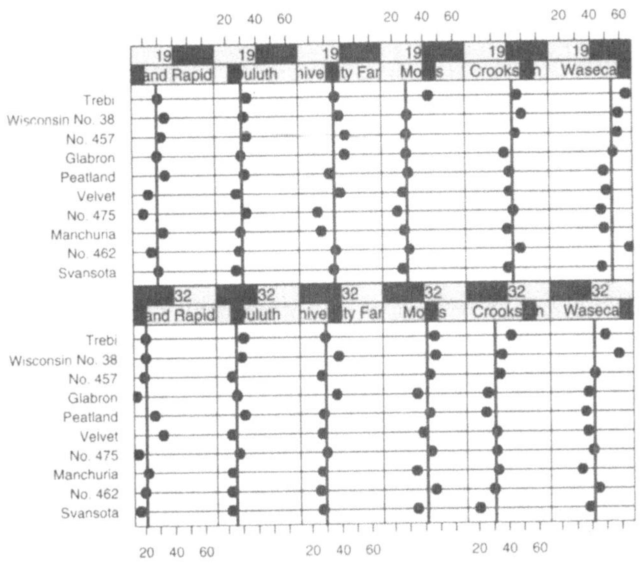

Abbildung 6.6. Ein modifiziertes Trellis–Display

Nachdem wir die Panel–Routine definiert haben, rufen wir `dotplot` erneut auf, diesmal mit der neuen Panel–Routine.

```
> dotplot (variety ~ yield | site + year, data=barley,
+ panel=panel.new)
```

Daraus ergibt sich Abbildung 6.6.

Wie wir bereits vorher vermutet haben, ist auch hier die 1931er Ernte auf allen Farmen höher als die 1932er Ernte, mit Ausnahme von Morris.

Unter Verwendung von Trellis–Grafiken haben Cleveland (1993) und Becker, Cleveland, und Shyu (1996) gefolgert, daß die Jahrgänge 1931 und 1932 für Morris vertauscht worden sein müssen. Dies kann heute nicht mehr nachgeprüft werden, aber wir haben viele Hinweise darauf gefunden. Obwohl dieser Datensatz in vielen statistischen Analysen als Anwendung gedient hat, ist diese Auffälligkeit nie so deutlich hervorgetreten und auch nicht als Vermutung formuliert worden. Dies ist ein eindrucksvolles Beispiel für das Potential grafischer Methoden, um Informationen aus Daten herauszufiltern und Einsichten zu gewinnen.

Um weitere grafische Techniken zu illustrieren, wollen wir den Geyser–
Datensatz genauer untersuchen. Wir haben ihn bereits in Kapitel 3.6
kennengelernt.

Der Geyser–Datensatz. Der Geyser–Datensatz besteht aus Messungen am Old Faithful Geyser im Yellowstone National Park der
USA. Dieser wasserspeiende Geyser sammelt für eine gewisse Zeit
Wasser in seinem Inneren an, bevor er dieses als Eruption in einer
Fontäne nach außen speit. Azzalini und Bowman (1990) beschreiben
dies im Detail. Die Daten bestehen aus den Messungen der Wartezeit
bis zur Eruption sowie der Länge der Eruption, jeweils in Minuten
gemessen. Sie sind 1985 aufeinanderfolgend erhoben worden.
Die Daten sind in S-PLUS unter dem Namen **geyser** abgelegt. Wenn
wir sie anschauen, stellen wir fest, daß sie als Liste abgelegt sind. Die
Liste besteht aus den Komponenten **waiting** und **duration**. Listen
können genau wie Data Frames mit der Funktion **attach** zugänglich
gemacht werden.

```
> attach (geyser)
```

Nun können wir auf die Dauer der Eruptionen mit **duration** zugreifen,
anstatt **geyser$duration** eingeben zu müssen.
Als erstes wollen wir die Daten mit der Funktion **summary** zusammenfassen.

```
> summary (waiting)
        Min.   1st Qu.   Median   Mean   3rd Qu.   Max.
         43        59       76   72.31        83    108

> summary (duration)
        Min.   1st Qu.   Median   Mean   3rd Qu.   Max.
       0.833         2        4   3.46      4.38   5.45
```

Dies gibt einen ersten Eindruck. Die Dauer der Eruptionen liegt zwischen knapp einer Minute und fast sechs Minuten, und die Wartezeit
auf die nächste Eruption liegt zwischen gut 40 Minuten und fast zwei
Stunden. Das bedeutet, daß ein Tourist, wenn er irgendwann zufällig
eintraf, maximal zwei Stunden warten mußte, bis er eine Eruption beobachten konnte. Im Durchschnitt mußte er aber immerhin noch über
eine Stunde, gut 70 Minuten, warten, wenn er gerade einen Ausbruch
verpaßt hat. Dafür konnte unser Tourist dann aber einen Ausbruch
von durchschnittlich etwa vier Minuten beobachten.

Als nächstes interessiert uns eine grafische Darstellung der Daten.
Abbildung 6.7 zeigt eine einfache Grafik.

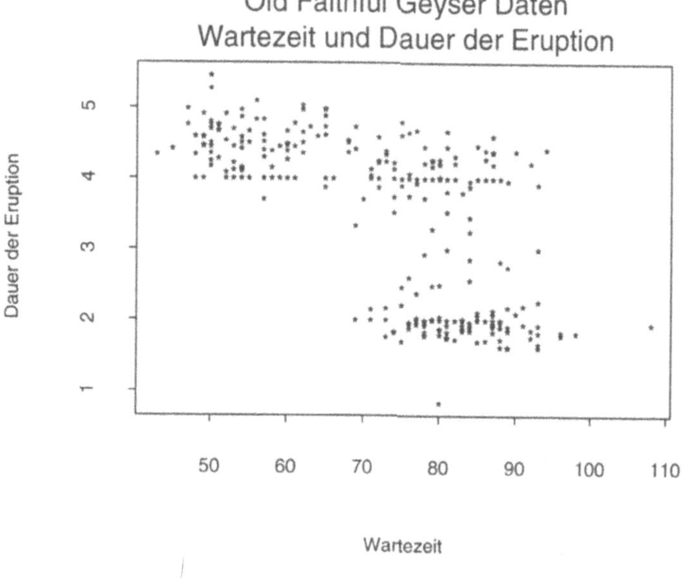

Abbildung 6.7. Die Old Faithful Geyser – Daten

Hier erleben wir die ersten Überraschungen. Eine ganze Reihe der
Beobachtungen liegen auf parallelen Linien zur x–Achse, genau auf
den ganzen Zahlen 2, 3 und insbesondere 4. Tatsächlich beschreiben
Azzalini und Bowman (1990), daß viele Messungen in der Nacht vorgenommen wurden und nicht genau bestimmbar waren. Diese wurden
als kurz, mittel und lang notiert und später in 2, 3 und 4 Minuten
übertragen. Die Grafik zeigt dies sehr deutlich. Analog bekommt man
den Eindruck, daß viele der Punkte auf parallelen Linien zur y–Achse
liegen. Wenn wir uns die Daten im einzelnen ansehen, stellen wir fest,
daß die Wartezeiten in ganzen Minuten gemessen wurden. Auch dies
ist an der Grafik sichtbar.
Weiterhin bekommt man beim Betrachten der Grafik den Eindruck,
daß drei wesentliche Punktewolken vorhanden sind. Dabei ist insbe-

sondere interessant, daß diese drei Punktewolken relativ klar abgrenzbar sind.

Wir wollen die Grenzen dieser Punktewolken genauer bestimmen. S-PLUS bietet die Funktion `locator` an, um interaktiv Koordinaten zu bestimmen.

Wir zeichnen die Daten mittels `plot` und bestimmen mit Mausklicks der linken Maustaste die Koordinaten der Mausposition in der Grafik. Nach einem Klick auf die rechte Maustaste gibt S-PLUS die Koordinaten aller Punkte wieder, auf die geklickt wurde.

```
> plot (waiting, duration)
> locator()
```

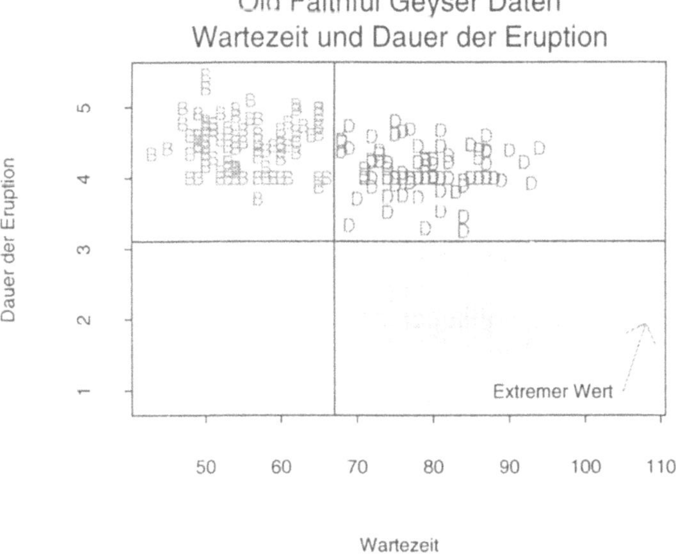

Abbildung 6.8. Die Untergruppen des Old Faithful Geyser – Datensatzes

Mit etwas Experimentieren stellen wir fest, daß wir die zweidimensionale Grafik (Abb. 6.7) durch eine Parallele zur y–Achse, die durch x=67 geht, und eine Parallele zur x–Achse, die durch y=3.1 geht, in vier Punktebereiche teilen können. Die vierte Region, in der Grafik links unten, enthält überhaupt keine Beobachtungen. Daraus erwachsen interessante Fragen, die man zum Beispiel dem Park Ranger stellen könnte, der diese Daten erhoben hat.

Wir stellen diesen Effekt der drei Punktewolken deutlicher heraus, indem wir die drei Gruppen in verschiedenen Symbolen zeichnen und die Abgrenzungslinien hinzufügen. Zudem heben wir den extremen Punkt, der mit Abstand die größte Wartezeit darstellt, hervor. Daraus entsteht Abbildung 6.8.

Zunächst zeichnen wir die Grafik ganz ohne Daten, aber mit allen Achsen und sonstigen Informationen. Danach fügen wir die beiden Abgrenzungslinien hinzu und anschließend die vier (de facto drei) Punktegruppen mit verschiedenen Symbolen.

```
> plot (x, y, type="n", ylab="Dauer der Eruption",
+ xlab="Wartezeit")
> title ("Old Faithful Geyser Daten\n
+ Wartezeit und Dauer der Eruption")
> abline (h=3.1)              # horizontale Linie
> abline (v=67)              # vertikale Linie
```

Jetzt sind noch die Daten hinzuzufügen. Da diese aber in verschiedenen Farben und Symbolen dargestellt werden sollen, müssen wir die Gruppen identifizieren können. Wir ordnen jeder Gruppe einen logischen Vektor zu, der angibt, ob ein Punkt in dieser Gruppe ist oder nicht. Beispielsweise ist ein Punkt in der Gruppe oben links in der Grafik, wenn seine Wartezeit unter 67 Minuten und die Eruptionsdauer über 3.1 Minuten liegt. Es ergeben sich vier Variablen, die die Gruppenzugehörigkeit definieren.

```
> group1 <- (waiting < 67) & (duration < 3.1)
> group2 <- (waiting < 67) & (duration > 3.1)
> group3 <- (waiting > 67) & (duration < 3.1)
> group4 <- (waiting > 67) & (duration > 3.1)
```

Es bleibt, viermal den Befehl `points` zu verwenden, um jede Punktewolke einzuzeichnen (einschließlich der leeren). Die Gruppenvektoren benutzen wir dabei, um die Punkte herauszuselektieren.

```
> points (waiting[group1], duration[group1], pch="A",
+ col=1)
> points(waiting[group2],duration[group2],pch="B",
+ col=2)
> points(waiting[group3],duration[group3],pch="C",
+ col=4)
```

```
> points(waiting[group4],duration[group4],pch="D",
+ col=8)
```

Zum Schluß fügen wir einen Pfeil ein, der auf den extremen Punkt hinweist, der bei einer Wartezeit von 110 Minuten liegt. Man beachte, daß wir dazu nicht den Wert bestimmen müssen, an dem der Punkt liegt, sondern die maximale Wartezeit berechnen und die zugehörige Eruptionszeit herausfiltern.

Wir setzen die Option open=T, um einen Pfeil mit einer Spitze zu erhalten. Der Text 'Extremer Wert' wird an die Stelle gesetzt, wo der Pfeil beginnt, und durch adj=1 wird er rechtsbündig eingesetzt. Zu beachten ist das Leerzeichen am Ende, das wir einfügen, um nicht mit dem Text den Pfeil zu berühren.

```
> arrows (105, 1, max(waiting),
+ duration[waiting==max(waiting)], open=T)
> text (105, 1, "Extremer Wert ", adj=1)
```

Wie wir bereits gesehen haben, ist die Funktion hist2d sehr hilfreich, um kontinuierliche Daten wie die Geyser–Daten in einer Tabelle übersichtlich darzustellen. Wenn wir unsere Geyser–Daten so tabellieren, erhalten wir neben der eigentlichen Tabelle die Mittelpunkte der Intervalle sowie die Grenzen derselben.

```
> hist2d (waiting, duration)
```

```
$x:
[1]   45   55   65   75   85   95  105
```

```
$y:
[1] 0.5 1.5 2.5 3.5 4.5 5.5
```

$z:

	0 to 1	1 to 2	2 to 3	3 to 4	4 to 5	5 to 6
40 to 50	0	0	0	0	16	0
50 to 60	0	0	0	1	56	3
60 to 70	0	0	1	2	28	1
70 to 80	0	13	19	9	40	0
80 to 90	1	31	25	9	24	0
90 to 100	0	11	3	2	3	0
100 to 110	0	1	0	0	0	0

```
$xbreaks:
[1]   40   50   60   70   80   90  100  110
```

```
$ybreaks:
[1] 0 1 2 3 4 5 6
```

Die Komponente **$z** des Ergebnisses von **hist2d** ist die Häufigkeits-
tabelle. Man erkennt deutlich, daß man die drei Punktewolken nicht
sehr deutlich erkennt. Die linke obere Ecke mit den vielen Nullen fällt
aber auch hier auf. Die Tabellendarstellung ändert ihre Gestalt unter
Umständen stark, wenn man die Klasseneinteilungen ändert.

Das Resultat von **hist2d** kann sehr gut zu weiteren grafischen Darstellungen verwendet werden, insbesondere zu dreidimensionalen Grafiken. Die beiden Variablen bilden die x– und y–Dimension, die dritte
Dimension wird durch die Tabelle bzw. die in ihr dargestellten Häufigkeiten gebildet. Die Funktion **persp** stellt eine Oberflächengrafik dar,
die Eingaben durch **hist2d** akzeptiert.

```
> persp(hist2d(waiting, duration))
```

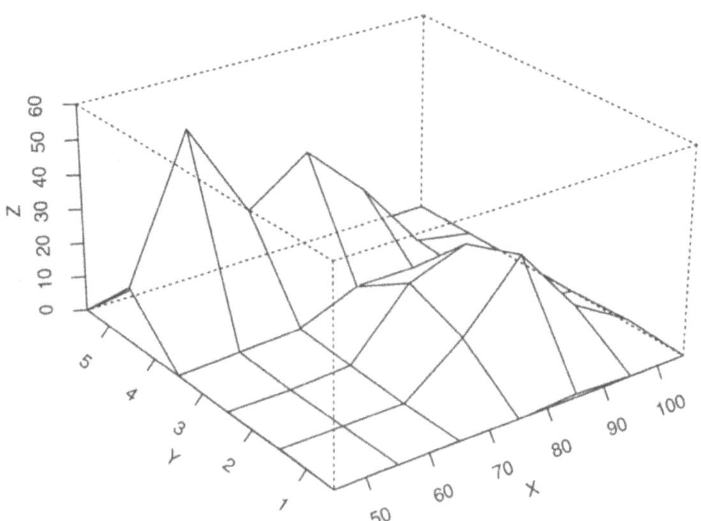

Abbildung 6.9. Eine perspektivische Darstellung der Old Faithful Geyser
Daten

Das Ergebnis sehen wir in Abbildung 6.9. Die Oberfläche gibt einen Eindruck der empirischen Verteilung unserer Daten. Die Variablen **xbreaks** und **ybreaks** aus der Ergebnisliste von **hist2d** bilden die Ebene, und die Höhen der Oberfläche korrespondieren mit den Werten der Tabelle im Element **z**. Man versuche einmal, die drei Gipfel klarer herauszustellen durch eine andere Wahl der Klassengrenzen in **hist2d**. Die Ausgabe von **hist2d** kann ebenso für eine sogenannte Image–Darstellung verwendet werden. Die S-PLUS–Funktion **image** kodiert die numerischen Werte in Farben. Solche Darstellungen werden oft in geografischen Anwendungen (Landkarten mit Höhendarstellung, Ozonmessungen, usw.) verwendet, wobei x und y den Längen– und Breitengraden entsprechen. Wir wollen die Farbdarstellung verwenden, um 'von oben' auf die Daten zu sehen (im Übrigen kann man das auch mit **persp**).

```
> image(hist2d (waiting, duration,
+ xbreaks=seq(40,110,by=5), ybreaks=seq(0,6,by=0.5)))
> title("Image-Darstellung der Geysir-Daten")
```

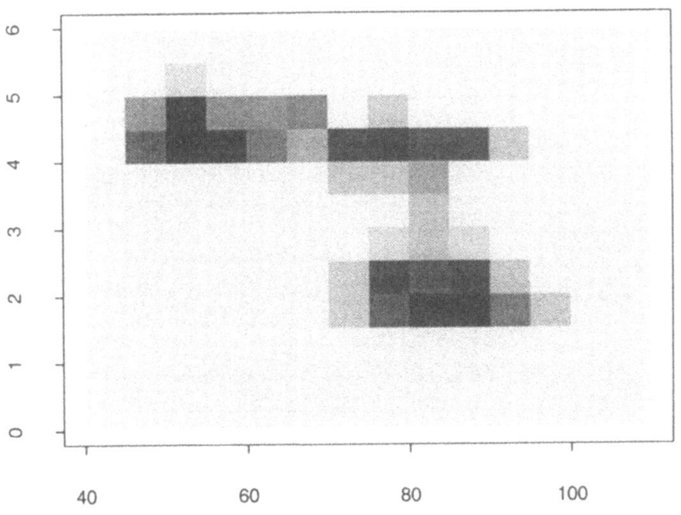

Abbildung 6.10. Eine Image–Darstellung der Old Faithful Geyser Daten

An den Einteilungen der Klassen in Abbildung 6.10, spezifiziert durch **xbreaks** und **ybreaks** im Aufruf von `hist2d`, kann man sehen, daß wir eine Darstellung gewählt haben, die den Daten besser gerecht wird als in Abbildung 6.9. Obwohl wir hier nur in schwarz–weiss abdrucken, werden die drei Gipfel deutlich, ebenso wie die leere Ebene in der linken unteren Ecke. Andere Optionen wie eine Wärmeskala von heiß (rot) bis kalt (blau) und vieles mehr sind wählbar.

Daß man mit den Parametern experimentieren muß, insbesondere in unserem Fall, wo die Daten durch `hist2d` in Kategorien eingeteilt werden, sieht man an Abbildung 6.11. Die beiden Figuren sind Darstellungen der gleichen Daten, aber die Kategorien zur Einteilung in Klassen sind unterschiedlich gewählt. Auf der linken Seite sind drei Erhebungen erkennbar, wohingegen auf der rechten Seite eher zwei Hügel erkennbar sind, die teilweise auch noch anders ausgerichtet sind als in der linken Grafik.

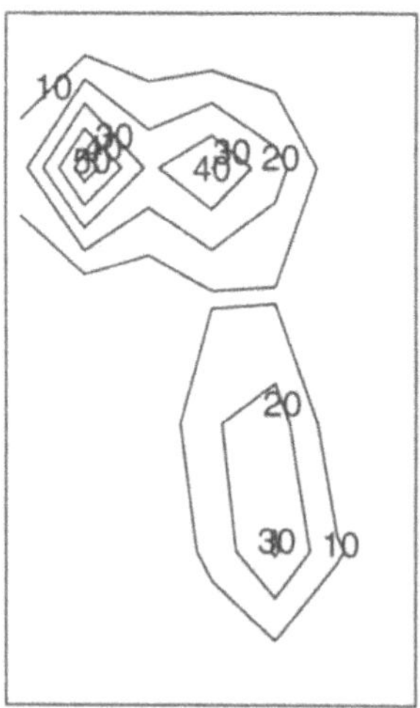
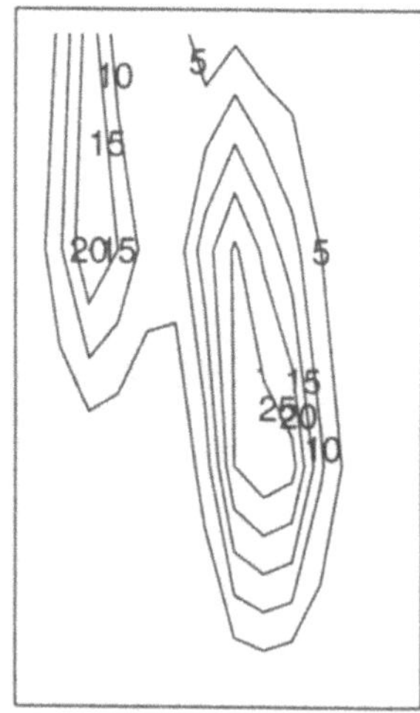

Abbildung 6.11. Kontur–Darstellung der Old Faithful Geyser-Daten

Eine Konturgrafik wie in Abb. 6.11 zeigt Höhenlinien der zweidimensionalen Dichtefunktion der Daten. Eine höhere Linie bedeutet mehr

Masse oder einen höheren Wert der Dichtefunktion. Die Höhen der Höhenlinien können wie bei einer Gebirgs– oder Wanderkarte an den Zahlen an den Linien abgelesen werden. Die Abbildung entsteht durch die Funktion `contour`, die als Eingabe die Ausgabe der Funktion `hist2d` akzeptiert.

```
> par (mfrow=c(1,2))
> contour (hist2d (waiting, duration))
> contour (hist2d (waiting, duration,
+ xbreaks=seq(40,110,by=5), ybreaks=seq(0,6,by=1.5)))
> mtext ("Konturdarstellung der Geysir-Daten", side=3,
+ outer=T, line=-1)
```

Dieser kleine Ausflug in die Datenanalyse mit grafischen Mitteln, um Strukturen in den Daten zu finden, zeigt, daß der Ausdruck 'explorative Datenanalyse' das Vorgehen sehr gut beschreibt. Es ist schwierig, von vornherein den gesamten Analyseweg festzulegen, ohne die Daten selbst anzusehen und neue Einsichten und Ideen zu weiteren Analysen zu gewinnen. Eine Ansicht, insbesondere eine einzelne Zahl, kann die Komplexität eines Datensatzes selten allein beschreiben. Die Auffälligkeiten, die wir gefunden haben, sind durch die Anwendung vieler Techniken hervorgetreten.

Für diejenigen, die Interesse an interaktiven Techniken haben, die rotierende Punktewolken und Brushing (Markieren und Erleuchten von Punkten in verbundenen Grafiken) untersuchen möchten, fassen wir in Tabelle 6.5 diese Funktionen zusammen. Mit der Maus können in einer Matrix von Grafiken auffallende Punkte und Punktewolken markiert werden. Weitere Einzelheiten sind in den Handbüchern beschrieben.

Tabelle 6.5. Multivariate grafische interaktive Funktionen

S-PLUS-Funktion	Beschreibung
brush	Interaktives Markieren in gelinkten (verbundenen) zweidimensionalen Darstellungen
spin	Rotieren, Markieren und Erleuchten von Punktewolken

6.3 Verteilungen

Als nächstes wollen wir uns mit statistischen Verteilungen beschäftigen. Verteilungen bilden die Grundlage von Modellbildungen, mit denen wiederum die Entstehungsprozesse von Daten beschrieben werden. Daher sind sie die Grundlage für klassische Tests und viele weitere Verfahren.

Wir befassen uns mit den in S-PLUS vorhandenen Funktionen und werden sehen, daß es nicht schwierig ist, weitere, eigene Routinen dem System hinzuzufügen. Die vorhandenen Funktionen unterteilen wir in stetige und kontinuierliche Verteilungstypen, die alle univariat sind, d.h. eindimensionale Variable beschreiben. Multivariate Verteilungen sind mit Ausnahme der Normalverteilung zur Zeit nicht in der S-PLUS–Bibliothek.

6.3.1 Univariate Verteilungen

Mit Ausnahme der verteilungsfreien Verfahren beruhen fast alle statistischen Modelle auf Verteilungsannahmen der Daten. Auf diesen Verteilungsannahmen basieren grundlegend die daraus abgeleiteten Schätzungen. Daher ist ein Umgang mit Verteilungen unumgänglich, beispielsweise wenn Zufallszahlen nach einem Modell generiert werden sollen oder ein kritischer Wert benötigt wird.

Die wichtigsten Funktionen im Zusammenhang mit einer Verteilung sind

- die Dichtefunktion ("density function"), die die Verteilung einer Zufallsvariable angibt
- die Verteilungsfunktion ("probability function"), das Integral (im kontinuierlichen Fall) oder die Aufsummation (im diskreten Fall) über die Dichtefunktion, die die Wahrscheinlichkeit angibt, daß eine Zufallsvariable kleiner oder gleich einem gegebenen Wert ist
- die inverse Verteilungsfunktion oder Quantilsfunktion ("quantile function"), für die im kontinuierlichen Fall gilt, daß, wenn p die Verteilungsfunktion und q die Quantilsfunktion ist: $p(q(x))=q(p(x))=x$ für ein beliebiges x des Trägers
- die Zufallszahlen generierende Funktion ("random number generating function"), die zufällig Zahlen aus der entsprechenden Verteilung generiert. Für eine große Zahl von Zufallszahlen sieht deren Verteilung in etwa aus wie die Dichtefunktion

S-PLUS hat ein System, nach dem Funktionen, die mit Verteilungen zusammenhängen, benannt werden. Funktionen, die zu einer Verteilung gehören, haben bis auf den ersten Buchstaben den gleichen Namen. Der erste Buchstabe zeigt an, um welche Art von Funktion es sich handelt. Tabelle 6.6 erläutert dieses System der ersten Buchstaben.

Tabelle 6.6. Kategorisierung der zu einer Verteilung gehörenden Funktionen

Typ*	Art der Funktion
d	Distribution function (Dichtefunktion)
p	Probability function (Verteilungsfunktion)
q	Quantile function (Quantilsfunktion)
r	Random number generation (Zufallszahlenfunktion)

* : Die Charakterisierung einer zu einer Verteilung gehörigen Funktion erfolgt über den ersten Buchstaben, entweder d, p, q oder r.

Um eine spezifische Funktion zu verwenden, muß noch das Kürzel der entsprechenden Verteilung identifiziert werden. Die Kürzel sind in Tabelle 6.7 angegeben.
Tabelle 6.6 und 6.7 geben die Typen der vorhandenen Funktionen an. Um eine spezifische Funktion zu bestimmen, muß der charakterisierende Buchstabe aus Tabelle 6.6 mit dem Kürzel aus Tabelle 6.7 kombiniert werden. Beispielsweise ergibt sich, wenn man Zufallszahlen der Normalverteilung generieren will, der Name der Funktion als `rnorm` ('r' + 'norm').
Die Normalverteilung besitzt vier zugehörige Funktionen. Diese sind

> `dnorm` zur Berechnung der Dichtefunktion,
> `pnorm` zur Berechnung der Verteilungsfunktion,
> `qnorm` zur Berechnung der Quantilsfunktion und
> `rnorm` zur Generierung von Zufallszahlen.

Da diese vier Funktionen zur gleichen Verteilung gehören, haben sie die gleichen Argumente, in unserem Fall `mean` und `sd`, Mittelwert und Standardabweichung. Beide Argumente sind optional, sind sie nicht beim Aufruf angegeben, sind sie mit Mittelwert 0 und Standardabweichung 1 besetzt.
Alle diese Funktionen akzeptieren als Argumente ebenso einzelne Werte wie auch Vektoren von Werten.

Tabelle 6.7. Verteilungsspezifische Funktionen in S-PLUS

Verteilung	S-PLUS Abkürzung*	Argumente**	
Kontinuierliche Verteilungen			
Beta	beta	shape1	shape2
Cauchy	cauchy	location=0	shape=1
Chi–Quadrat	chisq	df	
Exponential	exp	rate=1	
F	f	df1	df2
Gamma	gamma	shape	
Logistisch	logis	location=0	scale=1
Lognormal	lnorm	meanlog=0	sdlog=1
Normal	norm	mean=0	sd=1
Stable	stab	index	skewness=0
Student's t	t	df	
Uniform	unif	min=0	max=1
Weibull	weibull	shape	
Diskrete Verteilungen			
Binomial	binom	size	prob
Geometrisch	geom	prob	
Hypergeometrisch	hyper	m, n, k	
Negativ Binomial	nbinom	size	prob
Poisson	pois	lambda	
Diskret Uniform	sample	x, size=n, replace=T	
Wilcoxon (Rangsummen)	wilcox	m	n

*:   Der charakterisierende Buchstabe, d, p, q oder r, zusammen mit dem aufgeführten Kürzel ergibt den Namen der Funktion.

: Das erste Argument ist immer die Anzahl der zu generierenden Zufallszahlen. Wenn die Parameter mit einem Default vorbesetzt sind, wie in **mean=0, müssen sie nicht angegeben werden, wenn kein anderer Wert spezifiziert werden soll.

Hinweis Die Normalverteilung wird durch Mittelwert und *Standardabweichung* charakterisiert, nicht durch die Varianz. Die Standardabweichung entspricht der Wurzel aus der Varianz.   ◁

Wer Interesse hat an der numerischen Genauigkeit der Funktionen, kann für verschiedene Verteilungen und Werte x den Wert $p(q(x))$ oder $q(p(x))$ berechnen, der bei stetigen Verteilungen gleich x sein sollte (p steht für die Verteilungsfunktion und q für die Quantilsfunktion).

Hinweis Wie die meisten Leser vermutlich wissen, sind Zufallszahlen, die durch einen Computer generiert werden, keine richtig zufälligen Zahlen. Zufallszahlen bestehen aus einer Sequenz von Zahlen, die irgendwie von der vorherigen Zufallszahl abhängig sind. S-PLUS verwendet die Variable `.Random.seed`, um den Status der letzten generierten Zufallszahl abzuspeichern. Mit `set.seed(n)`, wobei n eine beliebige ganze Zahl zwischen 0 und 1000 ist, kann man den Zustand des Zufallszahlengenerators und damit die Sequenz der Zufallszahlen reproduzieren, um zum Beispiel eine eigene Routine zu testen.   ◁

Verteilungen Grafisch Darstellen

In vielen Fällen will man sich eine Verteilung ansehen, indem man die Dichte– oder Verteilungsfunktion grafisch darstellt, bevor die Verteilung zur Modellierung verwendet wird. Die grafische Darstellung von Dichtefunktionen mit S-PLUS soll das Thema des folgenden Abschnitts sein. Wir unterscheiden dabei zwischen stetigen und diskreten Funktionen.

Erinnern wir uns: Eine Dichtefunktion einer stetigen Verteilung hat einen kontinuierlichen Träger, einen zusammenhängenden Bereich, auf denen die Dichte einen Wert größer als Null annimmt. Dieser Bereich reicht oft von minus unendlich bis plus unendlich, so daß alle Werte der Dichtefunktion größer als Null sind. Dies gilt für die Normal–, t–, Cauchy– und andere Verteilungen. Eine Ausnahme bildet die Uniform– oder Rechteckverteilung. Wir können nicht die 'ganze' Verteilung von minus bis plus unendlich darstellen und müssen uns auf einen Bereich beschränken, der den wesentlichen Charakter der Verteilung darstellen soll, beispielsweise die Glockenform der Normalverteilung.

Im allgemeinen wird der mittlere Bereich dargestellt und die beiden Enden abgeschnitten, wo Werte der Dichtefunktion sehr klein werden. Ein allgemeines Vorgehen wäre, sich auf die mittleren 90 Prozent der Verteilung zu beschränken und links und rechts jeweils 5 Prozent wegzulassen. Dies bedeutet, daß die Grenzen der Grafik durch das 5%– und das 95%–Quantil berechnet werden müssen.

Wir wollen die Normal (0,1), t (5) und (Standard–) Cauchy-Verteilung gemeinsam darstellen und berechnen deren 5– und 95–Prozent-Quantile.

```
> x <- c(0.05, 0.95)
> bounds.normal <- qnorm (x)
> bounds.t       <- qt (x, 5)
> bounds.cauchy <- qcauchy(x)
```

Als nächstes müssen wir die Punkte festlegen, an denen die Dichte
berechnet werden soll (die x–Achse). Wir berechnen den Bereich (Minimum und Maximum) aller Grenzen mit der Funktion **range**.

```
> bounds <- range(bounds.normal, bounds.t,
+ bounds.cauchy)
> points.x <- seq (bounds[1], bounds[2], length=1000)
```

Da die x–Achse damit bestimmt ist und deren Werte in points.x
abgespeichert sind, können wir die Werte der Dichtefunktion direkt
berechnen.

```
> points.normal <- dnorm (points.x)
> points.t       <- dt (points.x, 5)
> points.cauchy <- dcauchy (points.x)
```

Damit können wir die Verteilungen zeichnen. Eine "Falle" ist noch zu
umgehen: Zeichnen wir eine Verteilung, so werden dadurch die Grenzen der Grafik festgelegt. Fügen wir anschließend eine zweite hinzu,
die 'breiter' oder 'höher' ist, wird sie nicht vollständig dargestellt, sondern abgeschnitten. Die Grenzen der x–Achse kennen wir, sie sind für
alle drei Verteilungen gleich. Die Grenzen der y–Achse können wir
berechnen. Anschließend zeichnen wir eine leere Grafik, die die Grenzen und Achsenbeschriftungen festlegt, aber keine Kurven enthält. Die
Dichtefunktionen fügen wir nachfolgend hinzu, ebenso den Titel.

```
> plot (0, 0, type="n", xlim=bounds,
+ ylim=range(points.normal,points.t,points.cauchy),
+ xlab="", ylab="Wert der Dichtefunktion")
> lines (points.x, points.normal, col=1, lty=1)
> lines (points.x, points.t,       col=2, lty=2)
> lines (points.x, points.cauchy, col=3, lty=3)
> title ("Ein grafischer Vergleich der Verteilungen\n
+ Normal, t und Cauchy")
```

Das Ergebnis ist in Abbildung 6.12 zu sehen. Die Normalverteilung
ist stärker um 0 zentriert als die anderen beiden Verteilungen und
weniger breit auslaufend.

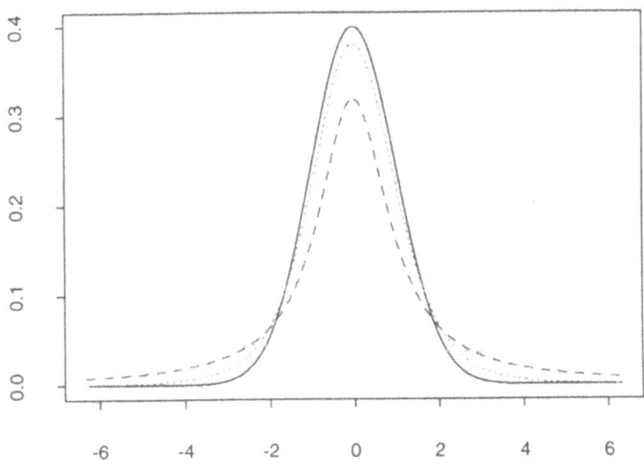

Abbildung 6.12. Ein grafischer Vergleich der Normal(0,1)-, t(5)- und Cauchy-Verteilung

Eine diskrete Verteilung nimmt nur an diskreten Stellen Werte größer Null an. Die Binomialverteilung, die die Wahrscheinlichkeit von x mal "Kopf" bei n Münzwürfen angibt, ist nur an den Stellen x=0,1,2,...,n größer als Null. Um dies entsprechend darzustellen, zeichnen wir vertikale Linien, deren Höhen den Werten der Dichtefunktion entsprechen. Die Grafik ist in Abbildung 6.13 zu sehen.

```
> n <- 20                        # Anzahl Münzwürfe
> p <- 0.6                       # Wahrscheinlichkeit 'Kopf'
> x <- 0:n
> y <- dbinom (x,n,p)            # W'keit für 0..n mal 'Kopf'
> plot (x, y, type="h",xlab="",ylab="Dichtefunktion")
> title("Dichtefunktion der Binomialverteilung(20,0.6)")
```

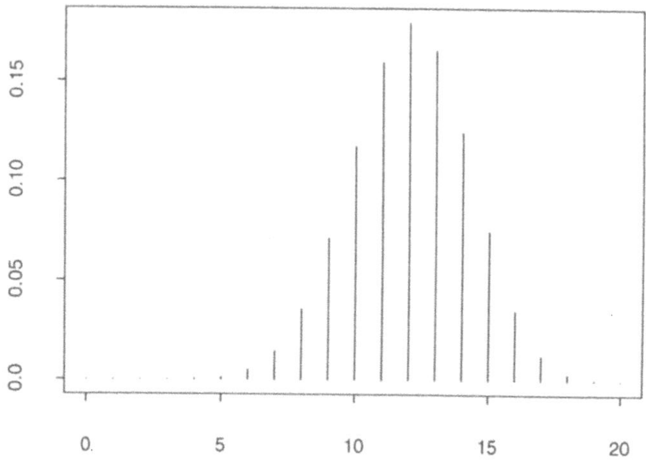

Abbildung 6.13. Eine grafische Darstellung der Binomialverteilung mit Parametern (n=20, p=0.6)

6.3.2 Multivariate Verteilungen

Zur Zeit sind multivariate (mehrdimensionale) Verteilungen in S-PLUS nicht abgedeckt. Die meisten Anwendungen sind multivariater Natur, trotzdem gibt es nicht so viele multivariate Verteilungen. Oft wird die multivariate Normalverteilung verwendet, und auf diese gehen wir kurz ein, um zu zeigen, wie weitere Verteilungen in das System S-PLUS integriert werden können. Wenn die entsprechenden Algorithmen zur Berechung der Dichte–, Verteilungs– und Quantilsfunktion sowie zur Erzeugung von Zufallszahlen zur Verfügung stehen, kann die Implementation direkt erfolgen. Die meisten Verteilungen sind durch die vier Bände von Johnson und Kotz (1969), Devroye (1986) und Ripley (1987) abgedeckt.

Die Multivariate Normalverteilung

Die Hilfsseiten von S-PLUS beinhalten bereits eine Funktion zur Generierung von multivariat normalverteilten Zufallszahlen. Wenn man unter dem Stichwort *normal* nachsieht, kann man die Funktion direkt in die S-PLUS–Sitzung kopieren und die entsprechende Funktion erzeugen.
Wir nennen die Funktion `rmultnorm`. Die erzeugten Zufallszahlen speichern wir in einer Matrix ab, die in jeder Zeile eine multivariate Zufallszahl enthält (einen Vektor). Wir wollen dreidimensionale normalverteilte Zufallszahlen generieren und erzeugen dazu einen Mittelwertsvektor der Länge drei und eine Kovarianzmatrix der Dimension 3x3. Anschließend erzeugen wir die Zufallszahlen und speichern sie in x ab.

```
> mu <- c(1,2,5)
> Sigma <- matrix (c(1,2,3,2,3,4,3,4,5), 3, 3)
> x <- rmultnorm (100, mu, Sigma)
```

Die Variable x enthält nun 100 dreidimensionale Zufallszahlen, jede Zeile x[1,], x[2,], etc. eine. Schließlich kann man überprüfen, ob die generierten Zahlen in etwa den Mittelwert und die Kovarianzmatrix wie spezifiziert haben.

```
> apply (x, 2, mean)        # Spaltenweises Mittel
> var (x)                   # Kovarianzmatrix
```

Wer will, kann auf diese Art die S-PLUS-Bibliothek erweitern.

6.4 Schließende Statistik und Hypothesentests

Wir haben inzwischen gesehen, wie Daten explorativ untersucht werden können. Im letzten Abschnitt haben wir gelernt, wie Verteilungen in S-PLUS verwendet werden, und ein möglicher nächster Schritt wäre nun, sich der schließenden Statistik zuzuwenden.
Schließende Statistik (auch klassische Statistik) setzt sich oft aus einem Datensatz und einer Hypothese über die Daten zusammen. Mit schließender Statistik will man entscheiden, ob die Hypothese angenommen werden kann oder verworfen werden muß zugunsten einer Alternative.
Wir wollen hier nicht auf die Details des Testens statistischer Hypothesen eingehen, es gibt bereits genügend Bücher, die sich diesem

Thema widmen, und die Handbücher von S-PLUS sind eine sehr gute Einführung, wenn man bereits gewisse Grundkenntnisse hat. Wir wollen einen Student– oder t–Test durchführen, um die Funktionalität aufzuzeigen und das Resultat anzusehen.

Wir verwenden den Datensatz **barley**, den wir bereits kennengelernt haben. Wir wollen entscheiden, ob die Morris–Farm im Durchschnitt mehr Ertrag erzielt als die Crookston–Farm. Für jede der beiden Farmen liegen 20 Ernteerträge für zehn verschiedene Sorten in zwei Jahren vor.

Zunächst gilt es, ein paar Fakten festzulegen. Die Varianz nehmen wir als unbekannt an, so daß ein t–Test anzuwenden ist. Das Niveau α (Alpha) des Tests legen wir auf 5 Prozent fest, und der Test soll zweiseitig erfolgen (wir testen nicht, daß die Ernte von Morris größer ist als die von Crookston oder umgekehrt, sondern ob sie verschieden, also größer oder kleiner ist). Über den Datensatz wissen wir weiterhin, daß in jedem Jahr jede Sorte Gerste auf beiden Farmen genau einmal erhoben worden ist, so daß wir einen gepaarten Test durchführen (ein Paar besteht aus je einer Ernte einer bestimmten Sorte in einem bestimmten Jahr in Crookston und Morris). Die Daten in **barley** sind bereits nach Jahr und Anbausorte sortiert, so daß wir den Test durchführen können. Man beachte, daß das Konfidenzniveau mit 0.95 (1 - 5 Prozent) angegeben wird.

```
> t.test (yield[site=="Crookston"],
+ yield[site=="Morris"], paired=T, conf.level=0.95)

                Paired t-Test

data:  yield[site == "Crookston"] and
       yield[site == "Morris"]
t = 0.6595, df = 19, p-value = 0.5175
alternative hypothesis:
   true difference in means is not equal to 0
95 percent confidence interval:
-4.390992  8.430988
sample estimates:
mean of x - y
   2.019998
```

S-PLUS gibt uns alle Informationen, die wir benötigen. Wir haben einen gepaarten t–Test durchgeführt, und der Wert der Teststatistik beträgt 0.6595, basierend auf 19 Freiheitsgraden. Dies entspricht einem p–Wert von 0.5175. Wäre der p–Wert kleiner als 0.05, würden wir die Hypothese zugunsten der Alternative verwerfen. Dies ist nicht der Fall, so daß die Hypothese nicht verworfen werden kann. Die Daten liefern nicht genug Hinweise darauf, daß die Ernten der beiden Farmen sich signifikant voneinander unterscheiden, obwohl die mittlere Differenz 2.02 (Bushels pro Acre) beträgt. Am Konfidenz- oder Vertrauensintervall sehen wir, daß die Differenz der Ernten mit 95–prozentiger Wahrscheinlichkeit im Intervall von -4.34 bis 8.43 liegt. Man beachte, daß das Konfidenzintervall den Wert 0 enthält, wo kein Unterschied zwischen den Farmen wäre.

Wir haben in unseren Untersuchungen Hinweise darauf gefunden, daß die Ernten von Morris für 1931 und 1932 vermutlich vertauscht worden sind. Aus diesem Grund könnten wir einen nicht gepaarten t–Test vorziehen, der keine Paare von Beobachtungen annimmt. Dieser ist genau wie oben durchzuführen, lediglich ein Argument im Aufruf von `t.test` muß geändert werden: `paired=F`.

Ein Blick auf Abbildung 6.14 zeigt, daß die Differenz der beiden Testwerte nicht sehr groß ist (eine kleine Differenz kann aber schon den Unterschied zwischen signifikant und nicht signifikant ausmachen).

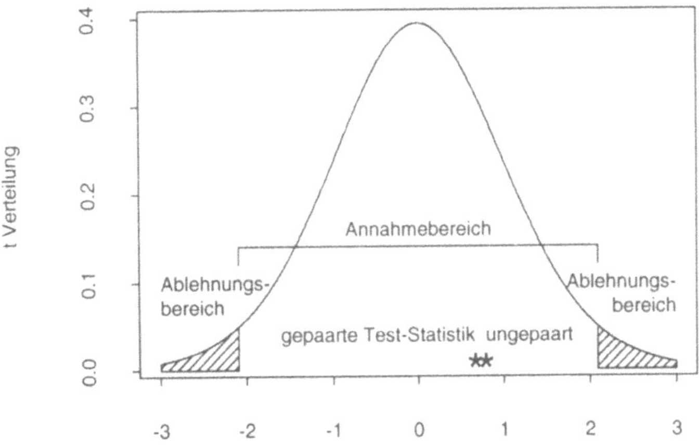

Abbildung 6.14. Eine grafische Darstellung des t–Tests

Abbildung 6.14 gibt eine komprimierte Übersicht über den Test, den wir soeben durchgeführt haben. Die schraffierten Bereiche zeigen die

Ablehnungsbereiche für das 5–Prozent–Niveau an, den Bereich, wo die Hypothese, daß das Mittel 0 beträgt, abgelehnt würde.

Der mittlere Bereich beschreibt den Annahmebereich, in dem die Hypothese nicht verworfen werden kann. Die zwei Teststatistiken für den gepaarten und ungepaarten t–Test sind als Punkte hinzugefügt und liegen beide im Annahmebereich. Zu beachten ist, daß im Falle des gepaarten Tests mit 19 Freiheitsgraden gerechnet wird (20 Paare minus 1 Freiheitsgrad für den Mittelwert), im ungepaarten Fall mit 38 (40 Werte minus zwei Freiheitsgrade für die Mittelwerte).

Tabelle 6.8 gibt einen Überblick über die in S–PLUS vorhandenen Test–Prozeduren.

Tabelle 6.8. Statistische Tests

S–PLUS–Funktion	Beschreibung des Tests
`binom.test`	Exakter Binomial–Test
`chisq.gof`	χ^2–(Chi–Quadrat) Anpassungstest
`chisq.test`	χ^2–Test für zweidimensionale Kontingenztafeln
`cor.test`	Test auf Null–Korrelation zweier Stichproben
`fisher.test`	Fisher's exakter Test auf einer zweidim. Tabelle
`friedman.test`	Friedman's Rangsummentest
`kruskal.test`	Kruskal–Wallis Rangsummentest
`ks.gof`	Kolmogorov–Smirnov Test
`mantelhaen.test`	Mantel-Haenszel Test
`mcnemar.test`	McNemar Test auf zweidimensionaler Tafel
`prop.test`	Test auf Erfolgsanteile
`t.test`	Student's t–Test für eine und zwei Stichproben
`var.test`	F–Test für Ein- und Zwei–Stichproben–Varianzen
`wilcox.test`	Wilcoxon (Mann–Whitney) Rangsummen–/ Vorzeichentest

Die Handbücher geben Aufschluß über die Details der einzelnen Tests, sowohl über die dahintersteckenden Annahmen wie auch die Verwendung der S–PLUS–Funktionen. Wer mit Tests vertraut ist, sollte keine Schwierigkeiten haben, die notwendige Information herauszufiltern. Abschließend wollen wir darauf hinweisen, daß von nun an ein Nachschlagen von kritischen Werten in Tabellen überflüssig sein sollte.

> **Hinweis** Wenn zu einem Testentscheid ein kritischer Wert benötigt wird, kann dieser direkt in S–PLUS berechnet und damit die Entscheidung getroffen werden (vorausgesetzt, die Verteilung ist in S–PLUS vorhanden).

Ist der Test einseitig, so daß die Alternativhypothese "größer als" lautet, und die Verteilung der Teststatistik ist beispielsweise normal, berechnen wir den kritischen Wert durch

```
> qnorm (1-alpha, m, s)          # einseitiger krit. Wert
```

wobei *alpha* typischerweise 0.05 oder 0.01 ist, und m und s den Mittelwert und die Standardabweichung angeben. Ist der Test zweiseitig, sind die kritischen Werte durch das $\alpha/2$ und das $1 - \alpha/2$ Quantil gegeben. Daraus ergibt sich in S-PLUS:

```
> qnorm (c(alpha/2,1-alpha/2),m,s)# zweiseitiger krit. Wert
```

◁

Statistische Tests Grafisch Illustriert

Wir wollen im folgenden darauf eingehen, wie Abbildung 6.14 erstellt wird. Hier werden die verschiedenen Kenntnisse, die in den letzten Sektionen und Kapiteln erworben wurden, gemeinsam verwendet. Wir zeichnen eine Dichtefunktion und fügen durch Verwenden einer Reihe von S-PLUS–Funktionen weitere Elemente hinzu, so daß auch eine komplexe Figur wie Abb. 6.14 in vielen kleinen Schritten einfach erstellt werden kann.

Wir speichern die beiden Variablen, um die es in dem Test geht, unter den Namen x und y ab, um den Zugriff abzukürzen. Die Freiheitsgrade speichern wir als Variable **df** ab und das Signifikanzniveau als **alpha**.

```
> x <- yield [site=="Crookston"]
> y <- yield [site=="Morris"]
> df <- length(x)-1          # Freiheitsgrade (gepaart)
> alpha <- 0.05
```

Um das grafische Display aufzusetzen, legen wir die linke und rechte Grenze der Grafik fest und speichern sie ebenfalls als Variable ab. Die x–Achse soll aus 1000 Punkten zwischen den Grenzen bestehen, und die y–Werte werden direkt aus den x–Werten berechnet. Anschließend werden die Punktepaare als Linien gezeichnet.

```
> bound.left <- -3
> bound.right <- 3
> xaxis <- seq (bound.left, bound.right, length=1000)
> yaxis <- dt (xaxis, df)
> plot (xaxis, yaxis, type="l", xlab="",
+ ylab="t-Verteilung")
```

Somit haben wir die grundlegende Grafik erstellt. Als nächstes zeichnen wir die schraffierten Ablehnungsbereiche des Tests. Dazu benötigen wir ein Polygon (eine Linie), die einmal um den jeweiligen Bereich, der zu schraffieren ist, herumläuft. Dazu erstellen wir eine Sequenz von der linken Grenze bis zum kritischen Wert (für den linken schraffierten Bereich) und berechnen den jeweiligen y–Wert dazu. Anschließend fügen wir noch die zwei äußeren Punkte auf der x–Achse, (`bound.left`, 0) und (`critical.left`, 0) hinzu, um einen geschlossenen Polygonzug zu erhalten. Damit können wir die Funktion `polygon` aufrufen, die mittels des optionalen Parameters `density` die innere Fläche schraffiert.

```
> critical.left <- qt (alpha/2, df)
> critical.right <- qt (1-alpha/2, df)
> xaxis <- seq (bound.left, critical.left, length=100)
> yaxis <- c(dt(xaxis, df), 0, 0)
> xaxis <- c(xaxis, critical.left, bound.left)
> polygon (xaxis, yaxis, density=25)
```

Genau gleich, lediglich spiegelverkehrt, gehen wir auf der rechten Seite vor.

```
> xaxis <- seq(critical.right,bound.right,length=100)
> yaxis <- c(dt(xaxis, df), 0, 0)
> xaxis <- c(xaxis, bound.right, critical.right)
> polygon (xaxis, yaxis, density=25)
```

Schließlich berechnen wir noch einmal die Teststatistiken der t-Tests, um diese als Punkte hinzuzufügen. Die Hilfsseiten geben Auskunft darüber, daß die Teststatistik als Wert `$statistic` zugreifbar ist. Der Text wird einmal linksbündig und einmal rechtsbündig angefügt, um einen Rücken–an–Rücken–Effekt zu erzielen und eine Überlappung zu vermeiden.

```
> test.stat <- t.test (x, y, paired=T,
+  conf.level=1-alpha)$statistic # gepaarter Test
> points (test.stat, 0.01, cex=1.5, pch="*")
> text (test.stat, 0.04, "gepaarte Test-Statistik",
+ adj=1)
> test.stat <- t.test (x, y, paired=F,
+  conf.level=1-alpha)$statistic # ungepaarter Test
> points (test.stat, 0.01, cex=1.5, pch="*")
> text (test.stat, 0.04, "ungepaart", adj=0)
```

Abschließend beschriften wir die Ablehnungsbereiche und zeichnen die Linien ein, die die Grenzen des Annahmebereichs festlegen. Dazu benötigen wir eine Linie mit vier Punkten (links unten, links oben, rechts oben, rechts unten). Darüber setzen wir eine weitere Beschriftung.

```
> text (bound.left ,0.1,"Ablehnungs-\nbereich",adj=0)
> text (bound.right,0.1,"Ablehnungs-\nbereich",adj=1)
> text ((bound.left+bound.right)/2, 0.16,
+ "Annahmebereich")
> xaxis <- c(rep(critical.left,2),
+ rep(critical.right,2))
> yaxis <- c(0.12, 0.14, 0.14, 0.12)
> lines (xaxis, yaxis)
```

Dieses kleine Programm hat gezeigt, wie man verschiedene Elemente wie Teststatistiken, kritische Werte, Annahme- und Ablehnungsbereiche errechnet und in grafischen Routinen weiterverwendet. Zudem sind die vielen Möglichkeiten, die S-PLUS durch Kombination von grafischen Elementen bietet, deutlich geworden.

6.5 Fehlende Werte (Missing Values)

Fehlende Werte können vielerlei Ursachen haben. In einer Umfrage gibt es viele Personen, die Fragen nicht beantworten, so daß die Antwort im Datensatz als fehlender Wert auftaucht. Auf der anderen Seite können fehlende Werte auch als Ergebnis einer Berechnung auftreten. Man versuche beispielsweise, den Logarithmus einer negativen Zahl zu berechnen. S-PLUS wird einen fehlenden Wert zurückgeben und mit einer Warnung darauf hinweisen, daß ein solcher generiert wurde. Diese Warnung ist äußerst hilfreich, da zumeist irgendetwas nicht so funktioniert wie gedacht, wenn ein fehlender Wert generiert wird.
S-PLUS kodiert fehlende Werte ('Missing Values') als **NA**. Die Buchstaben **NA** stehen als Abkürzung für "Not Available" (nicht verfügbar). **NA**-Werte haben keinen Typ und können in numerischen Daten ebenso auftauchen wie in Zeichenketten und jeder anderen Struktur. Ein **NA** kann via Tastatur ebenso eingegeben werden, wie er Bestandteil einer eingelesenen Datei sein kann. S-PLUS erkennt den fehlenden Wert als solchen und behandelt ihn entsprechend.

$\boxed{\text{Hinweis}}$ **Generell gilt: Ein Missing Value (NA), mit einem beliebigen anderen Datum durch eine Operation verknüpft, resultiert wieder in einem Missing Value.** ◁

Im folgenden werden wir verschiedene Einzelheiten über fehlende Werte und den Umgang mit ihnen lernen.

6.5.1 Testen auf Fehlende Werte

Um einen Wert daraufhin zu überprüfen, ob er ein fehlender Wert ist, ist die Funktion `is.na` nützlich. Sie gibt einen logischen Wert (`TRUE` oder `FALSE`) zurück, je nachdem ob das Argument ein `NA` ist oder nicht. Für Vektoren und Matrizen/Arrays wird ein Objekt der gleichen Dimension zurückgegeben, in dem jedes Element ein logischer Wert ist.

```
> x <- log (-2:2)
> is.na (x)
      T T T F F
```

Diese Funktion kann direkt verwendet werden, um alle fehlenden Werte aus einem Datensatz zu entfernen (bzw. die nicht fehlenden zu erhalten).

```
> x.no.na <- x [!is.na(x)]
```

Die Selektion von Indizes über logische Werte haben wir ausführlich behandelt (Seite 30).

Übergabe von fehlenden Werten an Funktionen

Viele der Funktionen in S-PLUS ignorieren fehlende Werte. In Grafiken werden die Punkte, die fehlenden Werten entsprechen, einfach weggelassen. Andere Funktionen geben als Ergebnis einer Operation auf einem Datensatz mit fehlenden Werten einen Missing Value zurück, wie zum Beispiel die Funktion `mean`. Wieder andere lehnen Datensätze mit fehlenden Werten ab und geben eine Fehlermeldung aus.

Im Falle der Berechnung des Mittelwertes eines Datensatzes will man im allgemeinen den Mittelwert über die nicht fehlenden Werte des Datensatzes berechnen. Damit aber nichts passiert, was einen Fehler verbergen könnte, gibt S-PLUS als Ergebnis einen `NA`–Wert zurück.

Um die fehlenden Werte aus den Daten zu entfernen, bevor die Berechnung erfolgt, kann man diese selbst entfernen oder den Parameter `na.rm` setzen.

```
> x <- c(1,2,NA,4)
> mean (x)
      NA
> mean (x, na.rm=T)
      2.333333
```

In diesem Beispiel werden zuerst alle fehlenden Werte entfernt, bevor die eigentliche Berechnung erfolgt. Die Funktion **mean** berechnet daher die Summe über die drei Werte 1, 2 und 4, und teilt diese durch drei (und nicht durch die Anzahl aller Werte, also vier).

Das gleiche Resultat ergibt sich, wenn die fehlenden Werte manuell entfernt werden.

```
> mean (x[!is.na (x)])
      2.333333
```

6.5.2 Fehlende Werte in Grafiken

In grafischen Routinen werden fehlende Werte im allgemeinen ignoriert, oder besser entfernt, bevor die eigentliche Funktion ausgeführt wird. Eine Grafik mittels der Funktion **plot** stellt alle Werte, die fehlen, einfach nicht dar, ein Histogramm berechnet die Darstellung nach Entfernen der fehlenden Werte. Wenn hingegen alle Werte fehlen, wird eine Fehlermeldung ausgegeben.

| Hinweis | NA–Werte können gezielt eingesetzt werden, wenn beispielsweise eine unterbrochene Linie gezeichnet werden soll.

```
> plot (1:10, c(2,3,2,4,NA,3,2,2,4,5), type="l")
```

In diesem Beispiel wird eine Linie gezeichnet, die keine Verbindung zwischen den zwei Punkten besitzt, die dem fehlenden Wert vorangehen und nachfolgen, also (4,4) und (6,3).   ◁

Unendliche Werte

Es gibt eine weitere Kategorie spezieller Werte, die unendlichen Werte. Unendliche Werte sind selten Teil eines Datensatzes, sie sind meist durch Operationen erzeugt. Teilen einer Zahl durch Null ergibt beispielsweise einen unendlichen Wert. Da die Zahl, die durch Null geteilt wird, ein Vorzeichen hat, kann sie auch entweder plus oder minus Unendlich erzeugen. Eine positive Zahl geteilt durch Null ergibt plus Unendlich, eine negative Zahl geteilt durch Null ergibt minus Unendlich.

Unendlich wird als `Inf` (Infinity) dargestellt. Wie für fehlende Werte (`NA`) gilt auch für unendliche Werte, daß sie als Eingabe von Tastatur oder Datei akzeptiert werden. Analog können Werte auf Unendlichkeit abgetestet werden mittels der Funktion `is.inf`.

Oft werden fehlende Werte und unendliche Werte gleich behandelt, in manchen Fällen ist es aber notwendig, unendliche und fehlende Werte getrennt zu behandeln. Zur Illustration dient das folgende kleine Beispiel.

```
> x <- (-1:1)/0
> x
     -Inf NA Inf
> is.na (x)
     F T F
> is.inf (x)
     T F T
```

Für unendliche Werte gelten Rechenregeln. Man versuche einmal, unendliche Werte mit anderen Werten zu kombinieren, zu addieren und zu subtrahieren, und auch plus und minus Unendlich miteinander zu verknüpfen. In den Übungen werden wir noch darauf eingehen.

6.6 Aufgaben

Aufgabe 6.1

Erzeuge 100 bzw. 1000 Zufallszahlen aus einer Normalverteilung mit
Mittelwert 3 und Varianz 5. Zeichne für jede der beiden Stichproben
Histogramme mit Klassenbreiten 0.5, 1 und 2.
Bringe alle Histogramme in ein Grafikfenster und wähle entsprechende
Beschriftungen. Was ist zu sehen?
Bei der Interpretation ist zu beachten, daß die Daten aus der gleichen
Verteilung stammen.

Aufgabe 6.2

Erzeuge einen Vektor, der aus drei Zahlen, einem fehlenden Wert (NA)
und Unendlich (Inf) besteht und berechne Mittelwert und Varianz
für alle nicht fehlenden Werte. Wie werden der fehlende Wert und
Unendlich bei einem Histogramm oder einer einfachen Grafik behandelt?
Was passiert, wenn der Vektor durch sich selbst dividiert wird? Welche Erklärung gibt es dafür?

Aufgabe 6.3

In dieser Aufgabe geht es um die Analyse des Auto-Datensatzes
`car.all`, der in S-PLUS enthalten ist. Der Datensatz besteht aus verschiedenen Autotypen mit ihren Eigenschaften (z.B. Benzinverbrauch,
Preis).

Zuerst sollte man sich einen Überblick über die Daten verschaffen:
Welche Autotypen sind enthalten und welche Variablen stehen zur
Verfügung?

Dabei ist zu beachten, daß in den USA nicht l/100km als Verbrauchsinformation berechnet wird, sondern 'miles per gallon', d.h. wie viele
Meilen mit einer Gallone (ca. 4.5 Liter) gefahren werden können. Hier
gilt also, je mehr desto besser. Diese Information ist in der Variable
`mileage` abgelegt. Benutze diese Variable, um für die verschiedenen
Autoklassen das Modell mit dem geringsten und höchsten Verbrauch
zu ermitteln.

Berechne ausgehend von Verbrauch und Tankinhalt die maximale
Reichweite mit einer Tankfüllung.

Stelle die Variablen maximale Reichweite, Tankinhalt, Verbrauch und
PS (Variable `HP` für Horsepower) grafisch dar. Versuche mit grafischen Mitteln die beiden Variablen herauszufinden, die die stärkste
Abhängigkeit aufweisen.

Aufgabe 6.4

Mit Hilfe des "Würfel-Tests" soll der Zufallszahlengenerator von S-PLUS getestet werden. Die Qualität eines Zufallszahlengenerators hängt auch davon ab, ob alle Zahlen gleich häufig generiert werden. Übertragen auf den Würfelwurf bedeutet dies, daß alle sechs Zahlen ungefähr gleich häufig auftreten. Anders ausgedrückt: Haben die sechs möglichen Ausgänge des Würfelwurfs (1, 2, 3, 4, 5 und 6) die gleiche Wahrscheinlichkeit?
Die Nullhypothese, ob alle Werte gleich häufig auftreten, kann mit folgender Chi–Quadrat verteilten Teststatistik (6 Freiheitsgrade) getestet werden: $T = \sum_{i=1}^{6} \frac{(n_i - n/6)^2}{n/6}$ Benutze S-PLUS, um den kritischen Wert der Chi–Quadrat-Verteilung für das 5%–Niveau zu berechnen. Wird die Hypothese, daß alle Werte gleich häufig auftreten, verworfen?
Wiederhole den Test mit verschiedener Anzahl von Würfen.

Aufgabe 6.5

Wir wollen einen statistischen Test mittels Simulation untersuchen. Die Nullhypothese ist, daß der Mittelwert einer Normalverteilung gleich 0 ist bei bekannter Varianz 1. Die Alternativ–Hypothese ist, daß der Mittelwert ungleich 0 ist (zweiseitiger Test).
Aus der Theorie ist bekannt, daß bei gegebenem Signifikanzniveau α (alpha) in α–Prozent der Testentscheidungen die Nullhypothese verworfen wird, obwohl die Daten aus einer Normalverteilung mit Mittelwert 0 und Varianz 1 stammen. Dies soll überprüft werden. Generiere dazu 1000 Stichproben vom Umfang 100 und führe für jede dieser Stichproben den Test durch. Zähle, wie häufig die Nullhypothese abgelehnt wird.
Neben dem Signifikanzniveau beeinflußt die Macht die Qualität eines Tests. Die Macht ist 1 minus der Wahrscheinlichkeit, die Nullhypothese nicht zu verwerfen, obwohl sie falsch ist. Berechne die Macht des Tests für die Alternative, daß der Mittelwert gleich 0.1 ist, durch Simulation.

Aufgabe 6.6

Für diese Aufgabe nehmen wir einmal an, wir würden die Formel zur Berechnung einer Kreisfläche nicht kennen. Mit Hilfe einer Computer–Simulation können wir die Fläche des Kreises approximieren. Zur Vereinfachung berechnen wir die Kreisfläche für einen Kreis mit Radius 1, den sogenannten Einheitskreis. Wir nennen die unbekannte Konstante Pi (oder π).

Wir wissen, daß das Quadrat, das durch die Punkte (-1,1), (1,1), (1,-1) und (-1,-1) beschrieben ist, die Fläche 4 hat, da die Kantenlänge des Quadrats 2 beträgt. Dieses Quadrat enthält den Kreis mit dem Radius 1.

Angenommen, wir hätten einen Punkt im Quadrat gegeben, ohne seine Koordinaten zu kennen. Dann könnten wir die Wahrscheinlichkeit berechnen, daß der Punkt im Inneren des Einheitskreises liegt. Ein zufälliger Punkt Z ist festgelegt durch zwei Koordinaten X und Y, die aus zwei unabhängigen Gleichverteilungen auf dem Intervall [-1,1] stammen. Somit entspricht die Wahrscheinlichkeit, daß Z im Einheitskreis liegt, dem Quotienten aus Kreisfläche und Quadratfläche. Mathematisch ausgedrückt bedeutet dies:

P (Z innerhalb des Kreises) = (Kreisfläche)/(Quadratfläche) = Pi/4.

P beschreibt eine Wahrscheinlichkeit und Z ist ein zufälliger Punkt, dessen Koordinaten einer Rechteckverteilung entstammen.

Mit diesem Wissen kann die unbekannte Konstante Pi geschätzt werden, indem die Wahrscheinlichkeit, daß Z im Einheitskreis liegt, mit 4 multipliziert wird. Es muß eine Anzahl von Zufallszahlen Z generiert werden und der Anteil von Punkten innerhalb des Kreises mit 4 multipliziert werden. Die resultierende Zahl ist die Schätzung für Pi.

Aufgabe ist es, ein S-PLUS Programm zu schreiben, das Pi auf der Basis von 100, 1000 und 10000 Zufallszahlen schätzt. Dabei sollte mit Vektoren und nicht mit Schleifen gearbeitet werden. Wie groß ist die Abweichung von dem uns zum Glück bekannten Pi?

Hinweis: Wichtig ist die Prüfung, ob ein Punkt mit Koordinaten (x,y) innerhalb des Einheitskreises liegt. Da ein Kreis durch seinen Mittelpunkt und seinen Radius gegeben ist, kann der Abstand vom Mittelpunkt zum Punkt (x,y) mit Hilfe des Satzes von Pythagoras berechnet werden.

6.7 Lösungen

Lösung zu Aufgabe 6.1

Ziel dieser Aufgabe ist, zu zeigen, wie zwei Stichproben, die aus der gleichen Verteilung stammen, unterschiedlich aussehen können. Abbildung 6.15 (Seite 168) zeigt für beide Stichproben drei Histogramme mit unterschiedlichen Klassenbreiten. In der Grafik unterscheiden sich die Histogramme einer Spalte nicht bezüglich der Daten, sondern lediglich bezüglich der gewählten Klassenbreite. Jede Zeile in der Grafik zeigt die Histogramme für beide Stichproben bei gleicher Klassenbreite. Hier ist der Stichprobenumfang (100 bzw. 1000) die Ursache für Unterschiede und natürlich die stochastische Variabilität.

Zuerst werden die beiden Stichproben generiert.

```
> x <- rnorm (100, 3, sqrt(5))
> y <- rnorm (1000, 3, sqrt(5))
```

Die Daten müssen entsprechend der vorgegebenen Klassenbreiten vom kleinsten zum größten Wert in gleich große Intervalle unterteilt werden. Dazu werden zuvor Minimum und Maximum bezüglich beider Stichproben ermittelt. Dabei ist zu beachten, daß Minimum und Maximum nicht getrennt für beide Stichproben berechnet werden, sondern für beide Stichproben *gemeinsam*, um den gesamten Datenbereich abzudecken. Für jede der drei Klassenbreiten wird eine Sequenz benötigt, die die Klassengrenzen enthält.

```
> min.xy <- min (x, y)          # kleinster, größter Wert
> max.xy <- max (x, y)          # für beide Stichproben
> breaks1 <- seq (min.xy, max.xy, 0.5)
> breaks2 <- seq (min.xy, max.xy, 1)
> breaks3 <- seq (min.xy, max.xy, 2)
```

Die Histogramme können nun gezeichnet werden. Die Schriftgröße wird umgesetzt und die Farbe, mit der die Fläche der Histogramme gefüllt wird, wird gleich der Hintergrundfarbe (Nummer 0) gesetzt.

```
> par (mfrow=c(3,2), cex=0.6)  # Seitenaufteilung
> hist (x,breaks=breaks1, col=0,
+ xlab="n=100, Klassenbreite=0.5")
> hist (x,breaks=breaks2, col=0,
+ xlab="n=100, Klassenbreite=1")
> hist (x,breaks=breaks3, col=0,
+ xlab="n=100, Klassenbreite=2")
> hist (y,breaks=breaks1, col=0,
```

```
+ xlab="n=1000,Klassenbreite=0.5")
> hist (y,breaks=breaks2, col=0,
+ xlab="n=1000,Klassenbreite=1")
> hist (y,breaks=breaks3, col=0,
+ xlab="n=1000,Klassenbreite=2")
```

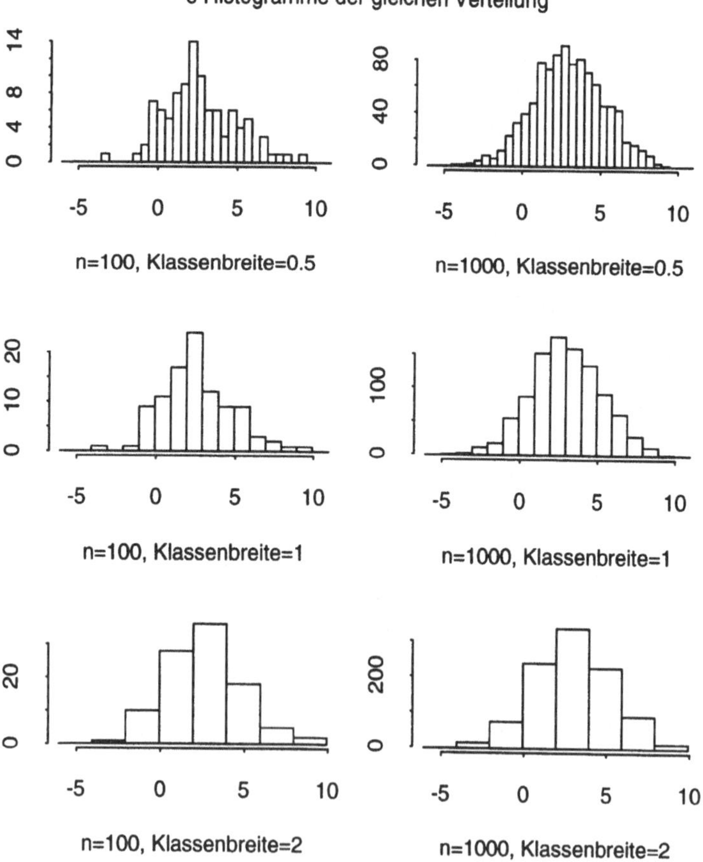

Abbildung 6.15. Histogramme zweier normalverteilter Stichproben

Zum Schluß wird mit der Funktion **mtext** der Titel in die Grafik gebracht. Nach einigen Versuchen mit der Position (Linie) des Titels erweist sich die Linie -1 als geeignet. Der Parameter **side** gibt an, an welcher der 4 Seiten der Grafik der Text erscheinen soll. Dabei steht die Nummer 3 für die obere Seite. Der Parameter **outer=T** bewirkt, daß der Titel in der Mitte der gesamten Grafik steht und nicht als Titel für die im Moment aktuelle Untergrafik benutzt wird.

```
> str <- "6 Histogramme der gleichen Verteilung"
> mtext (str, side=3, outer=T, line=-1)
```

Lösung zu Aufgabe 6.2

Wir wollen untersuchen, wie S-PLUS fehlende Werte und Unendlich behandelt und wie man mit solchen Werten im Datensatz arbeiten kann.
Dazu wird zuerst ein Vektor mit Werten gefüllt, die über die Tastatur eingegeben werden.

```
> x <- c(1, 2, NA, 4, 1/0)
```

Unendlich kann auch durch **+Inf** oder **-Inf** eingegeben werden.
Was ist der Mittelwert diese Vektors ?

```
> mean (x)
      NA
```

Wie in diesem Kapitel gelernt, kann ein Parameter der **mean** Funktion so gesetzt werden, daß fehlende Werte bei der Berechnung nicht beachtet werden:

```
> mean (x, na.rm=T)
      Inf
```

S-PLUS ignoriert zwar den fehlenden Wert, nicht aber Unendlich. Somit ist der Mittelwert Unendlich, da ein Element des Vektors Unendlich ist. Wäre nicht **+Inf** Element des Vektors sondern **-Inf**, wäre das Ergebnis der **mean** Funktion **-Inf**. Um den Mittelwert und die Varianz für alle *reellen* Zahlen zu berechnen, muß auch Unendlich von der Berechnung ausgeschlossen werden.

```
> y <- x[!is.na (x) & !is.inf (x)]
> mean (y)
      2.333333
> var (y)
      2.333333
```

Die Division von x durch sich selbst liefert:

```
> x/x
    1 1 NA 1 NA
```

Das Resultat der Division von einer fehlenden Zahl und einer anderen Zahl ergibt wieder einen fehlenden Wert. Auch die Divison von Unendlich mit sich selbst hat einen fehlenden Wert als Ergebnis.

Lösung zu Aufgabe 6.3

Die Analyse des Auto–Datensatzes `car.all` wird interaktiv durchgeführt. Zuerst müssen wir auf die Daten zugreifen.

```
> attach (car.all)
```

Der Befehl **names** bewirkt, daß die Variablennamen des Datensatzes angezeigt werden.

```
> names (car.all)
   "Length" "Wheel.base" "Width" "Height" "Front.Hd."
   "Rear.Hd" "Frt.Leg.Room" "Rear.Seating" "Frt.Shld"
   "RearShld" "Luggage" "Weight" "Tires" "Steering"
   "Turning" "Disp." "HP" "Trans1" "Gear.Ratio"
   "Eng.Rev" "Tank" "Model2" "Dist.n" "Tires2"
   "Pwr.Steer" ".empty." "Disp2" "HP.revs" "Trans2"
   "Gear2" "Eng.Rev2" "Price" "Country" "Reliability"
   "Mileage" "Type"
```

Da der Datensatz mittels des **attach**-Befehls geladen wurde, können die verschiedenen Variablen oder Spalten der Datenmatrix jetzt mit den oben angegebenen Namen angesprochen werden. Zum Beispiel werden die PS-Angaben ("Horsepower") auf dem Bildschirm angezeigt, wenn **HP** eingegeben wird.

Die Automarken sind als Zeilennamen gespeichert. Um alle Spalten- und Zeilennamen anzeigen zu lassen, kann folgender Befehl angewendet werden:

```
> dimnames (car.all)
```

oder aber

```
> dimnames (car.all)[[1]]
```

um die Namen des ersten Listenelements (Automarken) zu sehen. Die Automarken werden in einer Variablen gespeichert.

```
> car.names <- dimnames(car.all)[[1]]
```

Jetzt wird für alle Autos die maximale Reichweite mit einer Tankfüllung berechnet.

```
> max.travel <- Mileage*Tank
```

Die Variable **Type** enthält die Information zu den Autoklassen. Die **summary** Funktion gibt eine Zusammenfassung der Daten.

```
> summary (Type)
```

Compact	Large	Medium	Small	Sporty	Van	Na's
19	7	26	22	21	10	6

Für sechs Autos ist die Klasse nicht bekannt und 7 Autos wurden als groß klassifiziert. Hingegen sind jeweils mehr als 20 Autos in den Kategorien Mittelklasse, Kleinwagen oder Sportauto vertreten.
Um für jede Klasse das Auto mit dem höchsten Verbrauch bzw. der geringsten Anzahl von Meilen mit einer Tankfüllung zu ermitteln, wird die Funktion **min** in Kombination mit dem **by** Befehl benutzt.

```
> by (Mileage, Type, min, na.rm=T)
```

Compact	Large	Medium	Small	Sporty	Van
21	18	20	25	24	18

Der Parameter **na.rm=T** muß gesetzt werden, da auch fehlende Werte im Datensatz sind. Auf die gleiche Weise können auch die Maximalwerte berechnet werden.

```
> by (Mileage, Type, max, na.rm=T)
```

Compact	Large	Medium	Small	Sporty	Van
27	23	23	37	33	20

Um diesen verkürzten Ausdruck zu erhalten, kann **unclass(by(...))** verwendet werden.

Für die Analyse der Variablen **HP**, **Tank**, **Mileage** und **max.travel** wird ein neuer Datensatz erzeugt, der nur diese Daten enthält.

```
> car.subset <- data.frame (HP, Tank, Mileage,
+ max.travel)
```

Mit dem Befehl **pairs** ergibt sich ein erster Überblick. So erstellen wir Abbildung 6.16.

```
> pairs (car.subset)
```

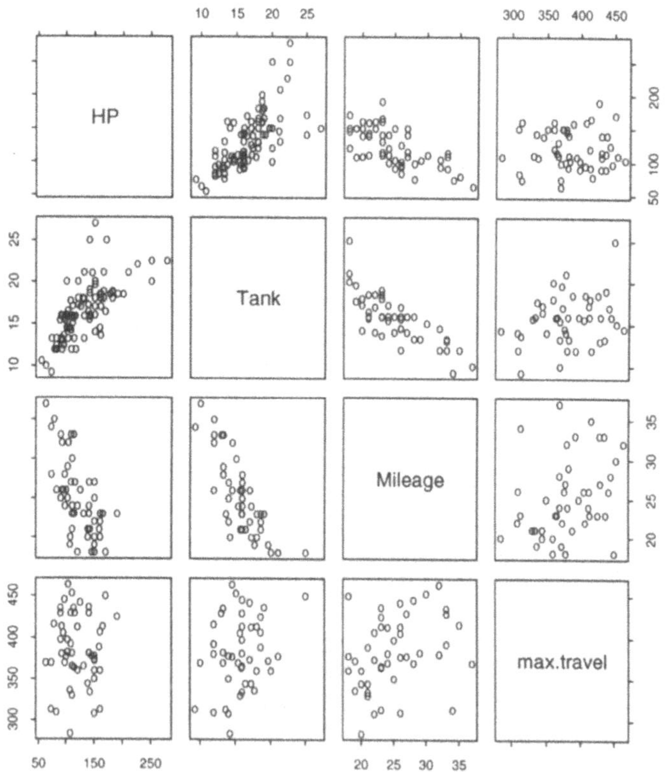

Abbildung 6.16. Einige Variablen des Auto–Datensatzes

Der paarweise Scatterplot macht einige Abhängigkeiten deutlich, zum
Beispiel zwischen den Variablen HP und Tank (PS und Tankinhalt) und
zwischen Tank und Mileage (Tankinhalt und Verbrauch). Die letztere
Beziehung ist aber negativ: Je weniger Meilen mit einer Tankfüllung

gefahren werden können, desto größer ist der Tankinhalt und umgekehrt.

Diese Abhängigkeiten in Zahlen auszudrücken ist etwas schwerer, da der Datensatz auch fehlende Werte hat. Die Funktion cor berechnet die Korrelation zwischen zwei Variablen, die Funktion var berechnet die Varianz/Kovarianz Matrix. Da keine der beiden Funktionen fehlende Werte erlaubt, müssen alle Autodaten, bei denen eine oder mehrere der vier Angaben fehlen, gelöscht werden. Dabei ist die Funktion is.na hilfreich. Falls ein Wert fehlt, ist das Resultat TRUE, sonst FALSE. Da TRUE mit 1 kodiert wird und FALSE mit 0, ist klar wie weiter vorgegangen werden muß. Ist die Summe aller TRUE/FALSE, die von is.na erzeugt werden, für ein Auto gleich 0, gibt es keine fehlenden Werte. Ist hingegen die Summe von 0 verschieden, muß die Beobachtung entfernt werden.

```
> problems <- apply (is.na(car.subset), 1, sum) != 0
> car.without.missings <- car.subset [!problems, ]
```

Da keine fehlenden Werte mehr im Datensatz sind, kann die Korrelationsmatrix berechnet werden.

```
> cor (car.without.missings)
```

	HP	Mileage	Tank	max.travel
HP	1.000001	-0.666153	0.676410	-0.0205656
Mileage	-0.666153	1.000000	-0.801337	0.3727046
Tank	0.676409	-0.801337	1.000000	0.2121667
max.travel	-0.020566	0.372705	0.212167	1.0000000

Diese Ergebnis bestätigt die Aussagen, die auf Grund des paarweisen Scatterplots schon gemacht wurden. Die Korrelation zwischen den Variablen HP und Tank ist 0.68. Ebenfalls stark korreliert sind die Variablen Tank und Mileage, allerdings negativ korreliert. Der Wert liegt bei -0.8.

Lösung zu Aufgabe 6.4

Beim Würfel–Test sollen die Würfe beim Würfeln simuliert werden. Dazu gibt es verschiedene Möglichkeiten.Wir werden die S-PLUS–Funktion **sample** benutzen. Als Parameter werden die Zahlen, aus denen gezogen werden soll, die Anzahl der Ziehungen und eine Option, die angibt, ob mit oder ohne Zurücklegen gezogen wird, übergeben.

```
> n <- 6000
> rolls <- sample (1:6, n, replace=T)
```

Die Funktion **table** gruppiert die Daten und berechnet die Häufigkeiten pro Kategorie, wie oft jede einzelne Zahl gewürfelt wurde.

```
> rolls.count <- table (rolls)
> rolls.count                     # Häufigkeitstabelle
      1      2     3      4     5      6
    988   1028   988   1062   944   990
```

Die Formel zur Berechnung der Teststatistik kann nun direkt auf die Tabelle angewandt werden.

```
>  sum ((rolls.count - n/6)^2 / (n/6))
        8.152                     # Die Teststatistik T
> alpha <- c(0.9, 0.95, 0.99)
> qchisq (alpha,6)                # Kritische Werte
      10.64464   12.59159   16.8119
```

Die Teststatistik ist kleiner als die drei kritischen Werte der Chi–Quadrat–Verteilung. Somit kann die Hypothese, daß alle Augenzahlen beim Würfelwurf gleich häufig auftreten und es sich um einen fairen Würfel handelt, auf allen drei Niveaus nicht verworfen werden. Der Zufallszahlengenerator scheint in Ordnung zu sein.

Lösung zu Aufgabe 6.5

Fragestellung der Simulation ist, wie häufig eine Hypothese abgelehnt wird, obwohl die Daten aus genau der Verteilung generiert wurden, die in der Hypothese spezifiziert ist. Bei der Lösung dieser Aufgabe wird nur auf Matrizen und Vektoren operiert, da dies eine elegante und effiziente Programmierweise in S-PLUS ist.

Zuerst werden 1000 Stichproben vom Umfang 100 aus einer Normalverteilung mit Mittelwert 0 und Standardabweichung 1 generiert. Die Stichproben werden in einer Matrix abgelegt, wobei jede Zeile der Matrix einer Stichprobe entspricht. Die Matrix der Daten hat also 1000 Zeilen und 100 Spalten. Die zu testende Hypothese ist, ob die Stichproben aus einer Normalverteilung stammen.

```
> x <- matrix (rnorm (100*1000), 1000, 100)
```

Für jede Stichprobe wird separat der Mittelwert und die Varianz ausgerechnet. Auch hier ist keine Schleife nötig.

```
> m <- apply (x, 1, mean)
```

Der Test wird durchgeführt, indem überprüft wird, ob der Wert der Teststatistik außerhalb des Intervalls liegt, das durch die $(\alpha/2, 1 - \alpha/2)$ Quantile der Verteilung der Teststatistik gegeben ist. Da sich die Varianz des Mittelwertes von identisch verteilten unabhängigen Stichproben um die Wurzel der Anzahl der Stichproben reduziert, ist die Verteilung der Teststatistik unter der Hypothese gegeben durch eine $\mathcal{N}(0, 1/\sqrt{100}) = \mathcal{N}(0, 0.1)$-Verteilung. Auf Grund der Symmetrie der Normalverteilung um den Mittelwert kann auch überprüft werden, ob der absolute Wert des Stichprobenmittels größer ist als das $1-\alpha/2-$Quantil.

```
> z <- abs(m) > qnorm(0.975, 0, 0.1)
```

Der Ergebnisvektor besteht aus **TRUE/FALSE**-Elementen. Die Summe dieses Vektors entspricht der Anzahl der **TRUE**-Elemente. In unserem Fall ist die Summe gleich 47. Der Mittelwert gibt an, wie hoch die mittlere Anzahl von Ablehnungen bei 1000 Stichproben ist.

```
> mean (z)
      0.047
```

Der Inhalt der Variable **z** kann durch **table(z)** angezeigt werden.

```
> table (z)
      FALSE   TRUE
        953     47
```

Die Macht des Tests entspricht der Anzahl der richtigen Verwerfungen der Nullhypothese, wenn die Daten aus der Verteilung stammen, wie sie in der Alternativhypothese formuliert ist. Die Simulation ist so aufgebaut, daß Stichproben entsprechend der Alternative generiert werden und berechnet wird, wie häufig der Test die Nullhypothese ablehnt.

```
> x <- matrix (rnorm (100000, 0.1, 1), 1000, 100)
> m <- apply (x, 1, mean)
> z <- abs(m) > qnorm(0.975, 0, 0.1) # Ablehnungen
> mean (z)
      0.185
```

Angenommen, die Alternativhypothese sei, daß der Mittelwert 0.1 ist. Dann verwirft der Test richtigerweise die falsche Nullhypothese in nur 18.5% der Simulationen. Natürlich ist der Test in Bezug auf die Macht um so besser, je weiter die Alternativhypothese von der Nullhypothese entfernt ist.

Eine weitere Erfahrung aus dieser Übung ist, daß wenn das Alpha-Niveau erhöht wird, die Anzahl korrekter Ablehnungen noch kleiner wird, da die Quantile der Normalverteilung auf der rechten Seite der Gleichung größer werden. Anders ausgedrückt: Je kleiner der Fehler 1. Art (Ablehnung der richtigen Nullhypothese) ist, desto größer der Fehler 2. Art (Annahme der falschen Nullhypothese).

Üblicherweise wird die Macht eines Tests dargestellt, indem Werte für die Macht zu verschiedenen Punkten der Alternative geschätzt (simuliert) werden. Diese Punkte werden miteinander verbunden und es resultiert eine Machtkurve. Interessierte Leser mögen die Machtkurve für diesen Test berechnen und darstellen.

Lösung zu Aufgabe 6.6

Im weiteren zeigen wir den Aufbau einer Simulation, in der 1000 zweidimensionale Zufallszahlen aus dem Quadrat [-1,1] x [-1,1] gezogen werden und dann für jeden Punkt entschieden wird, ob er innerhalb oder außerhalb des Kreises mit Mittelpunkt (0,0) und Radius 1 liegt. Zum Schluß wird Pi durch die Anzahl aller Punkte im Kreis und die Gesamtzahl aller Punkte geschätzt.

```
> n <- 1000
> x <- runif (n, -1, 1)
> y <- runif (n, -1, 1)
```

Ein Punkt liegt innerhalb des Kreises, wenn der Abstand des Punktes zum Ursprung (0,0) kleiner als 1 ist. Um die Distanz zwischen 2 Punkten im zweidimensionalen Raum zu bestimmen, kann der Satz von Pythagoras angewandt werden. Demnach ist der Abstand zwischen den Punkten $x = (x_1, x_2)$ und $y = (y_1, y_2)$ gegeben durch $\sqrt{(x_1 - y_1)^2 + (x_2 - y_2)^2}$. Das Wurzelzeichen wird im weiteren nicht betrachtet, da der Radius gleich 1 ist und Quadrieren keine Veränderung bewirkt.

```
> distance <- x^2 + y^2
> inside.circle <- sum (distance <= 1)
```

Entsprechend der Formel wird Pi geschätzt.

```
> pi.estimate <- (4*inside.circle)/n
```

Die Konstante `pi` ist in S-PLUS definiert, so daß der Unterschied zwischen Schätzung und exaktem Wert berechnet werden kann.

```
> away.from.pi <- pi - pi.estimate
```

Wer will, kann Pi auch in einer Zeile schätzen:

```
pi.est <- (length(runif(n,-1,1)^2+runif(n,-1,1)^2<=1)*4)/n
```

Die nachfolgende Tabelle zeigt das Ergebnis der Schätzung für unterschiedliche große Simulationen. In Abhängigkeit von den Zufallszahlen können die Ergebnisse etwas anders aussehen. Auf jeden Fall werden die Schätzungen von Pi besser, je größer die Simulation ist.

Schätzung von Pi durch Simulation.
Ergebnisse für unterschiedliche Stichprobenumfänge.

n	Schätzung	Fehler
100	2.96	0.182
1000	3.088	0.0535
10000	3.1532	-0.0116
100 000	3.1366	0.00499

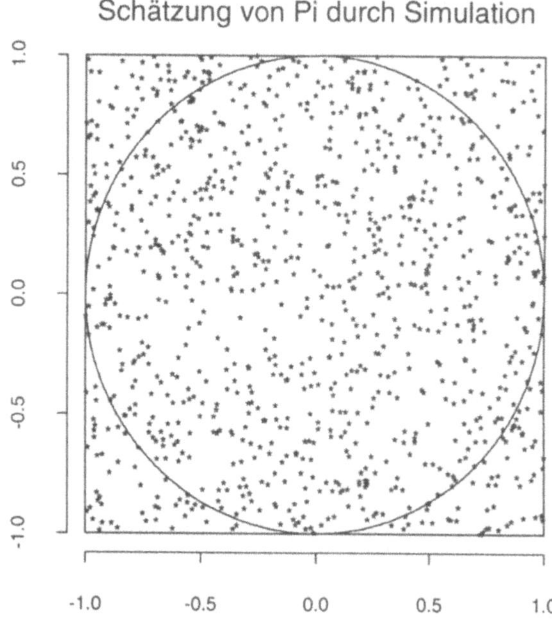

Abbildung 6.17. Schätzung von Pi durch Simulation

Die Simulation kann grafisch dargestellt werden, indem das Quadrat, der Kreis und die Zufallszahlen gezeichnet werden. Diese Grafik ist in Abbildung 6.17 zu sehen.

```
> corners.x <- c(-1,-1,1, 1,-1)
> corners.y <- c(-1,1, 1,-1,-1)
```

```
> circle.seq <- seq (0, 2*pi, length=1000)
> plot(corners.x, corners.y, type="l", xlab="",
+ ylab="", axes=F)
> axis(1)
> axis(2)
> lines (sin(circle.seq), cos(circle.seq))
> points (x, y)
> title ("Schätzung von Pi durch Simulation")
```

7. Statistische Modellierung

Wir wollen uns nun mit der statistischen Modellbildung befassen. In
einem Rundgang durch die Syntax der Modellierung, Analyse der Ergebnisse und Anwendungen in Regression und Varianzanalyse, logisti-
scher Regression und Überlebenszeitenanalyse werden wir die wesentlichen Elemente statistischer Modellbildung mit S-PLUS kennenlernen.

Insbesondere im Bereich der Modellbildung sind die S-PLUS–Handbücher eine gute Referenz, da der theoretische Hintergrund zusammen mit der Anwendung in S-PLUS ausführlich behandelt wird. Daher decken die Handbücher und insbesondere auch das weiterführende
Buch von Venables und Ripley diesen Bereich fortgeschrittener Modellierung gut ab.

Zunächst wollen wir uns einführende Beispiele ansehen, ohne auf technische Details einzugehen. Danach gehen wir auf die Grundlagen der
Modellbildung ein und wenden einige der bekannten Modelle an.

7.1 Einführende Beispiele

7.1.1 Regression

Wir wollen den Datensatz `swiss` untersuchen. Er besteht aus der Variable `swiss.fertility`, die ein standardisiertes Maß für die Fruchtbarkeit (Fertilität) der Bevölkerung von 47 französischsprachigen Provinzen der Schweiz im Jahre 1888 enthält, und der Variable `swiss.x`,
einer Matrix, die zu den Provinzen die folgenden sozio–ökonomischen
Variablen enthält:

`Agriculture` – Anteil der berufsmäßig in der Landwirtschaft täti-
gen Bevölkerung

`Examination` – Anteil Armeeangehöriger, die bei der Bewertung
höchste Noten erhielten

Education – Anteil der Bevölkerung, die eine weiterführende Schule besucht haben
Catholic – Anteil Katholiken an der Bevölkerung
Infant Mortality – Kindersterblichkeit: Anteil Lebendgeburten, die im ersten Lebensjahr sterben

Wir wollen die Abhängigkeit der Fertilität (**swiss.fertility**, Fruchtbarkeit) vom Ausbildungsstand der Bevölkerung (**Education**) untersuchen und dazu ein lineares Regressionsmodell verwenden. Univariate und multivariate lineare Regression kann mit der Funktion **lm** berechnet werden. Das Ergebnis speichern wir in der Variablen **Modell**, so daß zunächst nichts auf dem Bildschirm ausgegeben wird. Anschließend rufen wir **summary(Modell)** auf, um eine Übersicht über das angepaßte Modell zu erhalten.

```
> education <- swiss.x[,"Education"]
> Modell <- lm (swiss.fertility ~ education)
> summary (Modell)

Call: lm (formula = swiss.fertility ~ education)

Residuals:
         Min     1Q Median     3Q    Max
      -17.04 -6.711 -1.011  9.526  19.69

Coefficients:
               Value Std. Error  t value Pr(>|t|)
(Intercept)  79.6101     2.1041  37.8357   0.0000
  education   -0.8624     0.1448  -5.9536   0.0000

Residual standard error: 9.45 on 45 degrees of freedom
Multiple R-Squared: 0.4406
F-statistic: 35.45 on 1 and 45 degrees of freedom,
            the p-value is 3.659e-007


Correlation of Coefficients:
                      (Intercept)
          education -0.7558
```

Ein Modell sollte in einer Variable abgespeichert werden, da meist später noch darauf zugegriffen wird, z.B. um die Residuen zu analysieren oder die Daten und die Regressionsgerade grafisch darzustellen.

Ein **summary**(Modell) faßt das Ergebnis der Berechnungen zusammen und stellt es übersichtlich dar.

Der erste Teil der Ausgabe bezieht sich auf die Residuen des Modells. Im linearen Regressionsmodell ist eine der Modellannahmen, daß die Residuen unabhängig normalverteilt sind. Wenn die Residuen nicht in etwa symmetrisch verteilt sind, ist das bereits ein erster Hinweis darauf, daß die Anpassung nicht besonders gut ist und die Modellvoraussetzungen verletzt sind.

Der nächste Teil der Ausgabe zeigt die Regressionskoeffizienten, den Achsenabschnitt (Intercept) und den Geradenanstieg (education), den Standardfehler, den Wert der t–Statistik und dessen Signifikanz (p–Wert).

Beide Regressionskoeffizienten sind hoch signifikant (p–Wert kleiner als 0.0001), so daß Achsenabschnitt und Ausbildung der Bevölkerung für die Erklärung der Größe Fertilität (**fertility**) einen signifikanten Beitrag liefern. Der Koeffizient der Variable **education** ist negativ, woraus folgt, daß ein inverser Zusammenhang vorliegt: Je höher die Ausbildung, desto geringer die Fertilität. Die R^2–Statistik gibt den Zusammenhang zwischen den Variablen an, die Wurzel daraus, R, ergibt den Korrelationskoeffizienten, der auch mit der Funktion cor errechnet werden kann (Vorzeichen beachten!).

```
> cor (education, swiss.fertility)
      -0.6637889
```

Zusätzlich wird die F–Statistik ausgegeben, die sich auf das gesamte Modell bezieht, der Standardfehler der Residuen und der Zusammenhang (die Korrelation) zwischen den Regressionskoeffizienten.

7.1.2 Regressionsdiagnose

Auf den ersten Blick könnte man meinen, daß unser lineares Modell aus dem vorangegangenen Abschnitt die Daten relativ gut modelliert. Eine gründliche Überprüfung einer Regression untersucht jedoch immer die Residuen, um zu überprüfen, ob die Modellannahmen erfüllt sind. Durch das Abspeichern des angepaßten Modells in der Variable **Modell** sind die Residuen bereits abgespeichert, und wir können mit den geeigneten Funktionen direkt darauf zugreifen. Die Residuen können mit der Funktion **resid** herausgefiltert werden, so daß

```
> resid (Modell)
```

uns die Residuen anzeigt.

Wir wollen die Residuen grafisch untersuchen. Wir zeichnen vier Darstellungen, die in Abbildung 7.1 zu sehen sind.

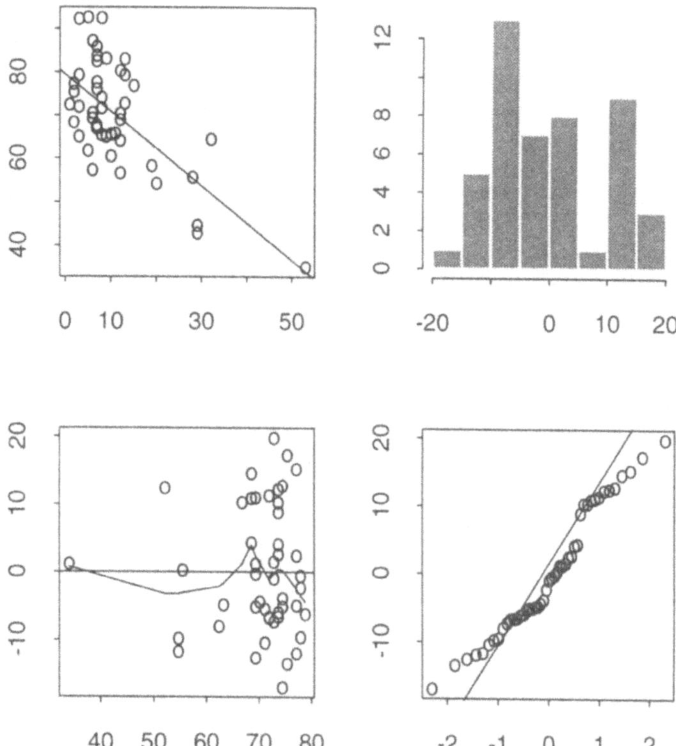

Abbildung 7.1. Grafische Regressionsdiagnose

Die erste Grafik zeigt die Daten und die angepaßte Regressionsgerade, die zweite ein Histogramm der Residuen. Die dritte Grafik zeigt eine Darstellung der angepaßten Werte und deren Residuen, um beispielsweise zu sehen, daß mit größeren Werten auch die Residuen größer oder kleiner werden. Zusätzlich zeichnen wir eine Regression mit einem nichtparametrischen Verfahren (lowess) ein. Die vierte Grafik zeigt einen sogenannten QQ–Plot (Quantil–Quantil–Grafik), die die Quantile der Residuen gegen die Quantile der Normalverteilung abträgt. Die Punkte sollten sich in etwa auf der Hauptdiagonalen befinden, wenn die Verteilung der Residuen einer Normalverteilung entspricht. Abbildung 7.1 entsteht durch die folgende Eingabe.

```
> par (mfrow=c(2, 2))
> plot (education, swiss.fertility)
> abline (Model1)
> hist (resid (Model1))
> plot (Model1$fitted.values, resid (Model1))
> lines (lowess (fitted(Model1), resid (Model1)))
> abline (h=0)
> qqnorm (resid (Model1))
> qqline (resid (Model1))
```

Die erste Grafik zeigt, daß ein linearer Zusammenhang durchaus gegeben sein könnte. Ein Histogramm von Residuen, die normalverteilt sind, sollte in etwa die typische symmetrische Glockenkurve einer Normalverteilung aufweisen. In dieser Darstellung braucht man schon etwas Phantasie, um eine Glockenkurve zu erkennen. Auf jeden Fall ist Vorsicht geboten, vielleicht sollte noch ein weiteres Histogramm mit anderer Klasseneinteilung gezeichnet werden.
Die Abbildung der Residuen und der angepaßten Werte zeigt kein klar erkennbares Muster und auch die eingezeichnete Kurve zeigt keinen Trend. Schlußendlich sehen wir an der QQ–Grafik, daß die Residuen etwas von der Normalverteilung abweichen, da sie nicht genau auf der Geraden liegen. Die Abweichungen sind jedoch nicht sehr gravierend. Die grafische Darstellung zeigt, daß einer der Werte sehr extrem in beiden Dimensionen ist, er besitzt einen extremen Wert für `education`, etwa 35, und ist damit der kleinste der beobachteten Werte, und gleichzeitig ist er mit Abstand der größte Wert für die Fertilität, der Variablen `swiss.fertility`.

7.2 Statistische Modelle

S-PLUS hält eine große Menge von Modellen bereit, um Daten durch verschiedene Prozesse zu beschreiben. Wir haben bereits die lineare Regression (nach der Methode der kleinsten Quadrate) kennengelernt und wollen nun einen Blick auf weitere Verfahren werfen.

Eine Varianzanalyse (ANOVA – Analysis of Variance) läßt sich mit der Funktion **aov** oder **anova** durchführen, generalisierte lineare Modelle (GLM), um logistische, Poisson– und weitere Regressionen durchzuführen, können mit der Funktion **glm** berechnet werden.

Eine Übersicht über die vorhandenen Funktion findet sich in Tabelle 7.1. Wenn die Methoden bzw. die dahinterliegenden Verfahren nicht bekannt sind, sind die Handbücher (siehe z.B. die Hilfe zu **aov**) und Venables und Ripley hilfreich.

Tabelle 7.1. Statistische Modelle in S-PLUS

S-PLUS– Funktion	Modell
lm	Lineare Regression
aov, anova	ANOVA (Varianzanalyse)
glm	Generalisierte Lineare Modelle (GLM)
gam	Generalisierte Additive Modelle
loess	Lokale nichtparametrische Regressionsmodelle
lowess	Lokales nichtparametrisches Glättungsverfahren (Locally Weighted Scatterplot Smoother)
tree	Klassifikations– und Regressionsmodelle
nls, ms	Nichtlineare Kleinste Quadrate– und Minimalsummen–Verfahren
manova	Multivariate Varianzanalyse (MANOVA)
factanal	Faktorenanalyse
princomp	Hauptkomponentenanalyse (Principal Components)
crosstabs	Kreuztabellen, tabellierte Darstellungen faktorieller Daten
survfit	Überlebenszeitenmodell nach Kaplan-Meier
coxreg	Cox Proportional Hazards–Modell

7.3 Modellsyntax

Die Syntax zur Modellierung von Daten, die wir teilweise bereits kennengelernt haben, ist eine einheitliche Sprache zur Beschreibung von datengenerierenden Prozessen. Abhängige und erklärende Variable werden beschrieben in der Form

```
Abhängige Variable ~ Erklärende Variable(n)
```

Die Tilde (˜) kann gelesen werden als "wird modelliert durch" oder einfach als "ist gleich" (zuzüglich einem Fehlerterm). Diese Syntax wird beim Aufruf von Funktionen verwendet, die das spezifizierte Modell berechnen. Damit befassen wir uns in den folgenden Abschnitten. Zunächst konzentrieren wir uns auf das Modellieren der Daten.
Wenn wir ausdrücken wollen, daß im Datensatz der Schweiz, den wir vorher betrachtet haben, die Fertilität (`swiss.fertility`) durch die Ausbildung der Bevölkerung (`Education`) erklärt werden kann, so schreiben wir

```
swiss.fertility ~ Education
```

Soll die Variable `Agrigulture` hinzugenommen werden zu den erklärenden Variablen, wird sie mit dem Plus–Zeichen hinzugefügt (additiver Effekt).

```
swiss.fertility ~ Education + Agriculture
```

Interaktionen zwischen Variablen werden mit dem Doppelpunkt (:) spezifiziert. Wenn wir zusätzlich den Effekt `Education*Agriculture` modellieren wollten, würden wir schreiben:

```
swiss.fertility ~ Education + Agriculture +
            Education:Agriculture
```

Dieser Zusammenhang kann verkürzt geschrieben werden als

```
swiss.fertility ~ Education*Agriculture
```

So können relativ komplexe Modelle dargestellt werden. In Tabelle 7.2 sind die besprochenen und weitere Möglichkeiten dargestellt.

Tabelle 7.2. Modell–Syntax

Modellierter Effekt	Funktionalität
A+B	Haupteffekte von A und B (additiv)
A:B	Interaktion zwischen den Effekten A und B
A*B	Verkürzte Schreibweise für A + B + A:B
A %in% B	A in B
A/B	Verkürzte Schreibweise für A + B %in% A
A-B	Alle Elemente aus A ohne diejenigen in B
A^m	Alle Terme in A bis zur Ordnung m

7.4 Regression

Für einige der Standardverfahren wollen wir uns in diesem Abschnitt ansehen, wie die Modelle mit S-PLUS berechnet werden. Dabei werden wir uns der Modellierungssprache bedienen, die wir im vorigen Abschnitt eingeführt haben.

Eine wesentliche Stärke von S-PLUS liegt darin, daß eine Vielzahl nichtparametrischer Regressionsverfahren, insbesondere auch neueste Techniken, zur Verfügung stehen. Das Handbuch geht ausführlich darauf ein.

Regressionsverfahren lassen sich grob in zwei Kategorien einteilen, in parametrische und in nichtparametrische Verfahren. Dies ist für uns hier wichtig, weil die entsprechenden Funktionen in S-PLUS das Ergebnis einer Regression in verschiedener Form zurückgeben. Eine parametrische Regression schätzt nach einem bestimmten Verfahren die Parameter des Modells und gibt diese als Ergebnis zurück. Mit den Parametern lassen sich für jeden Datenpunkt die nach diesem Modell geschätzten Werte errechnen. Ein nichtparametrisches Verfahren gibt nicht eine Menge von Parametern und deren Schätzungen als Ergebnis aus, sondern vielmehr die Schätzung oder Glättung eines jeden Datenpunktes. Anstelle von Parametern bekommen wir eine Menge von (meist zweidimensionalen) Punkten zurück, da keine funktionale Form der Regression oder Glättung vorliegt.

Im Falle parametrischer linearer Modelle besteht die geschätzte Regression aus den Regressionskoeffizienten. Mittels dieser Koeffizienten kann eine Gerade direkt in eine bestehende Grafik eingezeichnet werden, wie in einem beliebigen Beispiel für ein Modell, das mit `lm` geschätzt wird.

```
> x <- rnorm(100)
> y <- -2 + x + rnorm(100)
> plot (x, y)
> reg <- lm (y ~ x)
> abline (reg)
```

Das errechnete Regressionsmodell kann komplett an die Funktion `abline` weitergereicht werden, die die Werte, die die Gerade spezifizieren, selbst extrahiert.

Im Falle der nichtparametrischen Regression besteht das Ergebnis aus einer Reihe von Punkten, die zur nichtparametrischen Glättungskurve zusammengesetzt werden müssen. Um eine solche Anpassung darzustellen, verwendet man die Funktion `lines`, um der bestehenden Grafik Linien hinzuzufügen.

```
> plot (x, y)
> reg <- lowess (x, y)
> lines (reg)
```

Wir benutzen hier die Funktion `lowess`, einen nichtparametrischen Glätter, als Beispiel.

7.4.1 Lineare Regression und Modellierungstechniken

Eine einfache lineare Regression haben wir bereits zu Beginn dieses Kapitels durchgeführt. Wir gehen nun in einem allgemeineren Rahmen auf die Modellbildung ein und verwenden weiterhin den Datensatz der Variablen `swiss.fertility` und `swiss.x`.
Als erstes wollen wir die beiden Datensätze in einem Data Frame zusammenfassen, um besser darauf zugreifen zu können:

```
> swiss.data <- data.frame(Fertility=swiss.fertility,
+ swiss.x)
```

Zunächst errechnen wir erneut das einfache lineare Regressionsmodell, in dem wir die Variable `Fertility` durch `Education` erklären. Die Namen entsprechen den Namen der Variablen im Data Frame `swiss.data`.

```
> Model1 <- lm(Fertility~Education,data=swiss.data)
```

Mit der Funktion `summary` geben wir eine Übersicht des Modells aus:

```
> summary (Model1)

Call: lm(formula=Fertility~Education, data=swiss.data)

Residuals:
                Min     1Q Median     3Q    Max
              -17.04 -6.711 -1.011 9.526 19.69


Coefficients:
               Value Std. Error  t value Pr(>|t|)
(Intercept) 79.6101    2.1041    37.8357   0.0000
  Education  -0.8624    0.1448    -5.9536   0.0000


Residual standard error: 9.45 on 45 degrees of freedom
Multiple R-Squared: 0.4406
F-statistic: 35.45 on 1 and 45 degrees of freedom,
              the p-value is 3.659e-007
```

```
Correlation of Coefficients:
                            (Intercept)
             Education -0.7558
```

Auf diesem Modell wollen wir nun aufbauen. Nehmen wir an, wir wollten das Modell um die Variable **Catholic** erweitern, weil nur **Education** uns als nicht genügend zur Erklärung der Fertilität scheint. Das Modell muß nicht komplett neu eingegeben werden, wir können S-PLUS mitteilen, daß das bestehende Modell erweitert werden soll. Die Funktion **update** erweitert ein bestehendes Modell.

```
> Model2 <- update (Model1, . ~ . + Catholic)
> summary (Model2)

Call: lm (formula=Fertility ~ Education + Catholic,
          data=swiss.x)

Residuals:
              Min      1Q Median     3Q    Max
          -15.04 -6.576 -1.426 6.126 14.32

Coefficients:
                Value Std. Error  t value Pr(>|t|)
(Intercept)   74.2319     2.3518  31.5636   0.0000
  Education   -0.7882     0.1293  -6.0968   0.0000
   Catholic    0.1109     0.0298   3.7224   0.0006

Residual standard error: 8.33 on 44 degrees of freedom
Multiple R-Squared: 0.5746
F-statistic: 29.71 on 2 and 44 degrees of freedom,
             the p-value is 6.822e-009

Correlation of Coefficients:
                    (Intercept) Education
         Education     -0.6838
          Catholic     -0.6144   0.1540
```

Wir erhalten wiederum das Ergebnis, daß alle Variablen hoch signifikante Beiträge zur Erklärung der Fertilität **Fertility** liefern. Wir haben die Variable **Catholic** mehr oder weniger zufällig ausgewählt und hätten auch jede der anderen Variablen verwenden können. Auch für diesen Zweck hält S-PLUS eine Funktion bereit, um jeweils eine einzelne Variable zum Modell hinzuzufügen, die Funktion **add1**. Als Ergebnis werden die Werte ausgegeben, die erzielt würden, wenn jeweils nur eine der Variablen zum Modell hinzugenommen würde.

```
> add1 (Modell, . ~ . + Agriculture + Examination +
+  Catholic + Infant.Mortality, data=swiss.data)

Single term additions
Model:
Fertility ~ Education, data=swiss.data
                 Df  Sum of Sq       RSS        Cp
       <none>                    4015.236  4372.145
  Agriculture   1     61.9657  3953.270  4488.635
  Examination   1    465.6258  3549.610  4084.975
     Catholic   1    961.6083  3053.627  3588.992
Infant.Mortality 1  891.2462  3123.989  3659.354
```

Sehen wir uns die Residuen–Quadratsumme bei jeder hinzugefügten Variable an (RSS – Residual Sum of Squares). Wenn eine zusätzliche Variable hinzugenommen wird, wird die Anpassung an die Daten besser und daher ist der Term RSS für alle Variablen kleiner als für das Ausgangsmodell ohne weiteres Hinzufügen, das in der ersten Zeile angegeben ist. Die größte Reduktion der Residuenquadrate erreichen wir, wenn wir **Catholic** zu unserem bestehenden Modell hinzunehmen. Damit wird gleichzeitig der C_p–Wert minimiert (Mallow's C_p). Wir hätten auch umgekehrt vorgehen können und ein großes Modell aufbauen können. Anschließend hätten wir die Funktion **drop1** verwenden können, um je einen Term aus dem Modell zu entfernen und die Veränderungen zu betrachten.

Wir hätten auch schrittweise vorgehen und die Funktion **step** verwenden können, um ein Modell schrittweise zu erweitern.

In vielen Fällen ergibt sich bei Vorwärts– und Rückwärtsselektion nicht das gleiche Modell, so daß ein Ausprobieren der verschiedenen Techniken interessante Erfahrungen bringt.

Zur Analyse der Residuen eines angepaßten Modells offeriert S-PLUS eine menugesteuerte Variante, die viele Standardbedürfnisse abdeckt. Dazu wird das gesamte berechnete Modell an die Standardfunktion **plot** übergeben.

```
> plot (Modell)
     Make a plot selection (or 0 to exit):

     1: plot: All
     2: plot: Residuals vs Fitted Values
     3: plot: Sqrt of abs(Resid.) vs Fitted Values
     4: plot: Response vs Fitted Values
     5: plot: Normal QQplot of Residuals
     6: plot: r-f spread plot
     7: plot: Cook's Distances
```

Ein Hinweis sei angebracht: Wenn vor dem Aufruf der Funktion das Grafikfenster in eine Matrix aufgeteilt wird, wird verhindert, daß viele Grafiken hintereinander angezeigt und stattdessen auf einem Bildschirm gezeigt werden. Dazu kann `par(mfrow=c(3,2))` aufgerufen werden.

Extraktion weiterer Elemente aus einem Modell

Ein berechnetes Modell, das in einer Variable abgelegt ist, kann mit verschiedenen Funktionen bearbeitet werden. Wir haben bereits `resid` kennengelernt, um die Residuen zu extrahieren, und `fitted`, um die angepaßten Werte zu erhalten. Weiterhin kann mit `predict` die Prädiktion für weitere Werte basierend auf dem gegebenen Modell errechnet werden, mit `se.fit` kann der Standardfehler der Anpassung ausgegeben werden, und mit `pointwise` können punktweise Konfidenzintervalle errechnet werden.

Polynomialeffekte

Die Funktion `poly` erlaubt, einen polynomialen Term aufzubauen. Um einen solchen Term in einem Modell zu spezifizieren, kann `poly (X,3)` angegeben werden.

Indikatorvariablen

Indikatorvariablen, die logische Werte anzeigen, die durch 1 (wahr) und 0 (falsch) kodiert sind, können von S-PLUS generiert werden. Die Funktion `I` nimmt einen logischen Ausdruck, wertet ihn aus und retourniert die Indikatorvariable. Ein Ausdruck wie `(age > 50)` kann verwendet werden, um einen Datensatz in junge und alte Personen zu unterteilen.

Faktorvariable

Faktorvariable sind Variable, die nur spezielle Werte annehmen können und im allgemeinen nicht numerisch kodierbar sind. Ein Beispiel wäre Geschlecht (m, w) oder Religionszugehörigkeit (katholisch, protestantisch, jüdisch, andere, keine). Würden wir diese Variablen mit Zahlen kodieren, würden wir eine Ordnung einführen, die keinen Sinn machte, weil die Kodierung keinen Einfluß auf das Ergebnis nehmen darf. Würden wir aber die Kodierung 1=katholisch, 2=protestantisch, 3=jüdisch, usw., vornehmen, würde genau dies passieren.

Daher werden solche Variablen als Faktoren kodiert, für die die Effekte einzeln, d.h. pro Gruppe, betrachtet werden müssen. Ein Faktor ist ein eigener Datentyp in S-PLUS, der mit der Funktion `factor` erzeugt wird.

Wir erstellen einen Faktor, indem wir die Variable `Education` aus dem Datensatz `swiss.x` in Gruppen unterteilen.

```
> Edu.Level <- factor (cut (swiss.x[,"Education"],
+ breaks=c(0, 5, 10, 100),
+ labels=c("low", "average", "high")))
> is.factor (Edu.Level)
     T
```

Die optionalen Breaks (Intervallgrenzen) geben an, wo der Datensatz unterteilt werden soll. Die Namen der Gruppen sind ebenso optional und können mit dem Parameter `labels` angegeben werden. Unsere neu erstelle Kategorie namens "low" reicht von 0 bis 5, "average" reicht von 5 bis 10 und "high" von 10 bis 100. Wir verwenden `is.factor`, um zu überprüfen, ob S-PLUS die Variable `Edu.Level` als Faktor erkennt.

Was passiert, wenn ein Regressionsmodell mit Faktorvariablen angepaßt wird? Führe eine Berechnung eines linearen Regressionsmodells durch, indem die Variable `swiss.fertility` durch die neu erstellte Variable `Edu.Level` erklärt wird.

Was passiert, wenn eine weitere Regression durchgeführt wird auf den Werten der gruppierten Daten, die numerisch kodiert sind? Verwende `unclass` und `as.vector`, um aus `Edu.Level` eine numerische Variable zu erzeugen.

7.4.2 Varianzanalyse (ANOVA)

Varianzanalyse oder Analysis of Variance (ANOVA) ist ein statistisches Verfahren, das eine kontinuierliche Variable durch eine (im univariaten Fall) oder mehrere (im multivariaten Fall) klassifizierende Variable erklärt. Prinzipiell ist eine Varianzanalyse ein lineares Regressionsmodell, in dem die unabhängigen Variablen Faktorvariablen sind. Die Resultate werden allerdings in einer anderen Form dargestellt und auch interpretiert. Wir wollen dies anhand der Daten `swiss.data` untersuchen.

Zunächst wollen wir mittels `attach` direkt auf alle Variablen des Datensatzes `swiss.data` zugreifen.

```
> attach (swiss.data)
```

Um eine Varianzanalyse durchzuführen, wollen wir die Variable Ausbildung (`Education`) in eine faktorielle Variable mit drei Klassen überführen, so wie wir es am Ende des letzten Abschnitts gesehen haben.

```
> Edu.Level <- factor(cut(Education,
+ breaks=c(0, 5, 10, 100),
+ labels=c("low", "average", "high")))
> Edu.Level
        high average low average high average ...
```

Die Funktion aov kann genau wie die Funktion `lm` verwendet werden, um das Modell zu beschreiben und anzupassen.

```
> Model.Anova <- aov (Fertility ~ Edu.Level)
```

Mit einem `summary` können die Ergebnisse, die in `Model.Anova` gespeichert sind, übersichtlich dargestellt werden. Wir bekommen eine ANOVA-Tabelle mit Freiheitsgraden, Quadratsummen und F-Werten mit zugehörigen p-Werten angezeigt.

```
> summary (Model.Anova)
```

	Df	Sum of Sq	Mean Sq	F Value	Pr(F)
Edu.Level	2	1350.89	675.446	5.10027	0.010183
Residuals	44	5827.06	132.433		

Wir erhalten einen sehr hohen F-Wert und demzufolge einen kleinen p-Wert. Ausbildung ist daher sehr stark erklärend für Fertilität, wie wir auch bereits im linearen Regressionsmodell gesehen haben.

Die ANOVA–Tabelle zeigt uns an, daß die Variable `Edu.Level` zwei Freiheitsgrade besitzt. Diese zwei Freiheitsgrade können wir aufbrechen und einen linearen und einen quadratischen Term (Kontrast) in das Modell einbauen. Sehen wir uns das Modell an, wenn wir einen linearen und einen quadratischen Kontrast einbauen.

```
> summary (Model.Anova,
+ split=list(Edu.Level=list(L=1, Q=2)))
```

	Df	Sum of Sq	Mean Sq	F Value	Pr(F)
Edu.Level	2	1350.89	675.45	5.1003	0.0102
Edu.Level:L	1	3.29	3.29	0.0248	0.8755
Edu.Level:Q	1	1347.60	1347.60	10.1757	0.0026
Residuals	44	5827.06	132.43		

Wir sehen, daß nun der lineare und der quadratische Kontrast als Untereinträge von `Edu.Level` angezeigt werden, und es wird klar ersichtlich, daß der signifikante Teil der quadratische Kontrast ist und nicht der lineare.

Dies ist die Art, wie ANOVA zumeist verwendet wird: Testen auf gewisse Effekte. Da die Grundlage ein Regressionsmodell ist, können die Koeffizienten der Regression ausgegeben werden. Da die unabhängigen Variablen Faktoren sind, erhalten wir einen Regressionskoeffizienten pro Gruppe des Faktors mit Ausnahme einer Gruppe, da diese Information sich aus den anderen ergibt.

```
> coef (Model.Anova)
        (Intercept)   Edu.Level1   Edu.Level2
           70.70725       -1.135    -3.797745
```

Dies sind nur die Grundlagen einer Varianzanalyse. Wer mit der Materie vertraut ist, wird in den Funktionen `aov` und **anova** sowie in **summary.aov** weitere Möglichkeiten finden, Modellierungen vorzunehmen.

7.4.3 Logistische Regression

Bisher haben wir uns nur auf abhängige Variable mit kontinuierlichen Ausprägungen konzentriert. Binäre Variablen sind eine weitere häufig anzutreffende Kategorie. Binär bedeutet, daß die Variable genau zwei Ausprägungen hat, die meist mit 0 und 1 bezeichnet werden, wobei 0/1 für Kopf/Zahl bei einem Münzwurf, Erfolg/Mißerfolg bei einem

Experiment oder Vorhanden/nicht vorhanden bei medizinischen Untersuchungen stehen kann. In solchen Fällen ist logistische Regression ein bekanntes Verfahren, um binäre Daten zu modellieren.

Logistische Regression fällt in den größeren Rahmen der generalisierten linearen Modelle (GLM), und S-PLUS bietet eine Funktion an, um die GLM–Modelle mit einer Funktion zu berechnen, die Funktion **glm**. Die nichtparametrische Erweiterung der generalisierten additiven Modell (**gam**) steht ebenfalls zur Verfügung.

Die Familie der generalisierten linearen Modelle umfasst viele Regressionsmodelle, unter anderem schließt sie die Normal–, Binomial–, Poisson– und Gamma–Verteilungen ein.

Wir wollen ein logistisches Regressionsmodell anpassen und verwenden dazu einen Datensatz aus der Medizin, der bereits mit S-PLUS installiert ist.

Tabelle 7.3 faßt die Variablen des Datensatzes **kyphosis** zusammen.

Tabelle 7.3. Die Variablen des Kyphosis–Datensatzes **kyphosis**

Variable	Beschreibung
Kyphosis	Vorhandensein bzw. Nichtvorhandensein der postoperativen Deformation der Wirbelsäule
Age	Alter des Kindes in Monaten
Number	Anzahl der operierten Wirbel
Start	Erster operierter Wirbel des Gesamtbereichs

Wir wollen untersuchen, ob bei den operierten Kindern ein Zusammenhang zwischen dem Vorhandensein der Deformation nach der Operation und dem Alter, der Anzahl der operierten Wirbel und dem ersten der operierten Wirbel (der Lokation) besteht. Daraus lassen sich Fragen untersuchen wie "sind junge Kinder empfindlicher oder robuster" oder "hängt das Vorhandensein der Deformation von den operierten Wirbeln ab"?

Wir passen ein logistisches Modell zur Klärung dieser Fragen an und verwenden die Funktion **glm**. Die Verteilungsfamilie ist binomial, was im Aufruf der Funktion **glm** angegeben werden muß, da ansonsten ein Normalverteilungsmodell angepaßt wird.

```
> Modell.logist <- glm (Kyphosis ~ Age+Number+Start,
+ family=binomial, data=kyphosis)
```

Die Ergebnisse werden mit der Funktion **summary** ausgegeben.

```
> summary (fit.kyph)


Call: glm (formula = Kyphosis ~ Age + Number + Start,
family = binomial, data = kyphosis)
Deviance Residuals:
        Min         1Q      Median        3Q       Max
 -2.312363 -0.5484308 -0.3631876 -0.1658653 2.16133


Coefficients:
                  Value Std. Error    t value
(Intercept) -2.03693225 1.44918287 -1.405573
        Age  0.01093048 0.00644419  1.696175
     Number  0.41060098 0.22478659  1.826626
      Start -0.20651000 0.06768504 -3.051043


(Dispersion Parameter for Binomial family taken to be 1)


    Null Deviance: 83.23447 on 80 degrees of freedom


Residual Deviance: 61.37993 on 77 degrees of freedom


Number of Fisher Scoring Iterations: 5


Correlation of Coefficients:
          (Intercept)        Age      Number
    Age -0.4633715
 Number -0.8480574   0.2321004
  Start -0.3784028  -0.2849547   0.1107516
```

Die Zusammenfassung gibt uns einen detaillierten Überblick über das
angepaßte Modell. Zunächst wird das gewählte Modell ausgegeben,
anschließend Informationen über die Residuen, die geschätzten Koeffizienten, weitere Modellinformationen, die Anzahl der verwendeten
Iterationen und die Korrelationsmatrix der Koeffizienten.

Die angegebenen t-Werte sind partielle t-Tests, für alle anderen Mo-
dellfaktoren ist adjustiert worden. Wer daraus p-Werte ableiten will,
sollte dies im vorangegangen Kapitel über Verteilungen gelernt haben.
An der Größe der Werte läßt sich bereits ablesen, daß der wichtigste
Einflußfaktor scheinbar der erste operierte Wirbel (Start) ist.

Die Modellierungstechniken und die Art der Spezifikation von Modellen, wie wir sie kennengelernt haben, läßt sich genau gleich auf

generalisierte lineare Modelle anwenden (was jetzt ausprobiert werden kann! Gibt es einen gemeinsamen Effekt von Alter des Kindes und Anzahl operierter Wirbel?).

7.4.4 Überlebenszeitenanalyse

Überlebenszeitenanalyse stammt aus dem Bereich der Medizin. In der Medizin wird gemessen, wie lange Patienten, nachdem eine Krankheit diagnostiziert wurde, überleben. Dazu existieren mehrere Patientengruppen, z. B. eine Gruppe, die ein bestimmtes Medikament nimmt, und eine andere mit einem Alternativmedikament (oder keinem). Dies geschieht, um ein Medikament auf seine Wirkung hin zu überprüfen. Allgemeiner sind Überlebenszeitenmodelle anwendbar auf Daten, bei denen die Zeit bis zum Eintreten eines gewissen Ereignisses gemessen wird (in Tagen, Monaten, oder anderen Zeiteinheiten). Es kann zum Beispiel gemessen werden, wie lange eine Maschine nach einer Reparatur noch funktioniert, um festzustellen, ob sich solche Reparaturen lohnen. In dieser Anwendung wird die Zeit bis zum Ausfall der Maschine gemessen.

Überlebenszeitenanalysen sind mit vielen Problemen in den Daten konfrontiert, insbesondere in der Medizin. Patienten erscheinen nicht mehr zur Kontrolle und der Zustand ist nicht bekannt oder nur ein Teil des Verlaufs ist bekannt, weil die Studie sich nicht über Jahrzehnte erstrecken kann. Dieses Problem nennt man Zensierung, die Daten sind ab einem gewissen Zeitpunkt (der letzten Kontrolle) zensiert und es ist nichts über den weiteren Verlauf bekannt, sei es, weil der Patient nicht mehr erschienen ist oder weil das Protokoll abgeschlossen wird.

Viele Verfahren sind entwickelt worden, um solche Daten zu analysieren. Das klassische Verfahren sind die Kaplan–Meier–Kurven, in letzter Zeit sind einige Forschungen in die Richtung von Martingalen gegangen, und S-PLUS bietet auch diese Funktionalität an.

Wir wollen uns in diesem Rahmen auf elementare Verfahren beschränken, um zu zeigen, wie die Vorgehensweise ist. Die Handbücher sowie Venables und Ripley gehen in mehr Detail auf diese Thematik ein.

Überlebenszeiten–Daten bestehen aus zwei "Teilen", der Zeit bis zum Eintreten eines Ereignisses und der Beschreibung des Ereignisses, ob eine Zensierung auftritt (die Variable fällt aus der Beobachtung heraus) oder ob das Ereignis eintritt, das beobachtet werden soll. Zusätzlich gibt eine weitere Variable an, in welche Gruppe die Beobachtung gehört, ob ein Patient mit Medikament A oder B behandelt wurde beispielsweise.

Ein typischer Datensatz für Überlebenszeitenanalyse sind die Leukämie–Daten, die als Datensatz **leukemia** vorliegen. Die Daten sind während einer Studie zur Untersuchung der Effizienz von Chemotherapie für Leukämiepatienten erhoben worden. Die Variablen sind in Tabelle 7.4 beschrieben. Details finden sich in den Hilfsseiten von S-PLUS.

Tabelle 7.4. Die Variablen des Leukämie–Datensatzes **leukemia**

Variable	Beschreibung
time	Zeit bis zum Nachlassen in Wochen nach einer Chemotherapie
status	Indikatorvariable: 1=Nachlassen, 0=Zensierung zu diesem Zeitpunkt
group	Behandlungsgruppe betreut (maintained) oder nicht betreut (nonmaintained)

Zunächst müssen die Daten in Form eines Überlebenszeiten–Datensatzes aufbereitet werden. Wir passen ein erstes Modell an und berechnen eine Überlebenskurve mit der Funktion **survfit**. Die Funktion **Surv** wird verwendet, um die zusammengesetzte abhängige Variable zu spezifizieren, die vom Typ "Surv" ist. Die Funktion **survfit** kann mehrere Arten von Kurven (Kaplan–Meier, Flemington–Harrington oder Cox Proportional Hazards) errechnen.

```
> Model.surv <- survfit(Surv(time,status) ~ group,
+ data=leukemia)
> summary (Model.surv)
```

```
Call: survfit (formula = Surv (time, status) ~ group,
data = leukemia)
```

group=Maintained

time	risk	n.event	survival	std.err	lower 95% CI	upper 95% CI
9	11	1	0.909	0.0867	0.7541	1.000
13	10	1	0.818	0.1163	0.6192	1.000
18	8	1	0.716	0.1397	0.4884	1.000
23	7	1	0.614	0.1526	0.3769	0.999
31	5	1	0.491	0.1642	0.2549	0.946
34	4	1	0.368	0.1627	0.1549	0.875
48	2	1	0.184	0.1535	0.0359	0.944

group=Nonmaintained

time	risk	n.event	survival	std.err	lower 95% CI	upper 95% CI
5	12	2	0.8333	0.1076	0.6470	1.000
8	10	2	0.6667	0.1361	0.4468	0.995
12	8	1	0.5833	0.1423	0.3616	0.941
23	6	1	0.4861	0.1481	0.2675	0.883
27	5	1	0.3889	0.1470	0.1854	0.816
30	4	1	0.2917	0.1387	0.1148	0.741
33	3	1	0.1944	0.1219	0.0569	0.664
43	2	1	0.0972	0.0919	0.0153	0.620
45	1	1	0.0000	NA	NA	NA

Das Anwenden der Funktion **summary** erzeugt hier eine völlig andere Darstellung als bei ANOVA-Tabellen oder linearen Regressionsmodellen. Dies liegt an der Objektorientiertheit der Funktion **summary**. Objektorientiertheit und wie man diese selbst nutzen kann, werden wir uns noch im Kapitel über Programmieren ansehen.
Wir erhalten die geschätzten Überlebenswahrscheinlichkeiten an allen Zeitpunkten, an denen sich einer oder mehrere Zustände ändern. Zusätzlich sind die Anzahl der Ereignisse, der Standardfehler und das Konfidenzintervall an jedem Zeitpunkt angegeben. Beispielsweise ist die geschätzte Überlebenswahrscheinlichkeit der ersten betreuten Gruppe nach 13 Wochen etwa 82 Prozent und nach 31 Wochen immer noch 49 Prozent, wohingegen die nicht betreute Gruppe nach 12 Wochen eine Überlebenswahrscheinlichkeit von (geschätzt) 58 Prozent und nach 30 Wochen von nur noch 29 Prozent besitzt.

Die Variable, die das angepaßte Modell enthält, kann auch ohne die Summary–Funktion ausgegeben werden, wobei die Standardfunktion print zum Einsatz kommt.

```
> Modell.surv


Call: survfit (formula=Surv(time,status)~group,
              data=leukemia)


                  n events mean se(mean) median 0.95 0.95
                                                    LCL  UCL
   Maintained 11      7 52.6    19.83     31    18   NA
Nonmaintained 12     11 22.7     4.18     23     8   NA
```

Wir erhalten Kennzahlen zu den beiden Gruppen, wobei die wesentliche Information ist, daß in der ersten Gruppe der Median der Überlebenszeiten bei 31 Wochen liegt und in der zweiten bei 23 Wochen. Das obere Konfidenzlimit zum Niveau 5 Prozent kann bei beiden Gruppen nicht angegeben werden, das untere liegt bei 18 bzw. 8 Wochen.
Die nächste Frage könnte sein, ob diese Unterschiede zwischen den beiden Gruppen statistisch signifikant sind. Die Funktion survdiff kann uns die Antwort auf diese Frage liefern.

```
> survdiff (Surv (time, status) ~ group, leukemia)

                      N  Observed  Expected  (O-E)^2/E
   group=Maintained  11         7     10.69       1.27
group=Nonmaintained  12        11      7.31       1.86


Chisq=3.4 on 1 degrees of freedom, p= 0.0653
```

Überlebenszeitenanalyse ist ein Thema, für das S-PLUS zahlreiche Routinen zur Analyse der Daten bereithält. Die Hilfstexte enthalten eigene Kapitel zum Thema Überlebenszeiten. Das Kommando

```
> help (survival)
```

gibt weitere Informationen. Ebenso sei erneut auf Venables und Ripley verwiesen, die umfassend in diese Thematik einführen. Ein letzter Hinweis sei gestattet auf die Funktion coxph zu Cox Proportional Hazards Regressionsmodellen, die sich zum Standard in der Überlebenszeitenanalyse entwickelt haben.

7.5 Aufgaben

Aufgabe 7.1

Die Variable Ausbildung (`Education`) des Datensatzes `swiss.x` bzw. `swiss.data`, den wir im Verlaufe des Kapitels erstellt haben, soll in vier Kategorien unterteilt werden, die in etwa gleich stark besetzt sind. Für jede Kategorie soll eine Indikatorvariable erstellt werden, die den Wert 1 hat, wenn eine Beobachtung in diese Kategorie fällt und 0 sonst. Daraus erhalten wir vier Indikatorvariablen, die zusammen eine Matrix ergeben, die wir für eine multiple Regression verwenden wollen.

Wie hoch liegt das mittlere Ausbildungsniveau in jeder Gruppe?

Gibt es einen Unterschied bezüglich der mittleren Fertilität (Fruchtbarkeit) der Bevölkerung zwischen den Gruppen?

Welche Schlußfolgerungen, neben denen, die wir schon zuvor betrachtet haben, können gezogen werden?

Hinweise:

Der Data Frame kann neu erstellt werden durch

```
> swiss.data <- data.frame(Fertility=swiss.fertility,
+ swiss.x)
```

Eine Beschreibung des Datensatzes findet sich auf Seite 181.

Die Funktionen `cut`, `cbind` und `rank` sind hilfreich zum Bearbeiten der Fragen.

Aufgabe 7.2

Wir wollen den Geysir–Datensatz näher untersuchen (siehe auch
S. 36). Wir wollen den Zusammenhang zwischen Eruptionslänge und
deren Abhängigkeit von der Wartezeit untersuchen. Da Touristen
gern wissen möchten, wie lange sie bis zur nächsten Eruption warten müssen und wie lange diese dann dauert, wollen wir eine lineare
Regression durchführen, um die zweite Frage in etwa zu beantworten.
Dazu soll der Datensatz grafisch dargestellt und eine lineare Regressionsgerade hinzugefügt werden.
In der Grafik sind zwei Punktewolken erkennbar, die nach "Wartezeit
bis zu 70 Minuten" und "Wartezeit über 70 Minuten" in etwa separiert werden können. Führe für diese zwei Gruppen getrennte lineare
Regressionen durch und zeichne bis "Wartezeit=70" die erste Gerade
ein, danach die zweite, und verbinde beide.
Die Grafik soll schlußendlich mit einer Legende versehen werden.

7.6 Lösungen

Lösung zu Aufgabe 7.1

Wir führen eine multiple Regression auf den Daten `swiss.data` durch, unter Verwendung der Variablen Ausbildung (`Education`), um die Fertilität in den verschiedenen Provinzen zu erklären.
Zunächst kategorisieren wir die Variable `Education`.

```
> attach (swiss.data)
> Edu.Groups <- cut(rank(Education), breaks=4)
```

Die Funktion **rank** weist den Daten Ränge (Ordnungszahlen) zu, so daß **cut** in der Lage ist, daraus Gruppen zu generieren. Wird nur eine Zahl für das Argument **breaks** angegeben, nimmt S-PLUS an, daß dies die Anzahl der zu generierenden Gruppen darstellt.
Die Mittelwerte für jede Gruppe der Ausbildung errechnen wir, indem wir jeweils die zugehörigen Werte selektieren und den Mittelwert errechnen.

```
> mean(Education[Edu.Groups==1])
      2.9
> mean(Education[Edu.Groups==2])
      7
> mean(Education[Edu.Groups==3])
      10.72727
> mean(Education[Edu.Groups==4])
      24
```

Die Werte sind (logischerweise) aufsteigend.
Analog kann mit den Fertilitätsdaten verfahren werden.

```
> mean(Fertility[Edu.Groups==1])
      75.64
> mean(Fertility[Edu.Groups==2])
      75.21333
> mean(Fertility[Edu.Groups==3])
      67.73636
> mean(Fertility[Edu.Groups==4])
      60.63636
```

Tendenziell scheint mit höherer Ausbildung die Fertilität geringer zu werden.

Die Indikatorvariable, die für eine Gruppe anzeigt, ob ein Element dazugehört oder nicht, läßt sich auf verschiedene Arten erstellen. Wir zeigen zwei Möglichkeiten von vielen.

```
> edu.g1 <- rep (0, length (Education))
> edu.g1 [Edu.Groups==1] <- 1
```

edu.g1 enthält 0 für eine Beobachtung, die nicht zu Gruppe 1 gehört, und 1 für eine Beobachtung, die Gruppe 1 zugeordnet ist. Ein TRUE/ FALSE–Vektor kann mit der Indikatorfunktion I erstellt werden.

```
> edu.g1 <- I(Edu.Groups==1)
```

Dieser Vektor kann auch in Werte von 0 und 1 überführt werden, wenn wir die logischen Werte in numerische Werte konvertieren.

```
> edu.g1 <- as.numeric(edu.g1)
```

Analog verfahren wir mit den anderen Gruppen.

```
> edu.g2 <- edu.g3 <- edu.g4 <- rep(0,length(Education))
> edu.g2 [Edu.Groups==2] <- 1
> edu.g3 [Edu.Groups==3] <- 1
> edu.g4 [Edu.Groups==4] <- 1
> edu.X <- cbind(edu.g1, edu.g2, edu.g3, edu.g4)
> edu.lm <- lm (Fertility ~ edu.X)
        Error in lm.fit.qr(x, y):
        computed fit is singular, rank 4
        Dumped
```

S-PLUS hat bei der Regression festgestellt, daß die Matrix der unabhängigen Variablen nicht vollen Rang hat, und natürlich hat S-PLUS recht: Die Summe jeder Zeile unserer Matrix edu.X ist gleich 1, so daß der Achsenabschnitt redundant ist. Wir passen ein Modell ohne Achsenabschnitt an, indem wir den Intercept (Achsenabschnitt) subtrahieren.

```
> edu.lm <- lm (Fertility ~ edu.X - 1)
> summary(edu.lm)
```

```
Call: lm(formula = Fertility ~ edu.X - 1)
Residuals:
           Min       1Q  Median        3Q        Max
        -25.64   -6.786  -2.236     7.887      22.26

Coefficients:
                Value    Std.    t value   Pr(>|t|)
                         Error
edu.Xedu.g1   75.6400   3.5543  21.2811    0.0000
edu.Xedu.g2   75.2133   2.9021  25.9169    0.0000
edu.Xedu.g3   67.7364   3.3889  19.9876    0.0000
edu.Xedu.g4   60.6364   3.3889  17.8925    0.0000

Residual standard error:
11.24 on 43 degrees of freedom
Multiple R-Squared: 0.9772
F-statistic: 461.1 on 4 and 43 degrees of freedom,
the p-value is 0

Correlation of Coefficients:
                edu.X    edu.X      edu.X
                edu.g1   edu.g2     edu.g3
edu.Xedu.g2       0
edu.Xedu.g3       0        0
edu.Xedu.g4       0        0          0
```

Wie zuvor durch die Gruppenbildung definiert, steigt das Ausbildungsniveau von Gruppe zu Gruppe an. Wir haben auch bereits erahnt, daß ein negativer Zusammenhang zur Fertilität besteht. Die ersten beiden Koeffizienten sind ungefähr gleich, die darauffolgenden werden kleiner, woraus ein Zusammenhang vermutet werden könnte, der nicht unbedingt linear ist. Dies wäre eine Überprüfung wert.

Lösung zu Aufgabe 7.2

Wir führen eine lineare Regression auf dem gesamten Geysir–Datensatz und auf zwei Untergruppen durch.

```
> attach (geyser)              # auf Daten zugreifen
```

Als erstes erstellen wir eine Grafik der Daten. Wenn das Grafik-Fenster bereits geöffnet ist, können wir die Grafik erstellen lassen.

```
> plot (waiting, duration, xlab="Wartezeit",
+ ylab="Eruptionsdauer")
```

Wir berechnen ein lineares Regressionsmodell für den gesamten Datensatz und für die zwei Gruppen "Wartezeit bis zu 70 Minuten" und "Wartezeit über 70 Minuten".

```
> geyser.lm <- lm (duration ~ waiting, data=geyser)
> geyser.lm.1 <- lm (duration[waiting <= 70] ~
+ waiting[waiting <= 70], data=geyser)
> geyser.lm.2 <- lm (duration[waiting > 70] ~
+ waiting[waiting > 70], data=geyser)
```

Diese zwei Gruppierungen können auch durch die Funktion lm durchgeführt werden. Der Parameter **subset** spezifiziert, welche Daten in die Regression eingeschlossen worden sollen.

```
> geyser.lm.1 <- lm (duration ~ waiting,
+ subset=waiting<=70, data=geyser)
> geyser.lm.2 <- lm (duration ~ waiting,
+ subset=waiting>70, data=geyser)
```

Jetzt können wir die Geraden einzeichnen. Zunächst die Gesamtanpassung.

```
> abline (geyser.lm, col=1, lty=1)
```

Nun die zwei Gruppen in anderen Farben und Linientypen. Dazu berechnen wir je einen Anfangspunkt und einen Endpunkt der Geraden, da die erste bei x=70 enden soll und die zweite Gerade dort beginnt. Der Anfangspunkt der ersten Geraden soll die äußerste linke Ecke der Grafik sein, die wir abfragen. Ebenso verfahren wir mit dem Endpunkt der zweiten Geraden auf der rechten Seite. Wir könnten aber auch Minimum und Maximum der Daten verwenden.

```
> x1 <- c(par("usr")[1], 70)
> x2 <- c(par("usr")[2], 70)
```

Die Koeffizienten des Modells extrahieren wir mittels **coefficients**.

```
> coefficients (geyser.lm.1)
      (Intercept)       waiting
        5.135634    -0.013214
> coefficients (geyser.lm.2)
      (Intercept)       waiting
        7.143795    -0.05167758
```

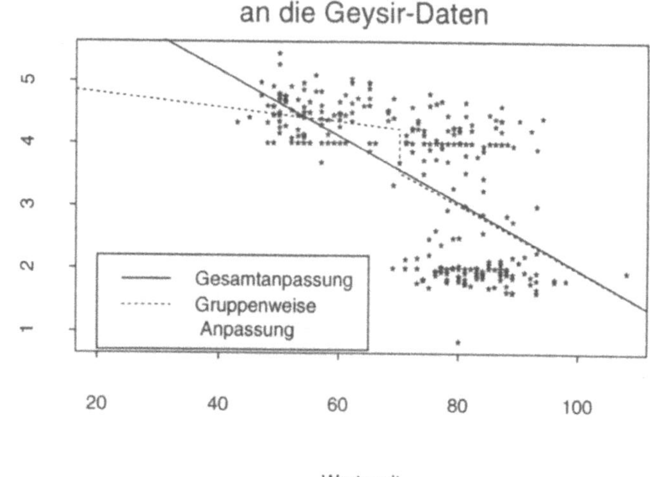

Abbildung 7.2. Lineare Regressionsgeraden für die Geysir–Daten

Daraus können wir über die Regressionsbeziehung y=Intercept + waiting*x die geschätzten Werte für unsere beiden Teilgeraden bzw. deren Endpunkte errechnen.

```
> a1 <- coefficients(geyser.lm.1)[1]
> b1 <- coefficients(geyser.lm.1)[2]
> a2 <- coefficients(geyser.lm.2)[1]
> b2 <- coefficients(geyser.lm.2)[2]
> y1 <- a1+b1*x1
> y2 <- a2+b2*x2
```

Wer will, kann diese Befehle auch in zwei Zeilen abhandeln.

```
> y1 <- coefficients(geyser.lm.1)[1]+
+ coefficients(geyser.lm.1)[2]*x1
> y2 <- coefficients(geyser.lm.2)[1]+
+ coefficients(geyser.lm.2)[2]*x2
```

Wir fassen die beiden Teilgeraden zu einer zusammen und zeichnen die Anpassungsgerade, die aus zwei Teilstücken besteht.

```
> lines (c(x1, x2), c(y1, y2), col=2, lty=2)
```

Schlußendlich fügen wir mit der Funktion **legend** eine Legende hinzu, die wir in der linken unteren Ecke plazieren.

```
> leg <- c("Gesamtdaten", "Gruppiert")
> legend (c(20, 65), c(0.7, 2.2), leg, col=c(1:2),
+ lty=1:2)
```

Daraus entsteht Abbildung 7.2.

8. Programmieren

"Writing program code is a good way
of debugging your thinking."

Bill Venables in S–News
Februar 1997

Die ersten Kapitel befaßten sich mit interaktivem Arbeiten mit einfachen Programmierbefehlen. Darauf aufbauend wollen wir uns mit Konstruktionen wie Schleifen, dem Schreiben von Funktionen, Fehlersuche (Debugging), objektorientierten Methoden und weiteren praktischen Anwendungen beschäftigen.

8.1 Iteration

Eine Iteration besteht aus einer Sequenz von einem oder mehreren Befehlen, die wiederholt ausgeführt werden. Das Wiederholen der Befehle endet, wenn eine bestimmte Bedingung erfüllt wird oder nachdem eine Variable eine Reihe von Werten durchlaufen hat.
In Programmiersprachen, die nicht auf Datenstrukturen wie Vektoren und Matrizen aufbauen, wie Pascal, C oder Fortran, besteht eine Matrix–Multiplikation bereits aus drei geschachtelten Schleifen. Die Schleifen (oder Iterationen) haben je einen Index, der die Zeilen, die Spalten und die jeweiligen Elemente durchläuft.
S-PLUS ist eine matrix– und vektor–orientierte Programmiersprache. Matrix– und vektor–orientiert bedeutet, daß Operationen auf Vektoren und Matrizen durch entsprechende Operatoren und Operationen unterstützt sind. Daher sind solche Befehle eleganter, einfacher zu lesen und schneller in der Ausführung. Der folgende Hinweis ist eine der wichtigsten Regeln, die man sich unbedingt merken sollte, wenn man S-PLUS-Programme schreibt.

| Hinweis | Wenn möglich, sollten explizite Schleifen und Iterationen vermieden werden. Die meisten Befehle, die in anderen Programmiersprachen Schleifen (while, for, repeat) benötigen, kommen in S-PLUS ohne Iterationen aus. Zusätzlich sind Operationen auf vektorisierten oder matrix–orientierten Strukturen fast immer wesentlich eleganter und schneller.

Daher gilt als Programmierregel in S-PLUS: Versuche, auf Vektoren und Matrizen zu arbeiten und Befehle wie `apply`, `lapply`, `tapply` zu verwenden.   ◁

Wir betrachten ein einfaches Beispiel, wie man auch ohne Iteration auskommen kann. Die Effekte sind beachtlich. Die Zeitangaben gelten für einen PC 486/50. Wir definieren einen Vektor **x** mit 50 000 Elementen und wollen für jedes Element von **x** den Sinus berechnen, den wir in einem entsprechenden Element des Vektors **y** speichern. In S-PLUS würden die folgenden zwei Zeilen ausreichen:

```
> x <- 1:50000              # Initialisierung
> y <- x^2
```

Andererseits könnte man auch, wie in C, eine Schleife konstruieren und über eine Zählvariable iterieren, die von 1 bis 50 000 läuft:

```
> x <- y <- 1:50000              # Initialisierung
> for (i in 1:50000) y[i] <- x[i]^2
```

Dieses kleine Programm liefert exakt das gleiche Ergebnis wie das vektorbasierte Programm zuvor. Es wird sehr deutlich, daß das erste Programm viel einfacher zu lesen und zu verstehen ist, und zudem braucht der genannte Computer etwa zwei Sekunden, um es auszuführen. Das zweite Programm mit der expliziten Schleife benötigt etwa zwei Minuten oder sechzig Mal länger.

Wir wollen uns nun ausführlicher mit den drei Arten von Iterationen, `for`, `while` und `repeat`, befassen.

8.1.1 Die `for`–Schleife

Eine Schleife oder Iteration ist ein simples Konstrukt. Wem sie noch unbekannt ist, der versteht die Funktionsweise am ehesten anhand eines Beispiels. Die for–Schleife ist die vielleicht einfachste Art einer Schleife.

In S-PLUS lautet die generelle Syntax

```
> for (variable in values) { S commands }
```

und ein einfaches Beispiel wäre

```
> for (i in 1:10) { print (i) }
```

Wenn dem `for`-Befehl lediglich ein einzelnes Kommando wie `print`
(i) folgt, können die Klammern { und } weggelassen werden, aus
Gründen der Konsistenz und um Fehler zu vermeiden, sollten sie jedoch immer verwendet werden.

Die Schleifenvariable *ivalues* kann fast alle Datenstrukturen annehmen, die in S-PLUS bekannt sind. So kann ein Vektor oder eine Matrix als Schleifenvariable verwendet werden. Ebenso kann sie verschiedene Datentypen haben, numerisch (numeric), Zeichenkette (character), Wahrheitswerte oder andere. Dies ist eine Erweiterung zu Schleifen in Sprachen wie Pascal oder Fortran, wo die Schleifenvariable im
allgemeinen eine ganzzahlige Variable ist, die von 1 bis n läuft, wobei
n wieder eine ganze Zahl ist.

In jedem Durchlauf der Schleife wird die Laufvariable (hier i) durch
den nächsten Wert der Schleifenvariable ersetzt. Dies bedeutet, daß die
Anzahl der Durchläufe durch die Schleife von der Anzahl der Elemente
in der Schleifenvariable *ivalues* bestimmt wird. Betrachten wir einige
Beispiele.

Beispiel 8.1. Numerische Schleifenvariablen

```
> for (i in c(3,2,9,6)) { print (i^2) }
      9 4 81 36
```

◁

Beispiel 8.2. Zeichenketten als Schleifenvariablen

```
> transportmittel <- c("Auto", "Bus", "Zug", "Rad")
> for (gefaehrt in transportmittel) {print (gefaehrt)}
      "Auto"
      "Bus"
      "Zug"
      "Rad"
```

◁

| Hinweis | Schleifen geben keine Werte zurück, sie besitzen kein "return
argument". Um etwas auszugeben, muß daher die `print`-Funktion benutzt werden, im Gegensatz zur interaktiven Umgebung. Eine Schleife
wie die folgende

```
> for (x in 1:4) { x }
```

ist vermutlich gedacht, um jeweils den Wert von **x** in jedem Durchlauf auf den Schirm zu schreiben. Die Schleife wird komplett durchlaufen, und am Ende wird nur der letzte Wert, den **x** annimmt, ausgegeben. Eine Schleife, um jeden durchlaufenen Wert auszugeben, sieht daher so aus:

```
> for (x in 1:4) { print (x) }
```

◁

8.1.2 Die while-Schleife

Bei for–Schleifen, wie wir sie im vorherigen Abschnitt kennengelernt haben, ist die Anzahl der Durchläufe durch die Anzahl der Elemente in der Schleifenvariable bereits festgelegt, bevor die Iteration startet. Im Gegensatz dazu erlauben while–Schleifen, so lange durch eine Schleife zu laufen, bis eine Abbruchbedingung erfüllt ist. Wenn die Bedingung nie erfüllt wird, wird die Schleife unendlich oft durchlaufen, ohne abzubrechen. Diesen Fall kennt man unter dem Begriff Endlosschleife. Die while–Schleife wollen wir anhand eines kleinen Beispiels ansehen.

Beispiel 8.3. Eine einfache while–Schleife
Das folgende Programm addiert so lange die Zahlen 1, 2, 3, ..., bis deren Summe größer als 1000 ist.

```
> n <- 0
> sum.so.far <- 0
> while (sum.so.far <= 1000)
+ {
+   n <- n + 1
+   sum.so.far <- sum.so.far + n
+ }
```

In jedem Durchlauf wird die Variable **n** um eins erhöht und der jeweils aktuelle Wert von **n** zu der in **sum.so.far** gespeicherten Summe dazuaddiert.
Dieses kleine Programm ist schnell eingetippt. Welche Summe ergibt sich und wie oft wurde die Schleife durchlaufen?

◁

8.1.3 Die repeat-Schleife

Die dritte Art von Schleife ist die **repeat**-Schleife. Eine **repeat**-Schleife führt den Block von Befehlen innerhalb der Schleife so oft aus, bis das Abbruch-Kriterium erfüllt ist. Im Gegensatz zur **while**-Schleife wird nicht zu Beginn der Schleife überprüft, ob das Abbruch-kriterium erfüllt ist, sondern im allgemeinen am Ende. S-PLUS erweitert dieses Konzept, indem die Iteration überall innerhalb des Blocks abgebrochen werden kann. Der Abbruch erfolgt durch das Schlüsselwort **break**.

Beispiel 8.4. Eine einfache **repeat**-Schleife
Wir schreiben das Beispiel der **while**-Schleife um auf eine **repeat**-Schleife.

```
> n <- 0
> sum.so.far <- 0
> repeat
+ {
+  n <- n + 1
+  sum.so.far <- sum.so.far + n
+  if (sum.so.far > 1000) break
+ }
```

◁

Ein weiteres Schlüsselwort, das innerhalb von **repeat**-Blöcken verwendet werden kann, ist **next**. Wenn S-PLUS bei der Ausführung einer **repeat**-Schleife auf den Befehl **next** trifft, so wird die Iteration am Beginn des Blocks fortgesetzt (die nächste Schleife gestartet).
Mit einem **repeat**-Befehl ist es sehr einfach, eine Endlos-Schleife zu generieren, wenn man den Befehl **break** vergisst.

| Hinweis | Der wesentliche Unterschied zwischen **while** und **repeat** besteht darin, daß der **while**-Block unter Umständen völlig ausgelassen wird, wenn die Bedingung gleich zu Anfang nicht erfüllt ist. Hingegen wird der **repeat**-Block mindestens einmal durchlaufen.
Erfahrene Programmierer wissen vielleicht, daß jede **repeat**-Anweisung auch als **while**-Konstruktion dargestellt werden kann.   ◁

8.1.4 Vektorisieren von Schleifen

Wie zu Beginn festgehalten, sind Schleifen in S-PLUS in den meisten Fällen vermeidbar und zudem die weniger elegante Lösung. Da S-PLUS vektor- und matrizenorientiert arbeitet, lassen sich vielfach Schleifen in sehr kurze und leicht lesbare vektorisierte Programme umschreiben. Wir zeigen anhand eines kleinen Beispiels, wie ein solches Umschreiben vonstatten gehen kann.

Das folgende Programm soll wiederum so lange die Zahlen 1, 2, 3, ... aufaddieren, bis deren Summe größer als 1000 ist. Wir nehmen einen Vektor, der die Zahlen 1 bis 1000 enthält, summieren diese auf und suchen das Element des Vektors mit den aufsummierten Zahlen, das als erstes 1000 überschreitet.

```
> n <- 1:1000          # Initialisiere 1000 Werte
> s <- cumsum (n)      # Die kumulierte Summe
```

Nun selektieren wir die Summen aus s, die größer sind als 1000, und daraus wiederum den ersten Wert, also die kleinste Summe, die größer als 1000 ist.

```
> s [s > 1000] [1]
      1035
```

Das zugehoerige n ergibt sich analog aus Indexselektion über n.

```
> n [s > 1000] [1]
      45
```

Für große n ist diese Schleife weit schneller als eine Schleife, wo jeweils nur ein Wert dazuaddiert wird. Für sehr große n muß man allerdings gut abschätzen, wie viele Iterationen ungefähr notwendig sind, um den Vektor n nicht allzu groß zu machen.

8.2 Funktionen

Eine Funktion ist im Prinzip eine Folge von Befehlen, die als Einheit einen neuen Namen bekommen – den Namen der Funktion. Bei einem Aufruf der Funktion wird diese Sequenz von Befehlen nacheinander abgearbeitet. Funktionen erlauben dem Benutzer, das System um eigene Befehle zu erweitern. Viele der bekannten Programmiersprachen wie C oder Pascal ermöglichen die Definition von Funktionen, andere Systeme wie SAS bieten die Möglichkeit, Makros zu definieren.

S-PLUS bietet ein sehr modernes und ausgereiftes Funktionskonzept, das sich in Bezug auf Definition und Verwendung an C anlehnt. Funktionen haben Argumente, die übergeben und als lokale Variablen gehandhabt werden. Das Ergebnis wird in Form eines expliziten Return–Arguments an die aufrufende Routine zurückgegeben. Alle anderen Variablen sind lokal, also außerhalb der Umgebung, in der sie definiert werden, nicht bekannt.

Funktionen in S-PLUS und insbesondere deren Verwendung sind sehr ähnlich zu mathematischen Ausdrücken. Formeln lassen sich daher direkt umsetzen. In der Mathematik schreibt man beispielsweise $y = f(x)$, und in S-PLUS würde man

```
> y <- f(x)
```

schreiben.

Das Prinzip wird schnell klar, wenn wir eine Funktion schreiben, die als Eingabe eine Variable **x** erwartet und deren dritte Potenz, x^3, als Resultat zurückgibt. Die Funktion nennen wir **cube**.

```
> cube <- function (x) { return (x^3) }
```

Durch die obige Eingabe ist die Funktion **cube** definiert. Sie kann ab sofort wie jede andere S-PLUS–Funktion benutzt werden und auch nicht von diesen unterschieden werden. Der einzige Unterschied liegt darin, daß diese Funktion lokal im Arbeitsverzeichnis abgespeichert wird (und nicht im Systemverzeichnis). Die Funktion wird permanent abgespeichert, sie ist auch beim nächsten Start von S-PLUS noch verfügbar.

Das System behandelt unsere neue Funktion **cube** wie jede andere Funktion, so daß wir die volle Funktionalität und Flexibilität haben, ohne uns darum kümmern zu müssen. Wir können die dritte Potenz von 3, also 3*3*3 berechnen,

```
> cube (3)
      27
```

und ebenso eine Variable übergeben, die ein Vektor mit mehreren Elementen ist.

```
> x <- 1:5
> cube (x/2)
     0.125 1.000 3.375 8.000 15.625
```

Wir können die Funktion rekursiv aufrufen

```
> cube(cube(x))
      1 512 19683 262144 1953125
```

oder eine Matrix übergeben:

```
> x <- matrix (1:4,2,2)
> x
      1 3
      2 4
> cube (x)
      1 27
      8 64
```

Eine Funktion kann ein Argument haben, wie das Argument x in
cube, genausogut kann sie mehrere oder überhaupt keine Argumente
haben. In S-PLUS sind alle Operationen interne Funktionen, die Division entspricht der Funktion "/", und Index–Selektion wird durch
die Funktion "[" ausgeführt. Diese Funktionen können sogar modifiziert oder überschrieben werden. Die Deklaration der Divisionsfunk-
tion wird ausgegeben durch

```
> get ("/")
```

Wir wollen eine Funktion namens divide schreiben, die die Division
imitiert, also das erste Argument durch das zweite Argument teilt.
Zunächst wird die Funktion deklariert.

```
> divide <- function (x,y) { return (x/y) }
```

Um die Arbeitsweise zu verdeutlichen, rufen wir divide mit verschiedenen Argumenten auf.

```
> divide (7,4)
      1.75                            # 2 Zahlen als Argumente
> a <- 5:10
> b <- 20:25
> divide (b,a)                        # Zwei Vektoren
      4 3.5 3.14286 2.875 2.6666 2.5
> divide (1:10,3)                     # Ein Vektor und eine Zahl
      0.3333 0.6666 1.0000 1.3333 1.6666 2.0000 2.3333
      2.6666 3.0000 3.3333
```

Die generelle Syntax zur Deklaration einer Funktion in S-PLUS lautet
wie folgt.

> *Funktionsname* <- function (*Argumente*)
> {
>   *Rumpf der Funktion* (S-PLUS-*Ausdrücke*)
>   return (*Ausgabe-Argumente*)
> }

Die in *kursiv* gesetzten Elemente sind durch gültige Namen und S-PLUS-Ausdrücke zu ersetzen. Die *Argumente* sind Variablen, die an die Funktion übergeben und innerhalb des Rumpfes verwendet werden. Die *Ausdrücke* können beliebige S-PLUS-Ausdrücke sein, die während der Ausführung der Funktion ausgewertet werden. Die *Ausgabe-Argumente* können Daten, Variablen oder Ausdrücke sein, die innerhalb der Funktion bekannt sind.

Man beachte, daß die *Argumente* der Funktion nicht im Vorab deklariert werden müssen, wie es in C oder Pascal gefordert ist. S-PLUS übernimmt diesen Teil, analog zur interaktiven Umgebung. Wenn eine Variable referenziert wird, die innerhalb der Funktion nicht auffindbar ist, sucht S-PLUS nach einer Variablen dieses Namens in der interaktiven Umgebung (der obersten Ebene). Aus Gründen der Konsistenz und Fehlervermeidung sollte aber jede Variable, die innerhalb der Funktion verwendet werden soll, auch als Argument an die Funktion übergeben werden.

Hinweis Um ein Ergebnis der Funktion zurückzugeben, muß nicht unbedingt **return** verwendet werden. S-PLUS gibt den letzten berechneten Ausdruck als Ergebnis zurück, so daß

```
> cube <- function (x) { x^3 }
```

den gleichen Zweck erfüllt wie die Deklaration mit **return**. Die Verwendung von **return** stellt die sauberere Art der Programmierung dar, die gleichzeitig sicherstellt, daß das gewünschte Ergebnis zurückgegeben wird und nichts anderes.   ◁

Hinweis Eine Funktion, die nicht explizit ein Ergebnis zurückliefert, gibt, wie erwähnt, den letzten berechneten Ausdruck zurück. Dies führt manchmal zu unschönen Darstellungen auf dem Bildschirm, wenn zum Beispiel der Wert **NULL** ausgegeben wird. Zu diesem Zweck kann man das Ergebnis "unsichtbar" zurückgeben, indem die Funktion **invisible** verwendet wird. Der Ausdruck **return(invisible())**

gibt absolut nichts auf dem Bildschirm aus, wohingegen der Ausdruck `return(invisible(x))` ebenso nichts auf dem Bildschirm ausgibt, aber trotzdem den Wert der Variablen `x` als Ergebnis zurückliefert. Wenn die Funktion so aufgerufen wird, daß das Ergebnis in einer Variablen gespeichert wird, wie in `y <- f(z)`, dann enthält die Variable `y` anschließend das Ergebnis.   ◁

8.2.1 Gültigkeitsbereich von Variablen

Im vorherigen Kapitel haben wir bereits kurz erwähnt, daß eine Variable, die innerhalb einer Funktion deklariert wird, nach Beendigung der Funktion "verschwindet". Ebenso sind innerhalb von Funktionen deklarierte Variablen in anderen Funktionen unbekannt, sofern sie nicht explizit übergeben werden. Solche Variablen heißen lokale Variablen. Um diesen Effekt zu demonstrieren, schreiben wir eine Funktion `f`, in deren Rumpf eine Variable `z` deklariert wird. Zudem deklarieren wir eine Variable `z` interaktiv und beobachten, welchen Wert `z` vor, während und nach der Ausführung der Funktion `f` hat.

```
> z <- 123
> f <- function (x,y) { z <- x/y; return (z) }
> x <- 3
> y <- 4
> z                              # z bleibt unverändert
      123                        # durch Deklaration von f
> f (x,y)
      0.75
> z                              # und Ausführen von f
      123
```

Lokale Variablen, die innerhalb einer Funktion definiert werden, in die globale Umgebung zu schreiben, ist unsauberer Programmierstil. Daraus können leicht unkontrollierte Effekte entstehen wie Überschreiben einer bereits bestehenden Variablen. Der saubere Weg ist die Rückgabe von Ergebnissen mittels `return`.

Nur in seltenen Ausnahmen will man eine Variable außerhalb einer Funktion generieren, und aus diesem Grund wollen wir doch kurz darauf eingehen. Die Funktion **assign** weist einer Variablen einen Wert zu, wobei angegeben kann, wo die Variable angelegt werden soll.

```
> assign ("x", 123, where=1)
```

weist einer Variablen namens x den Wert 123 in der ersten Position des Suchpfades zu, was der interaktiven Umgebung entspricht. Das zweite Argument, der Wert, der der Variablen zugewiesen werden soll, kann ein beliebiger auswertbarer Ausdruck sein, so daß das folgende Kommando das gleiche bewirkt wie das obige.

```
> y <- 246
> assign ("x", y/2, where=1)
```

Bereits existierende Variablen werden von **assign** *ohne Warnung überschrieben, der Effekt entspricht dem der Zuweisung mittels* <- .

Für die Deklaration einer Variablen in der interaktiven Umgebung kann eine verkürzte Zuweisung verwendet werden, der Operator <<- bewirkt das gleiche wie <- , er erzeugt allerdings immer globale Va riablen, auch wenn er innerhalb einer Funktion verwendet wird.
Wir erinnern schlußendlich noch einmal daran, daß mit ganz wenigen Ausnahmen globale Zuweisungen vermieden werden sollen.

8.2.2 Parameter und Defaults

Eine Funktion kann mehrere, unter Umständen sehr viele Parameter haben. In solchen Fällen ist es aufwendig, immer alle Parameter einzutippen, bevor eine Funktion aufgerufen wird. Eine gute Idee wäre, alle Parameter mit Voreinstellungen zu belegen, so daß ein Wert nur gesetzt werden muß, wenn man explizit eine andere Einstellung haben will. Ein Beispiel einer Voreinstellung (eines Defaults) ist die Funktion plot, die im allgemeinen eine Grafik schwarz auf weiß zeichnet. Dies kann geändert werden, und nur dann muß man den Parameter col mit angeben.
Auch eigene Funktionen können Parameter mit Voreinstellungen belegen. Durch Verwendung des Gleich–Zeichens = bei der Deklaration im Kopf der Funktion wird ein Default–Wert zugewiesen.

Beispiel 8.5. Eine Funktion mit voreingestellten Parametern

```
f <- function (x=1:10, y=(1:10)^2, showgraph=T)
{
    if (showgraph) { plot (x, y) }
    else { print (cbind(x,y)) }
    return (invisible())
}
```

◁

Wird eine Funktion wie oben deklariert, haben die Variablen x und y voreingestellte Werte, wobei y sogar einen noch zu berechnenden Ausdruck erhält. Ebenso wird die Variable **showgraph** per Default auf T (TRUE) gesetzt. Daraus ergibt sich, daß die folgenden Aufrufe von f alle genau das gleiche bewirken.

```
> f (1:10, (1:10)^2, T)
> f (1:10, (1:10)^2)
> f (1:10)
> f (y=(1:10)^2)
> f (showgraph=T)
> f ()
```

Parameter können in der Deklaration ihrer Default-Werte auf andere Parameter referenzieren. Im nächsten Beispiel wird y ein Default-Wert zugewiesen, der auf x referenziert, und die Variable **error** ist eine Funktion beider Parameter, x und y (!).

Beispiel 8.6. Eine Funktion mit rekursiv deklarierten Parametern

```
f <- function (x=1:10, y=x^2,
    error=(length(x)!=length(y))
  {
    if (error)
        return ("Lengths of x and y do not match.")
    else return (cbind (x,y))
  }
```
◁

Hinweis S-PLUS verwendet den sogenannten *lazy evaluation mechanism.* Dies bedeutet, daß Ausdrücke erst zur Laufzeit ausgewertet werden, und nicht, wenn sie deklariert werden. Im obigen Beispiel gilt daher, daß, falls x sich ändert, bevor y verwendet wird, y das Quadrat des gerade aktuellen Wertes von x zugewiesen bekommt, nicht desjenigen in der Kopfzeile der Funktion. ◁

Hinweis Um die Deklaration einer Funktion erneut anzuzeigen, anstatt sie auszuführen, muß wie bei Variablen der Name der Funktion eingegeben werden, allerdings ohne die Klammern (), die die Ausführung bewirken. Dies passiert oft unerwünscht, wenn help anstelle von help() eingegeben wird. An dieser Stelle wird die Deklara-

tion der internen Funktion `help` angezeigt, statt das Hilfssystem zu
starten.   ◁

Tatsächlich sind die allermeisten Funktionen in S-PLUS in der S-
PLUS–Sprache geschrieben, die auch die Anwender verwenden. Daraus ergibt sich, daß man als Benutzer fast alle Funktionen, auch die
internen, ansehen und gegebenenfalls modifizieren (!) kann. Als Beispiel kann man sich die Funktionen `mean` oder `hist` anzeigen lassen.

8.2.3 Übergabe einer Variablen Anzahl von Parametern an eine Funktion

Eine Funktion muß nicht unbedingt eine fixe Zahl von Argumenten
haben, die einer nach dem anderen an die Funktion übergeben werden.
Eine Funktion kann in der Deklaration das Argument ... verwenden,
wobei ... an jeder beliebigen Stelle auftauchen kann. Die so deklarierte Funktion akzeptiert eine beliebige Zahl von Argumenten, wie es die
S-PLUS–Systemfunktionen c oder `boxplot` tun. Die Argumente, die
dieser Funktion übergeben werden, müssen im Rumpf der Funktion
"manuell" extrahiert werden.
Zunächst deklarieren wir ... an verschiedenen Stellen der Liste von
Argumenten einer Funktion.

```
> f1 <- function (x, ...) { S-PLUS-Befehle}
> f2 <- function (..., x) { S-PLUS-Befehle}
```

Im Fall von `f1`, wo `x` vor ... deklariert wird, kann `f1` aufgerufen
werden mit

```
> f1 (3)
```

und `x` erhält innerhalb der Funktion `f1` den Wert 3 zugewiesen.

```
> f2 (3)
```

hingegen übergibt auch den Wert 3 an `f2`, dieser ist aber Teil der
Argumentliste ..., und der Wert von `x` ist nicht definiert. In diesem
Fall muß der Wert 3 explizit an `x` zugewiesen werden.

```
> f2 (x=3)
```

Manchmal ist es sinnvoll, die variablen Argumente am Anfang zu deklarieren, wie im Fall der `boxplot`-Funktion. Danach folgen die Parameter, die mit Default–Werten belegt sind, wie Farben oder Beschriftungen. Diese werden nicht unbedingt spezifiziert beim Aufruf von

boxplot, so daß man die Farbe, wenn sie denn verändert werden soll, explizit angeben muß, wie in boxplot (x, y, z, col=3).
Auf der anderen Seite ist es nicht sinnvoll, notwendige Argumente, die nicht mit Defaults belegt sind, hinter die drei Punkte zu stellen.
Das folgende Beispiel zeigt, wie man mit der Liste von Argumenten in ... umgeht, um die übergebenen Werte zu verwenden.

Beispiel 8.7. Verwendung von ... als Argument einer Funktion
Wir betrachten ein Beispiel zur Deklaration einer Funktion mit einer variablen Zahl von Argumenten unter Verwendung des Parameters .... Die Funktion, die es zu schreiben gilt, soll eine Menge von Daten bekommen, über alle Daten Minimum und Maximum berechnen und für jeden Datensatz ein Histogramm zeichnen, wobei alle Histogramme die gleichen Skalen der x-Achse verwenden.

```
f <- function (..., layout=c(3,3))
{
  L <- list (...)                    # Liste anlegen
  total.min <- +Inf                  # Initialisiere Minimum
  total.max <- -Inf                  # Initialisiere Maximum
  for (i in 1:length (L))            # Schleife über Liste
  { total.min <- min (total.min, min (L[[i]]))
    total.max <- max (total.max, max (L[[i]]))
  }
  par (mfrow=layout)                 # Layout der Grafik
  for (i in 1:length (L))            # Grafiken erstellen
  { hist (L[[i]], xlim=c (total.min, total.max)) }
  return (total.min, total.max)
}
```

Nachdem die Argumente in ... in einer Liste abgelegt sind, kann mit dieser Variable jede Listenoperation ausgeführt werden. Wir gehen später noch im Detail auf Listen ein. Für den Moment genügt es zu wissen, daß auf Listenelemente mit doppelten Klammern [[und]] zugegriffen wird.   ◁

Es gibt viele Anwendungen für eine unbestimmte Zahl von Argumenten, auf diese Art und Weise arbeiten auch andere Funktionen wie min oder max. Auf Seite 245 geben wir ein Beispiel für ein effizienteres Programm.

8.2.4 Testen auf Existenz eines Arguments

Vielfach passieren Fehler, wenn für ein Argument einer Funktion ein
nicht gültiger Wert oder einfach gar kein Wert übergeben wird. Die
Nicht-Gültigkeit kann mit einfachen `if`-Abfragen abgefangen werden,
und ob ein Argument überhaupt im Aufruf der Funktion spezifiziert
worden ist, kann auch abgefragt werden.
Die Funktion `missing` wird dazu verwendet, um abzufragen, ob beim
Aufruf der Funktion ein spezielles Argument angegeben wurde. Das
Ergebnis des Aufrufs von `missing` ist ein logischer Wert. Der Wert
ist `TRUE`, wenn die Variable, nach der gefragt wird, tatsächlich nicht
angegeben wurde, und `FALSE`, wenn ihr ein Wert zugewiesen wurde.
Innerhalb einer Funktion kann `missing` wie folgt verwendet werden,
um abzufragen, ob der Benutzer für `x` einen Wert angegeben hat.

```
f <- function (x) {
    if (missing (x)) print ("x was not specified.")
}
```

Auch wenn `x` in unserem Beispiel mit einem Default versehen wäre,
würde der Aufruf von `missing(x)` ein `TRUE` liefern, wenn der Aufruf
der Funktion ohne Angabe von `x` erfolgt wäre.

8.2.5 Verwendung von Argumenten der Funktion als Grafik-Beschriftung

Sehr oft, wenn eine Funktion eine Grafik erzeugt, soll in der Grafik
der Name der Variablen auftauchen. Beispielsweise soll die Grafik den
Titel `"Eine Darstellung von xyz"` haben, wenn die Funktion mit
dem Argument `xyz` aufgerufen wird. S-PLUS bietet die Möglichkeit,
das übergebene Argument genau in der Form, wie es übergeben wurde,
als Zeichenkette abzuspeichern. Damit können auch Ausdrücke wie
`1:10` oder `rnorm(100)` verwendet werden, wenn sie so an die Funktion
übergeben wurden.

Beispiel 8.8. Verwenden von Argumenten innerhalb einer Funktion
Die folgende Funktion `f` gibt auf dem Bildschirm aus, was sie als Wert
für das Argument `x` übergeben bekommt.

```
> f <- function (x) {return(deparse(substitute(x)))}
```

Verschiedene Aufrufe von `f` illustrieren, was passiert.

```
> f (2)
    "2"
> f (x=2)                        # Zuweisung an x
    "2"
> f (x)                          # Name einer Variablen
    "x"
> f (sin (pi))                   # Ein Ausdruck
    "sin(pi)"
```

◁

Damit ist es sehr einfach, einer Grafik einen Titel mit dem hinzuzufügen, was an die Funktion übergeben wird.

```
> title (deparse (substitute (x)))
```

Hat eine Funktion mehr als nur einen Parameter, kann natürlich das x in `deparse(substitute(x))` durch einen anderen Variablennamen ersetzt werden.

Eine weitere Funktion in diesem Zusammenhang ist `sys.call`. Die Funktion `sys.call()`, aufgerufen ohne Argumente, gibt den kompletten Aufruf der Funktion zurück. Die Daten sind in einer Liste abgespeichert, das erste Element ist der Name der Funktion selbst, das zweite entspricht dem ersten übergebenen Argument, und so fort.

8.3 Debugging: Fehlersuche

Spätestens jetzt ist es an der Zeit, eigene Funktionen zu schreiben. Wer das noch nicht getan hat, bekommt im Aufgabenteil noch genügend Gelegenheit.

Wer programmiert, weiß, daß Programme genau das tun, was man ihnen zu tun befiehlt. Das Problem besteht darin, daß das oft nicht das ist, was man eigentlich will. Aus diesem Grund befaßt sich dieses Kapitel mit Fehlersuche oder auf Englisch Debugging.

Wir unterscheiden die folgenden vier Kategorien von Fehlern.

* Syntax–Fehler.
  Beim Einlesen der Deklaration einer Funktion bricht das System mit einer Fehlermeldung ab. Ein typisches Beispiel dieser Kategorie ist, mehr geschlossene als offene Klammern zu haben. Wir erhalten von S-PLUS eine Fehlermeldung, die in etwa wie folgt aussieht:
  `Syntax Error: ...`

- Nicht zulässige Argumente.
  Der Funktion werden Argumente übergeben, die nicht zulässig sind,
  um korrekt zu funktionieren. Vertreter dieser Fehlerkategorie sind
  Aufrufe von Funktionen, die Zahlen erwarten, mit Zeichenketten
  oder ungültige Operationen wie das Addieren einer Zahl mit einer
  Zeichenkette. Die Funktion bricht während der Laufzeit mit einem
  Fehler ab. Solche Fehler sollten von der Funktion abgefangen werden, um eine Meldung auszugeben und die Funktion ordnungsgemäß
  anstatt durch einen Abbruch zu beenden.
- Ausführungsfehler.
  Während der Laufzeit einer Funktion findet S-PLUS einen Fehler
  wie eine nicht definierte Variable oder Funktion. Ein solcher Fehler
  wäre, zwei Variablen gegeneinander zeichnen zu wollen, die unterschiedliche Länge aufweisen. In einem solchen Fall bricht S-PLUS
  die Ausführung ab und wir sollten herausfinden, wo das Problem
  liegt. Meistens beginnt die Fehlermeldung mit
  `Error in ...`
- Logische Fehler.
  Ein logischer Fehler ist gegeben, wenn die Funktion zwar nicht abgebrochen wird, das Ergebnis aber trotzdem nicht das gewünschte
  ist. S-PLUS stellt keinen Fehler fest, aber wir könnten beispielsweise eine leere Grafik erzeugt haben oder einen Mittelwert eines
  Datensatzes errechnet haben, der kleiner ist als jede einzelne Zahl
  des Datensatzes. Dazu müssen wir den Ablauf der Funktion Schritt
  für Schritt verfolgen.

Die obige Liste stellt im allgemeinen eine Auflistung der gängigen Fehler und Probleme mit aufsteigendem Schwierigkeitsgrad zur Behebung
des Problems dar. Wir gehen die Probleme nun systematisch an und
stellen im Verlauf verschiedene Hilfsmittel vor, die nützlich sind, um
das fehlerhafte Programm zu korrigieren.

8.3.1 Syntax–Fehler

Syntaxfehler sind sehr einfach zu entdecken und meistens auch einfach
zu beheben. Oft hat man lediglich eine Klammer vergessen oder einen
einfachen Tippfehler übersehen. S-PLUS zeigt in diesem Fall *beim
Einlesen der Deklaration* an, daß etwas nicht in Ordnung ist.

```
Syntax error: Unbalanced parentheses,
expected "}", before ")" at this point:
```

Diese Meldung sagt deutlich, daß auf das Öffnen einer geschweiften Klammer das Schließen einer runden Klammer folgt, was S-PLUS zu einer Fehlermeldung veranlaßt.

| Hinweis | Falls eine solche Syntax–Fehlermeldung während des Einlesens (z.B. einer Funktion) von einer Datei auftritt und nicht auf Anhieb klar ist, was das Problem ist, hilft es, den Text in einem Editor zu markieren und in das S-PLUS–Fenster zu kopieren. S-PLUS wird an der betroffenen Stelle abbrechen und damit die problematische Stelle anzeigen.   ◁

Ebenso kann bei der Ausführung einer längeren Sequenz von Befehlen, wie bei **source** ("*filename*"), eine Option gesetzt werden, um den Befehl vor der Ausführung anzeigen zu lassen.

```
> options (echo=TRUE)
```

Um ausführlichere Meldungen zu bekommen, kann S-PLUS auch weniger kritische Warnungen ausgeben. Die Option **warn** kann Werte von -1 bis 3 annehmen, wobei bei -1 keine Warnungen mehr ausgegeben werden und bei 3 alle vorkommenden.

```
> options (warn=3)
```

Bei einer auftretenden Warnung wird die Ausführung sofort abgebrochen. Der Default ist 0, so daß Warnungen gesammelt am Ende der Ausführung ausgegeben werden.

8.3.2 Ungültige Argumente

Manche Fehler können und sollten von einer Funktion abgefangen werden. Eine Funktion, die als Eingabe eine Zahl x erwartet, die grösser als Null sein muß, sollte überprüfen, ob dies der Fall ist, bevor die Zahl weiter verarbeitet wird. Wird ein illegaler Wert an die Funktion übergeben, kann eine Fehlermeldung ausgegeben und die Funktion kontrolliert beendet werden. Funktionen, die dies nicht tun, werden irgendwann mitten in der Ausführung abbrechen, wenn die gerade durchzuführende Operation nicht möglich ist. Solche Fehler sind für den Benutzer oft schwer zu verstehen. Eine Meldung wie "x muss eine echt positive Zahl sein" ist dagegen aussagekräftiger. Eine Funktion, die einen solchen Fehler abfängt, könnte etwa so aussehen:

```
f <- function (x)
{
    if (x <= 0) stop ("x should be greater than 0")
    ...
}
```

Die Funktion **stop** gibt die an sie übergebene Mitteilung auf dem
Bildschirm aus und beendet die Funktion sofort. Eine weniger dra-
stische Handhabung kann man mit der Funktion **warning** erreichen.
Auch **warning** erhält eine Zeichenkette, die als Warnung ausgegeben
wird, die Ausführung der aufrufenden Funktion wird aber nicht abgebrochen. Im obigen Beispiel kann **stop** durch **warning** ersetzt werden.
Eine Funktion kann an jeder beliebigen Stelle beendet werden und
etwas zurückgeben. Dies gilt auch für die Funktion **return**, die nicht
nur am Ende einer Funktion auftauchen kann.

8.3.3 Ausführungsfehler (runtime errors)

Ausführungsfehler oder auf Englisch runtime errors treten auf, während eine Funktion oder ein Programm ausgeführt wird. Im allgemeinen erfolgt ein sofortiger unkontrollierter Abbruch der Funktion.
Da Funktionen aber andere Funktionen aufrufen können, die wiederum Funktionen aufrufen, ist es schwierig, die Fehlerquelle solcher
Ausführungsfehler, d.h. die Stelle, an der der Fehler auftritt, zu loka-
lisieren. In der guten alten Zeit fügte man an allen möglichen Stellen
eines Programms einen **print**–Befehl ein, um zu sehen, was die letzte
ausgegebene Meldung war, bevor die Funktion abbrach. Diese Zeiten
sind vorbei und wir haben etwas modernere Möglichkeiten der Fehlersuche.
Wenn eine Funktion von S-PLUS abgebrochen wird, informiert das
System meist den Benutzer über den Fehler und gibt an, daß ein Dump
durchgeführt wurde.

```
Error: naxy2: Vector of all missing values
Dumped
```

In solchen Fällen kann man direkt **traceback** aufrufen. Die Funktion **traceback** zeigt die Hierarchie der aufgerufenen Funktionen (die
Levels) an, die an dieser Stelle aktiv waren.

```
> traceback()
Message:
4: eval (zz, caller)
3: plot.xy ("plot")
2: plot.default (NA, NA)
1:
```

In diesem Fall wurde der Fehler von `plot.default` ausgelöst, indem
die Funktion mit zwei fehlenden Werten (`NA`, `NA`) aufgerufen wurde. `plot.default` rief `plot.xy` auf, und von dort wurde wiederum
`eval` aufgerufen, wo der Abbruch dann geschah. Wir müssen demzufolge die Zeile unserer Funktion finden, wo die Funktion `plot` bzw.
`plot.default` aufgerufen wird.

Wenn wir dort das Problem direkt erkennen, können wir es meistens
schnell beheben. Falls nicht klar ist, warum die Werte alle fehlend sind
und woher sie kommen, kann man die Variablen und deren Werte
während der Ausführung der Funktion schrittweise verfolgen. Diese
Technik lernen wir im folgenden Kapitel kennen.

8.3.4 Logische Fehler

Schritt für Schritt tasten wir uns an das fortgeschrittene Debugging
heran, und nun wollen wir einen eigentlichen Debugger, wie man ihn
von anderen Programmiersprachen her kennt, verwenden. Ein Debugger erlaubt, ein Programm schrittweise, Zeile für Zeile, auszuführen.
Es können mehrere Schritte ausgeführt und das Programm dann wieder angehalten werden. An jedem Punkt lassen sich die Inhalte (Werte) der Variablen ausgeben, so daß man einem Fehler leichter auf die
Spur kommt. So funktioniert auch das Debugging in S-PLUS.
Als erstes Hilfsmittel existiert eine Funktion, die anwendbar ist, wenn
der Ort des Problems in etwa bekannt ist. Der Aufruf der Funktion
`browser` kann praktisch überall innerhalb einer Funktion geschehen.
An dieser Stelle wird die Funktion angehalten und der Benutzer gefragt, was zu tun sei. Syntax und Möglichkeiten entsprechen ziemlich
genau dem S-PLUS-Interpreter, also der interaktiven Umgebung. Im
wesentlichen will man Variablenwerte ausgeben, es können aber sogar neue Werte zugewiesen werden. Der Unterschied zur interaktiven
Umgebung besteht darin, daß nun auch die Variablen, die innerhalb
der Funktion auftauchen, bekannt sind und inspiziert werden können.
Wenn eine 0 eingegeben wird, wird der Browser verlassen und die
Funktion weiter ausgeführt.

Aus dem Browser heraus können sogar Funktionen wie `plot` aufgerufen werden. Für die meisten Anwendungen ist `browser` das komfortabelste Hilfsmittel.

Tabelle 8.1. `browser`– und `debugger`–Befehle

Befehl	Wirkung
?	Anzeige aller momentan bekannten Variablennamen (z.B. innerhalb einer Funktion)[1]
0	Browser: Verlassen, Debugger: Ein Level zurück
1, 2, 3,…	Wert der Variable Nr. 1, 2, 3, etc. anzeigen (Nummern korrespondieren mit der Ausgabe von ?)
beliebiger S-PLUS– *Ausdruck*	Wird ausgeführt und das Resultat wird innerhalb des aktuellen Geltungsbereichs abgelegt (beispielsweise bei Zuweisungen an Variablen)

[1]: *Globale* Variablen sind innerhalb einer Funktion immer bekannt.

Ein leistungsfähigeres, aber auch komplexeres Hilfsmittel zum Debugging ist der **debugger**. Im Gegensatz zum **browser** wird der **debugger** im allgemeinen nicht während der Laufzeit einer Funktion aus der Funktion heraus aufgerufen, er kommt zum Einsatz, nachdem ein Fehler aufgetreten ist. Dazu muß bei einem Crash die Information, die zu diesem Zeitpunkt verfügbar ist (Variable und deren Werte), abgespeichert werden. Bei umfangreicheren Funktionen kann dies schon einmal etwas dauern.

Die Option **error** spezifiziert, was bei einem unplanmässigen Verlassen einer Funktion geschieht, und per Voreinstellung werden, wie wir bei **traceback** gesehen haben, die Hierarchien der bisher aufgerufenen Funktionen abgespeichert. Der Wert von **error** in der Optionsliste ist auf `dump.calls` gesetzt.

```
> options (error=dump.calls)
```

Wenn wir nach einem Absturz durch die verschiedenen Ebenen der Funktionsaufrufe gehen und die Variablen mit deren Werten inspizieren wollen, muß diese Einstellung geändert werden.

```
> options (error=dump.frames)
```

Mit dieser Einstellung kann der **debugger** genutzt werden, der hilft, die Übersicht zu wahren. Achtung: Wenn nach Ausführen der fehlerhaften Funktion die Option gesetzt wird, muß die Funktion natürlich noch einmal ausgeführt werden, um den Dump zu erzeugen. Diese Dump–Daten können wir mit dem Debugger untersuchen.

```
> debugger()
```

Schlußendlich existiert noch ein voll ausgebauter Debugger, mit dem eine Funktion Schritt für Schritt ausgeführt werden kann, um einzelne Abläufe zu verfolgen. Man kann den nächsten Befehl oder mehrere hintereinander ausführen, Werte von Variablen inspizieren, wiederum ein paar Schritte ausführen, usw. Diese Funktion heißt `inspect`. Wenn die Funktion unkontrolliert abbricht, befindet man sich immer noch in der `inspect`-Umgebung.

Angenommen, die Funktion `f`, die die Argumente `x` und `y` verwendet, bricht aus einem unbekannten Grund bei jedem Aufruf ab. Der Aufruf `f(x,y)` soll nun inspiziert werden. Dazu übergeben wir den Aufruf der Funktion mit allen Parametern an die Funktion `inspect`, die anschließend unsere Funktion `f` aufruft und ausführt.

```
> inspect (f (x,y))
```

Das Werkzeug `inspect` ist ein sehr umfangreiches Hilfsmittel, so daß wir uns an dieser Stelle auf die grundlegenden Elemente beschränken. In den Hilfstexten von S-PLUS wird ausführlich auf weitere Möglichkeiten eingegangen. Es sei noch angemerkt, daß der Inspektor nicht den sonst standardisierten Syntaxregeln von S-PLUS folgt.

Um den Inspektor zu verlassen, kann `quit` (ohne Klammern) eingegeben werden. Um den Wert einer Variablen anzeigen zu lassen, muß ein Ausdruck ausgewertet werden. Dazu wird der Befehl `eval` verwendet. Beispielsweise zeigt `eval x` den Inhalt der Variablen `x` an.

Der Befehl `step` führt das nächste in der Funktion vorkommende Kommando aus, um schrittweise die Funktion ausführen zu lassen. Vor der Ausführung wird das Kommando angezeigt, damit man weiß, wo genau die aktuelle Position in der Funktion ist. Auf der Befehlszeile von `inspect` kann auch `help` eingegeben werden, so daß der Inspektor eine Tabelle seiner Funktionalitäten anzeigt.

An diesen und anderen Stellen wird erkennbar, daß S-PLUS sehr stark in der Informatik verwurzelt ist. Ein Statistik-Programm mit so weitgehenden Funktionalitäten in Programmierung und Debugging dürfte schwer zu finden sein. Im Verlauf dieses Kapitels werden wir auf weitere Elemente aus der Programmierung zu sprechen kommen.

8.4 Ausgabe mit der Funktion cat

Bisher haben wir zur Ausgabe von Variablenwerten und anderen Informationen die Funktion **print** kennengelernt. **print** ist eine Funktion, die die an sie übergebenen Argumente ausgibt, aber nur noch wenig Formatierungsmöglichkeiten bietet. Programmierer, die sich schon mit anderen Sprachen wie C befaßt haben, werden solche Möglichkeiten vielleicht schon vermißt haben. Ganz ähnlich wie in C die Funktion printf arbeitet in S-PLUS die Funktion **cat**.

Im folgenden sind einige Beispiele der Verwendung von **cat** dargestellt.

```
> x <- 1:3
> cat (x)
      1 2 3
> cat ("Hallo.")
      Hallo.
> x <- 7
> cat ("x hat den Wert", x, ".")
      x hat den Wert 7.
```

Die Funktion **cat**, wie fast alle anderen S-PLUS-Funktionen, kann zusätzlich Steuerzeichen verarbeiten. Diese Kontrollzeichen, die in Tabelle 8.2 zusammengefaßt sind, werden interpretiert und umgesetzt.

Tabelle 8.2. Steuerzeichen in S-PLUS

Steuer–zeichen	Beschreibung
\n	Neue Zeile (new line)
\t	Tabulator
\\	Backslash (\)
\"	"
\'	'
\#	#
\b	Backspace (ein Zeichen löschen)
\r	Zeilenvorschub (carriage return)
\octalcode	Oktalcode ist eine Zahl, die das gewünschte Zeichen im Oktalformat darstellt (entspricht nicht dem ASCII-Code, siehe z.B. ein PostScript–Handbuch)

Wenn die Ausgabe formatiert sein soll, indem Tabulatoren eingefügt werden, kann man dies tun, indem ein \t eingefügt wird an die Stelle, an die der Tabulator soll. Würde man einfach die Tabulatortaste auf der Tastatur drücken, so würde dies nur einen Effekt auf der Eingabezeile haben.

Eine Zeichenkette kann Steuerzeichen enthalten, die bei der Verwendung der Zeichenkette interpretiert werden. Eine Anwendung solcher Steuerzeichen wäre, über eine Grafik einen zweizeiligen Titel zu setzen. Dazu muß an die Stelle des gewünschten Zeilenumbruchs das entsprechende Steuerzeichen \n gesetzt werden. Die Eingabe würde so aussehen:

```
> title("Erste Zeile\nund zweite Zeile")
```

Um das Steuerzeichen herum sollte kein Leerzeichen eingefügt werden, wenn dies nicht auch im Titel auftauchen soll (wäre vor dem \n ein Leerzeichen, wäre die obere Titelzeile nicht mehr exakt zentriert über der Grafik, da das Leerzeichen den Titel etwas nach links verschiebt). Auf den Oktalcode gehen wir noch genauer ein, wenn wir auf Umlaute zu sprechen kommen.

8.5 Die Funktion paste

Die Funktion paste ist eine der universellsten Funktionen in S-PLUS. Im Prinzip verbindet paste eine beliebige Anzahl von Zeichenketten zu neuen Zeichenketten. Die Mächtigkeit dieser Funktion entsteht aus der Vielzahl von Anwendungen, die sie ermöglicht. Wir beginnen mit ein paar Beispielen der Anwendung.

– Titel für Grafiken

```
> s1 <- "Darstellung von x und y"
> s2 <- paste ("Erstellungsdatum", date ())
> title (s1, s2)
```

– Namen für Zeilen und Spalten von Matrizen und Arrays
  Nehmen wir an, es existiere eine Matrix x mit Patientendaten.

```
> row.names <- paste ("Patient", 1:nrow(x))
> col.names <- paste ("Variable", 1:ncol(x))
> dimnames (x) <- list (row.names, col.names)
```

weist den Zeilen und Spalten der Matrix Labels zu.

```
            Variable 1   Variable 2
  Patient 1      114          72
  Patient 2      121          78
```

Generell lautet der Aufruf von `paste`:

```
> paste (..., sep=" ", collapse=NULL)
```

`sep` ist der Trenner (Separator), der zwischen zwei Elementen eingefügt wird. Per Voreinstellung ist dieser ein Leerzeichen (Blank). Das zweite Argument, `collapse`, ist der Trenner für Elemente, wenn mehrere erstellt werden. Dieser ist per Voreinstellung nicht gesetzt (`NULL`), kann aber auf ein beliebiges Zeichen gesetzt werden, so daß alle Zeichenketten in einer langen Kette zusammengefügt würden, statt einen Vektor zu generieren.

8.6 Grundlagen Objektorientierter Programmierung

Objektorientierte Methoden sind in vielen Anwendungen sehr nützlich. Tatsächlich ist (fast) das gesamte System S-PLUS objektorientiert. Das Kernsystem stellt die Funktionalität bereit und fast alle Funktionen nutzen sie. Trotzdem muß man darüber als Benutzer nichts wissen.
Wer an einem Problem arbeitet, das die Behandlung verschiedener Datentypen beinhaltet, sollte darüber nachdenken, einen objektorientierten Ansatz zu wählen, so daß jedes Objekt adäquat behandelt wird. Die Programmierung wird strukturierter und erweiterbar gehalten, ohne jeweils den bestehenden Programmcode ändern zu müssen. Auf diese und andere Eigenschaften wollen wir im folgenden eingehen. Dabei werden wir nebenher einige Elemente der objektorientierten Programmierung einführen.

In S-PLUS existieren viele Klassen von Objekten. Wir haben bereits einige dieser objektorientierten Facetten kennengelernt, ohne davon direkt Kenntnis genommen zu haben. Dies zeugt davon, daß zwischen der Programmierung und der Benutzung von objektorientierten Ansätzen durchaus Unterschiede liegen. Der Anwender muß nicht unbedingt wissen, daß ein solcher Ansatz im System immanent ist. Einige der bereits vordefinierten Klassen in S-PLUS sind `numeric` für numerische Werte, `matrix` für Matrizen, `complex` für komplexe Zahlen und `lm` für lineare Modelle. Für diese und weitere Klassen existieren

eine Reihe von Funktionen, die die Objekte, die zu diesen Klassen
gehören, entsprechend behandeln. Wenn für eine Objektklasse keine
Methode vorhanden ist, so existiert immer eine Default–Methode, die
dann zur Anwendung kommt.

Die Funktion `print` ist im eigentlichen Sinne nicht *eine* Funktion,
es verbergen sich hinter der zentralen Funktion `print` vielmehr eine
Unzahl von Funktionen, die jede für sich mit einer Objektklasse umzugehen weiß. So gibt es eine Funktion `print.matrix`, eine Funktion
`print.lm` und noch viele mehr.

Wir können die verschiedenen klassenspezifischen `print`–Funktionen
anzeigen lassen, um zu sehen, wie viele elementare Klassen in S-PLUS
existieren, die eine eigene Funktion zum Ausgeben zugehöriger Objekte haben.

```
> methods ("print")
```

Anhand einer Anwendung wollen wir etwas mehr in Details gehen.
Wie wir zuvor gesehen haben, können wir den Mittelwert eines Datensatzes mit der Funktion `mean` berechnen. Das Ergebnis ist für eine
einzelne Zahl, einen Vektor oder eine Matrix jedesmal eine Zahl – der
Mittelwert. Auf der anderen Seite können wir nicht eine Liste an `mean`
übergeben, S-PLUS gibt eine Fehlermeldung zurück.

Wir werden im folgenden eigene objektorientierte Funktionen zur Berechnung von Mittelwerten entwickeln. Für verschiedene Klassen von
Objekten soll unsere Funktion verschieden reagieren und das entsprechende Ergebnis ausgeben:

- Für einen Vektor den Mittelwert seiner Elemente
- Für eine Matrix den Mittelwert über jede einzelne Spalte der Matrix
- Für eine Liste einen Vektor von Werten, von denen jeder Wert den
  Mittelwert eines Listenelements darstellt

Um eine klare Unterscheidung zur systemeigenen Funktion zu haben,
nennen wir unsere Funktion `mmean`. Diese Funktionsklasse erzeugt ein
Resultat, das zur Klasse `mmeandata` gehören soll.

Die Funktion `mmean` agiert als eine Art Filter und wird vom Benutzer
aufgerufen. `mmean` wird aufgrund der Klassenzugehörigkeit des übergebenen Objektes die entsprechende Klassenfunktion aufrufen. Man
beachte, daß unabhängig vom Objekt, für das der Mittelwert errechnet werden soll, immer nur die Funktion `mmean` aufgerufen werden
muß, ganz analog zur Funktion `print`, die wir vorhin näher betrachtet haben.

Jede objektorientierte Funktionenklasse hat typischerweise eine solche Filter- oder Steuerfunktion. S-PLUS macht die Handhabung des

Filters leicht, indem das System die Kontrolle übernimmt. Die Funktion `Usemethod`, innerhalb einer Funktion aufgerufen, überprüft das übergebene Objekt und leitet es an eine seiner Klasse entsprechende Funktion weiter. So definieren wir unsere Filterfunktion namens `mmean`.

```
> mmean <- function (x, ...)
+ { UseMethod ("mmean") }
```

Das zusätzliche Argument ... ist hinzugefügt, damit der Benutzer auch weitere Argumente an die Funktion übergeben kann (aber nicht muß). Ein solcher Parameter könnte etwa `na.rm=T` sein, wenn der Datensatz fehlende Werte enthält. Die Aufrufparameter werden unverändert weitergereicht.

Beim Aufruf der Funktion `mmean` mit einem Argument der Klasse `matrix` passiert nun das folgende. `Usemethod` wird feststellen, daß das Objekt zur Klasse `matrix` gehört, und demzufolge nach einer Funktion `mmean.matrix` suchen. Wenn eine solche Funktion gefunden wird, übernimmt diese ab sofort die Kontrolle. Existiert eine solche Funktion nicht, sucht `Usemethod` nach einer allgemeinen Funktion `mmean.default` und ruft diese auf. Existieren beide Funktionen nicht, wird eine Fehlermeldung ausgegeben. Bleibt "nur" noch, die übergeordnete und die klassenspezifischen Funktionen zu definieren.

```
> mmean.default <- function (x, ...)
+ {
+   result <- mean (x, ...)      # Standardfkt. aufrufen
+   class(result) <- "mmeandata"# Klasse zuweisen
+   return(result)               # Ergebnis zurückgeben
+ }
```

Man beachte, daß nach der Berechnung des Mittelwertes dem Ergebnis eine Klasse zugewiesen wird. Dazu wird die Funktion `class` verwendet. Auf diese Art kann einem Objekt jede beliebige Klasse zugewiesen werden. Es wird keine weitere Überprüfung vorgenommen, ob Methoden existieren, die Variable erhält lediglich ein Attribut namens Klasse. Anhand eines kleinen Beispiels, wo einem Objekt x eine Klasse zugewiesen und wieder entfernt wird, wird das Prinzip deutlich.

```
> x <- 1:5
> class (x)                      # Klassenzugehörigkeit
        NULL
> class (x) <- "any.class"       # Neue Klasse zuweisen
```

```
> class (x)                    # Abfragen der Klasse
      "any.class"
> unclass (x)                  # Attribut entfernen
> class (x)
      NULL                     # und erneut abfragen
```

Jetzt wollen wir eine Funktion speziell für die Klasse `matrix` schreiben. Die Funktion soll (muß!) `mmean.matrix` heißen und berechnet spaltenweise Mittelwerte der Matrix.

```
> mmean.matrix <- function (x, ...)
+ {
+   result <- apply (x, 2, mmean.default, ...)
+   class (result) <- "mmeandata"
+   return (result)
+ }
```

Wie für Matrizen schreiben wir auch für Listen eine Funktion namens `mmean.list`, die für jedes Listenelement den Mittelwert berechnet und einen Vektor der Mittelwerte zurückgibt.

```
> mmean.list <- function (x, ...)
+ {
+   result <- unlist (lapply (x, mmean.default, ...))
+   class (result) <- "mmeandata"
+   return (result)
+ }
```

Wir benutzen für `mmean.list` die Funktion `lapply`, die eine Funktion auf alle Elemente einer Liste anwendet, sowie `unlist`, um aus der Ergebnisliste einen Vektor zu erstellen.

Die Funktionen zur Mittelwertsberechnung sind damit geschrieben. Wir sollten nun noch eine Funktion `print.mmeandata` erstellen, um die Ergebnisse, die von der Klasse `mmeandata` sind, auch wie gewünscht darzustellen. Wir erstellen eine Funktion `plot.mmeandata` analog, mit der wir die Daten grafisch darstellen können.

In diesem Falle müssen wir keine Filterfunktion `print` schreiben, diese existiert bereits. Zur Überprüfung kann man sich die Definition der Funktion `print` ansehen (!).

Unsere klassenspezifische Funktion `print` für die Klasse `mmeandata` soll nichts besonderes tun. Sie soll lediglich ausgeben, daß die Funktion `print.mmeandata` aufgerufen wurde. Anschließend rufen wir die Default-Funktion `print.default` auf.

```
> print.mmeandata <- function (x, ...)
+ {
+   cat ("Wir befinden uns in print.mmeandata.\n")
+   print.default (x)
+ }
```

Was müßte getan werden, damit jede der Klassen, für die wir eine eigene Funktion zur Berechnung der Mittelwerte definiert haben, auch eine eigene klassenspezifische `print`-Funktion erhält ?

| Hinweis | Wir sollten uns noch einmal klarmachen, was wir getan haben. Wir haben die systeminterne Funktion `print` um eine weitere Klasse ergänzt, ohne dabei eine der bestehenden Funktionen anzusehen oder sogar zu verändern. Wir haben lediglich neue Funktionalität hinzugefügt.

Insbesondere wenn mehrere Entwickler an einem Projekt arbeiten, kann die Arbeit so aufgeteilt werden, daß jeder für spezielle Klassen zuständig ist, ohne sich in irgendeiner Weise um die anderen Arbeiten kümmern zu müssen. Neue Erweiterungen können auf diese Art auch keine Fehler zu bereits existierenden Funktionen hinzufügen.   ◁

Schlußendlich können wir weitere klassenspezifische Funktionen einführen. Wir wollen noch eine spezielle Methode `plot` für unsere neue Klasse `mmeandata` installieren. Diese Funktion soll verschiedene Ansichten unserer Mittelwerte liefern, die speziell bei einem Vektor von Mittelwerten zum Tragen kommen.

```
> plot.mmeandata <- function (x, ...)
+ {
+   par.old <- par()
+   on.exit (par (par.old))
+   par (mfrow=c (2,2))
+   plot.default (x, type="h")  # Default-Funktion
+   # Alle Datenpunkte an der Stelle x=1 einzeichnen
+   plot.default (rep (1,length (x)),x)
+   boxplot (x)                 # Boxplot
+   hist (x)                    # Histogramm
+ }
```

Was wir bisher nicht getan haben, ist, Objekte der Klassen zu erzeugen, für die wir Methoden geschrieben haben. Dies wäre der richtige Zeitpunkt, um ein Objekt zu erzeugen, ihm eine Klasse zuzuweisen und die Funktionen aufzurufen, die wir definiert haben.

Als Abschlußbemerkung wollen wir noch hinzufügen, daß Klassen automatisch vererbt werden. Wenn ein Objekt x zu einer Klasse gehört und y aus x erzeugt wird, beispielsweise durch y <- x^2, so gehört auch y der Klasse an, zu der x gehört.

Die Handbücher geben weitere Informationen, um einen Eindruck von den Grundideen und Möglichkeiten des objektorientierten Ansatzes zu erhalten, sollte dies aber genügen.

Spätestens jetzt sollten die soeben neu entwickelten Funktionen aber ausprobiert werden.

8.7 Listen

Eine Liste ist in allen Programmiersprachen eine sehr flexible Struktur, um mehrere Komponenten zu einer zu vereinigen. Elemente, die nicht zueinander passen, weil zwei Vektoren verschieden lang sind und deshalb nicht in einer Matrix abgespeichert werden können, kann man immer noch in einer Liste ablegen. Die Listenelemente zeichnen sich lediglich dadurch aus, daß sie alle mit einem Querverweis auf das übergeordnete Element verbunden sind. Ansonsten sind keine weiteren Bedingungen zu erfüllen, wie gleiche Länge oder gleicher Datentyp (Zeichen, Zahlen).

Nehmen wir an, wir wollten die Daten unserer Disketten abspeichern, die aus Name, Nummer und kurzer Inhaltsangabe bestehen. Solche Daten in einer Matrix oder in einem Data Frame abspeichern zu wollen, ist vermutlich keine gute Idee. Trotzdem wollte man alle Daten in einer Variable halten, statt viele einzelne Variablen zu erzeugen. In diesem Fall wäre eine Liste der ideale Datentyp.

Die Liste könnte aus drei Elementen bestehen, einem Vektor mit fortlaufenden Nummern, einem Vektor mit Namen und einem Vektor mit Inhaltsangaben. Die Liste könnte aber auch so viele Elemente haben wie es Disketten gibt. Für jede Diskette kann ein neues Listenelement erzeugt werden, das aus den drei Teilen Name, Nummer und Kurzbeschreibung besteht.

Die Objekte, die sich in den Listen befinden, sind völlig unabhängig voneinander, so daß sich meist mehrere Möglichkeiten zur Erstellung von Listen bieten. Die folgenden Anwendungen beschäftigen sich mit der Erstellung von und dem Arbeiten mit Listen.

Eine Liste wird erstellt durch den Befehl list und einer nachfolgenden Aufzählung der Objekte, die Teil der Liste werden sollen. Eine Liste mit drei Elementen, von denen das erste ein Vektor mit den Zahlen 1

bis 10, das zweite ein Vektor mit den Elementen T und F (TRUE und
FALSE) und das dritte ein Vektor mit zwei Zeichenketten ist, kann wie
folgt erstellt werden.

```
> L <- list (1:10, c(T,F), c("Hallo", "Du"))
```

Diese Liste kann auf verschiedene Arten erstellt werden. Hier ist eine
weitere Möglichkeit, existierende Variablen einzubeziehen.

```
> x <- 1:10
> y <- c (T,F)
> z <- c ("Hallo", "Du")
> L <- list (x, y, z)
```

Wenn wir die soeben erstellte Liste L ausgeben, erhalten wir das folgende auf dem Bildschirm.

```
> L
   [[1]]:
       1 2 3 4 5 6 7 8 9 10
   [[2]]:
       T F
   [[3]]:
       "Hallo"   "Du"
```

An dieser Ausgabe läßt sich ersehen, wie einzelne Elemente von Listen adressiert werden: Mit doppelten Indexklammern und der entsprechenden Nummer.

```
> L[[2]]
       T F
> L[[3]][2]
       "Du"
```

> | Hinweis | Wichtig ist, daß Listenelemente über doppelte Klammern
[[und]] addressiert werden. Einzelne Klammern [] werden für
Strukturen wie Vektoren und Matrizen verwendet.   ◁

In genau der gleichen Art und Weise werden Listenelemente neu zugewiesen und überschrieben.

```
> L[[3]][2] <- "Sie"
```

Im folgenden Abschnitt sehen wir uns an, wie Listen erweitert und
verkürzt werden.

8.7.1 Hinzufügen und Löschen von Listenelementen

Um eine Liste um ein weiteres Element zu ergänzen, kann das neue Element einfach einem Index zugewiesen werden, der bisher noch nicht existiert. Die Indizes sind von 1 bis n durchnumeriert, wobei n die Länge der Liste ist. So bestimmen wir die Länge der Liste

```
> length (L)
     3
```

und fügen ein weiteres Element hinzu.

```
> L[[4]] <- c ("mein", "neues", "Element")
```

Man kann einen beliebigen Index wählen, der größer als 3 ist, aber den nächsthöheren zu wählen ist sinnvoll. Falls wir dem Element Nummer 99 etwas zugewiesen hätten, würde S-PLUS die Elemente Nummer 4 bis 98 erstellen und ihnen den Wert NULL zuweisen. Ein flexibles Kommando, um ein weiteres Element anzufügen, wäre

```
> L[[length(L)+1]] <- neues Element
```

wobei *neues Element* irgendein beliebiges Objekt sein kann. Der Trick in dieser Zeile besteht darin, daß ein neues Element an eine bestehende Liste angefügt wird, ohne die Länge der Liste vorher zu kennen. Dieser Befehl kann auch mehrfach wiederholt werden.

Wird eine Indexnummer spezifiziert, die bereits besteht, wird das bestehende Element mit einem neuen Wert überschrieben.

Ein Element wird gelöscht, indem ihm der Wert NULL zugewiesen wird. Der Befehl

```
> L[[2]] <- NULL
```

löscht das zweite Element der Liste, so daß es ganz aus der Liste verschwindet. Es ist nicht möglich, mehrere Elemente auf einmal zu löschen. Ein Befehl wie

```
> L[[2:3]] <- NULL
```

wird nicht akzeptiert. Ebenso können negative Indizes wie bei Vektoren und Matrizen nicht verwendet werden, um einen Index auszulassen.

| Hinweis | Wenn ein Element aus einer Liste entfernt wird, werden alle folgenden Elemente aufgerückt – ihr Index wird um 1 erniedrigt!   ◁

Der letzte Hinweis ist wichtig. Was passiert in der folgenden Schleife? Wer nicht sicher ist, sollte es vielleicht ausprobieren.

```
> L <- list (1:10, 11:22, 44:24, "string", T)
> for (i in 1:4) { L[[2]] <- NULL }
```

Das Aufrücken der nachfolgenden Elemente kann leicht eine Fehlerquelle sein. Das folgende kleine Programm soll das zweite, dritte und fünfte Element der Liste L löschen. Was ist an dem Programm falsch und was passiert bei der Ausführung?

```
> L <- list (1:11, "a","b","c","d","e", list(T,2:5))
> L[[2]] <- NULL
> L[[3]] <- NULL
> L[[5]] <- NULL
```

Hinweis | Ein sicherer Weg, um Elemente aus Listen zu löschen, ist, am Ende der Liste zu beginnen. Zuerst löscht man den höchsten Index, dann den zweithöchsten, usw., und zum Schluß den niedrigsten Index.

$\triangleleft$

8.7.2 Benennen von Listenelementen

So wie Vektoren zusätzliche Namen und Matrizen Labels für Zeilen und Spalten bekommen können, können Listenelemente Namen erhalten. Die Namen sollten die Elemente bzw. deren Inhalt kurz charakterisieren. Bei der Ausgabe bekommt man so mehr Information und beim Zugriff auf die Liste kann man mit diesen Namen arbeiten, was die Programme lesbarer macht.

Wir erstellen die Liste, die wir bereits im letzten Abschnitt verwendet haben, erneut. Diesmal vergeben wir Namen an die Elemente.

```
> L <- list(Nummer=1:10, Bool=c(T,F),
+ Message=c("Hallo","Du"))
> L
    $Nummer:
        1 2 3 4 5 6 7 8 9 10
    $Bool:
        T F
    $Message:
        "Hallo"  "Du"
```

Die Listenelemente werden nun mit ihren Namen ausgegeben, jeweils mit einem vorangestellten Dollarzeichen ($). Das gleiche Resultat kann erreicht werden, wenn die Liste zuerst erstellt und anschließend die Namen zugewiesen werden.

```
> L <- list (1:10, c(T,F), c("Hallo","Du"))
> names(L) <- c ("Nummer", "Bool", "Message")
```

Damit kann ein Listenelement wie bisher mit seiner Indexnummer, aber nun auch mit seinem Namen angesprochen werden. Dies ist besonders hilfreich, wenn man sich die Indizes nicht merken will. Wenn die Indizes sich ändern, bleibt der Name immer noch am gleichen Element, auch wenn dieses sich nun an einer anderen Stelle der Liste befindet. Wir greifen auf einzelne Elemente direkt mit deren Namen zu.

```
> L$Bool
      T F
```

Wie bei numerischen Indizes gilt auch bei benannten Listenelementen die Regel, daß eine Zuweisung an ein nicht existierendes Listenelement ein neues Element dieses Namens an die Liste anfügt. Das Kommando

```
> L$Kommentar <- "ein neu zugewiesenes Element"
```

erweitert die Liste L daher um ein zusätzliches Element namens **Kommentar**, auf das mit **L$Kommentar** zugegriffen werden kann.

Um existierende Namen zu verändern, kann der bisherige Name direkt überschrieben werden, indem die Funktion **names** benutzt wird. Mit **names(L)** werden die Namen der Liste abgefragt, wenn man **names(L)** etwas zuweist, werden neue Namen vergeben.

```
> names (L)                    # Namen der Elemente
      "Nummer"  "Bool"  "Message"  "Kommentar"
> names (L)[2] <- "Wahrheiten" # Neuer Name für Nr. 2
> names (L)                    # Neue Namen anzeigen
      "Nummer"  "Wahrheiten"  "Message"  "Kommentar"
```

8.7.3 Listen mit Funktionen bearbeiten

Speziell um eine Funktion auf alle Elemente einer Liste anzuwenden, wurde die Funktion **lapply** entwickelt. Sie erspart dem Benutzer, explizit eine Schleife schreiben zu müssen, und ist zudem effizienter. Nehmen wir an, wir hätten die folgende Liste erstellt.

```
> L <- list (vec=1:10, mat=matrix(99:88,3,4))
```

Wollten wir den Mittelwert für jedes Element errechnen, könnten wir eine Schleife schreiben, die durch jedes Element der Liste läuft, oder `lapply` verwenden.

```
> lapply (L, mean)
   [[1]]:
        5.5
   [[2]]:
        93.5
```

Zur Erinnerung: Selbst die Standard–Arithmetikfunktionen zum Addieren, Subtrahieren, Multiplizieren und Dividieren sind in S-PLUS Funktionen. Wir können mit diesem Wissen von jedem Listenelement 1 subtrahieren.

```
> lapply (L, "-", 1)
   [[1]]:
        0 1 2 3 4 5 6 7 8 9
   [[2]]:
        98  95  92  89
        97  94  91  88
        96  93  90  87
```

Diese Anwendung zeigt, daß `lapply` auch Argumente akzeptiert, wie die 1 bei der Subtraktion als Argument zu "-".

Wir schreiben das Programm aus Beispiel 7 (Seite 224) um und erhalten ein kürzeres und schnelleres Programm:

```
f <- function (..., layout=c(3,3))
{
   L <- list (...)                      # Liste anlegen
   L2 <- unlist(L)
   par (mfrow=layout)                   # Layout der Grafik
   lapply(L,hist,xlim=range(L2)) # Grafiken erstellen
}
```

| Hinweis | Wenn eine Liste sehr groß ist und sehr viele Elemente gelöscht oder hinzugefügt werden, tritt das Problem auf, daß die Liste in den Speicher kopiert, modifiziert und zurückgeschrieben wird. Zudem werden alle Listen von S-PLUS als Kopien im Speicher gehalten, um bei einem eventuellen Absturz den vorherigen Stand des Systems zu rekonstruieren. Da dies sehr speicherhungrig sein kann, ist es in solchen Fällen besser, zuerst eine leere Liste zu erzeugen, die schon die

benötigte Anzahl von Elementen hat und einige Kopieraktionen erspart. Eine leere Liste kann erzeugt werden durch

```
> L <- vector ("list", 10)
```

Dieser Befehl erzeugt eine leere Liste mit 10 Elementen. Nun kann auf den einzelnen Elementen gearbeitet werden, ohne daß neue Elemente hinzugefügt oder gelöscht werden müssen.

Dieser Hinweis gilt nur für wirklich große Listen oder sehr große Aktionen von Hinzufügen und Entfernen von Elementen.   ◁

8.7.4 Listenstrukturen entfernen

Manchmal möchte man eine Liste wieder zurückkonvertieren in einen Vektor. Dies trifft zu, wenn eine Funktion wie **mean** auf alle Elemente einer Liste angewendet wird, indem **lapply** benutzt wird. Das Ergebnis von **lapply** ist wieder eine Liste, aber oft hätte man gern einen Vektor von Mittelwerten, um mit diesem weiterzuarbeiten oder ihn einfach übersichtlicher darzustellen. Zu diesem Zweck gibt es die Funktion **unlist**. Sie entfernt die Struktur der Liste und vereinigt die Elemente zu einem Objekt, das die allgemeinste Struktur erhält. Bei lauter Zahlen wird das Ergebnis ein Vektor von Zahlen sein, sind aber Zeichen und Zahlen gemischt, so wird das Ergebnis vom Typ Zeichenkette sein, da alle Zahlen auch in Zeichenketten umgewandelt werden können.

Das fortgeführte Beispiel der Berechnung von Mittelwerten auf allen Listenelementen würde wie folgt einen Vektor der Mittelwerte liefern.

```
> unlist(lapply (L, mean))
    5.5 93.5
```

Die folgenden Aufgaben gehen auf das soeben gelernte noch einmal ein und vertiefen anhand konkreter Anwendungen.

8.8 Aufgaben

Aufgabe 8.1

Es soll eine Funktion geschrieben werden, die Lissajous–Figuren wie in Aufgabe 3 (Seite 102) erstellt. Die Parameter a und b sollen sinnvoll vorbesetzt sein.

Aufgabe 8.2

Unter Verwendung der Funktionen **outer** und **persp** sollen die folgenden mathematischen Funktionen grafisch dargestellt werden:

$$f(x, y) = 1 - \exp\left(-1/(x^2 + y^2)\right); \quad x, y \in [-5, 5]$$

$$f(x, y) = 0.1x \sin(2y); \quad x, y \in [0, 10]$$

Die Arbeitsweise der S-PLUS–Funktionen **outer** und **persp** entnehme man den Handbüchern.

Aufgabe 8.3

Für eine neue Klasse von Objekten (mit Namen **data**) soll die Funktion **plot** Histogramme und Boxplots erzeugen. Die Funktion **print** soll eine Tabelle mit der Anzahl der Beobachtungen, der Anzahl der fehlenden Werte, dem Minimum, dem Maximum und dem Mittelwert produzieren.
Führe mit einem Objekt der Klasse **data** die Funktionen **plot** und **print** aus.

Aufgabe 8.4

Die Funktion `compare.distributions` soll die Verteilungen von verschiedenen Datensätzen miteinander vergleichen. Als Übergabeparameter soll die Funktion eine Liste erwarten. Zu jeder Stichprobe sollen dann Histogramme mit gleicher Skalierung und Intervallbreite gezeichnet werden.
Zusatz: Wie muß die Funktion geschrieben werden, daß das Layout der Grafik (Anzahl der Zeilen und Spalten der Abbildungen) aus den Daten ermittelt wird ?
Die neue Funktion soll mit Stichproben, die aus der Standardnormalverteilung, der $t(11)$ und der $t(33)$ Verteilung und mit den Umfängen 100 und 10000 generiert werden, getestet werden.

Aufgabe 8.5

Ein Liste soll die Namen, Telefonnummern und Adressen von 5 Freunden enthalten. Die Funktion `tel` soll für gegebenen Namen die Adresse und die Telefonnummer angeben. Schreibe die Funktion so, daß falsche Eingaben, zum Beispiel nicht existierende Namen, abgefangen werden.

8.9 Lösungen

Lösung zu Aufgabe 8.1

Das Kernstück der Funktion ist das Programm von Aufgabe 3 (Seite 102). Wir schreiben eine Funktion um den Kern, die zwei Parameter a und b erwartet und diese zur Erstellung der Kurven verwendet. Daneben übergeben wir einen dritten Parameter an die Funktion, das grafische Ausgabegerät. Wir spezifizieren als Voreinstellung die Funktion **graphsheet**. Es wird der *Funktionsname*, d.h. die Deklaration der Funktion, übergeben (ohne Klammern!). Die so übergebene Funktion wird innerhalb unserer Funktion `lissajous` aufgerufen, um ein Grafikfenster zu öffnen.

```
lissajous <- function(a, b, device=graphsheet)
{
   # Falls keine Ausgabe vorhanden, starte sie jetzt
   if (!exists(".Device")) { device() }
   x <- seq(0, 2*pi, length=1000)
   y <- sin(a*x)
   z <- sin(b*x)
   plot(y, z, type = "l", axes=F, xlab="", ylab="")
   title(paste("Lissajous (",a,",",b,")", sep=""))
}
```

Damit könnten wir eine Lissajous-Figur mit den Parametern a=6 und b=8 erstellen.

```
> lissajous (6,8)
```

Überprüfe, ob das Öffnen eines Grafikfensters funktioniert, wenn noch keines geöffnet ist.

Lösung zu Aufgabe 8.2

Um zweidimensionale mathematische Funktionen zu zeichnen, benutzen wir die Funktionen **outer** und **persp**. Die Funktion **outer** faßt zwei Arrays x und y zu einer Matrix zusammen, wobei das Element $[i, j]$ der Matrix den Wert der Funktion $f(x[i], y[j])$ enthält (f ist eine beliebige mathematische Funktion mit zwei Parametern).
Die Funktion **persp** zeichnet die Oberfläche, die durch die Matrix definiert ist. Der Parameter **eye** erlaubt die Steuerung des Blickwinkels. Um die Grafik zu zeichnen, müssen zwei Vektoren definiert sein (oder ein Vektor, der für beide Achsen benutzt werden soll). Danach wird die

Funktion **f** auf diese beiden Vektoren angewandt. Die erste Dimension der resultierenden Matrix entspricht der Länge von **x** und die zweite Dimension der Länge von **y**. Die Matrix selbst ist in **z** abgelegt.

```
> x <- seq (-5, 5, length=50)
> f <- function(x,y) { 1 - exp(-1/(x^2+y^2)) }
> z <- outer (x,x,f)
> persp (z)
```

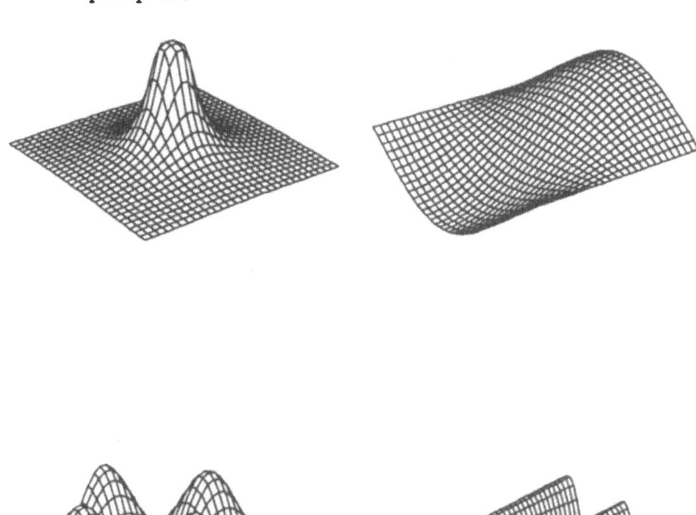

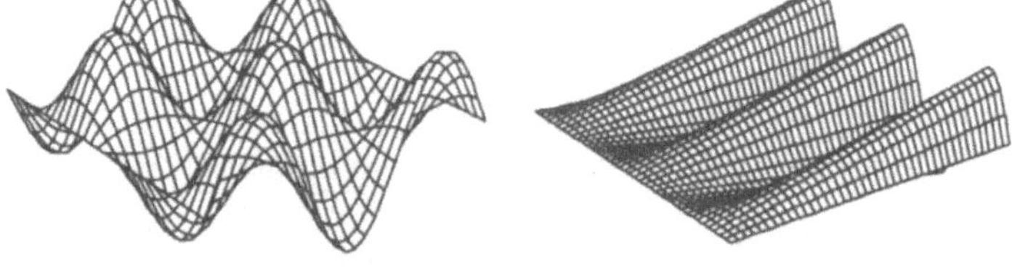

Abbildung 8.1. Zweidimensionale mathematische Funktionen

Auf diese Art können alle Grafiken erzeugt werden. Eine elegantere Möglichkeit wäre natürlich, eine allgemeinere Funktion zu schreiben. Übergabeparameter seien die zu zeichnende Funktion, die Achsengrenzen und optional die Anzahl von Punkten auf beiden Achsen.

```
function.draw <- function (f, lim=c(-1,1), n=40)
  { x <- seq ( lim[1], lim[2], length=n )
    z <- outer (x,x,f)
    persp(z)
  }
```

Abbildung 8.1 kann mit folgenden Befehlen erstellt werden:

```
par (mfrow=c(2,2))               # Layout der Grafik
f1 <- function(x,y) { 1-exp(-1/(x^2+y^2)) }
function.draw (f1, c(-5,5))
f2 <- function(x,y) { sin(x)*cos(y) }
function.draw (f2, c(-pi/2,pi/2))
function.draw (f2, c(-2*pi, 2*pi))
f3 <- function(x,y) { 0.1*x*sin(2*y) }
function.draw (f3, c(0,10))
```

Lösung zu Aufgabe 8.3

Um eine neue Klasse von Objekten bzw. ein zugehöriges Objekt (eine
"Instanz") in S-PLUS zu erstellen, muß zunächst nichts weiter getan
werden als einem Objekt (einer Variablen) eine Klasse zuzuweisen.
Wir erstellen einen Vektor mit Daten und füllen ihn mit Zufallszahlen
aus zwei Normalverteilungen.

```
> x <- c(rnorm(1000,9,3), rnorm(1000,25,5))
```

Eine Klasse wird zugewiesen durch

```
> class(x) <- "data"
```

und dadurch wird dem Objekt **x** die Klasse **data** zugewiesen. S-PLUS
weiß noch nicht mit der neuen Klasse umzugehen, da noch keine entsprechende Funktion existiert. Wir wollen die Funktion **plot** erweitern, damit sie mit unserer neuen Objektklasse namens **data** umgehen
kann. Wir erstellen eine Funktion **plot.data**, die von **plot** zukünftig
aufgerufen wird, wenn **plot** auf ein Objekt aus der Klasse **data** trifft.

```
plot.data <- function(x, ...)
{
  par(mfrow=c(1,2))               # Layout erstellen
  hist (x, ...)                   # Histogramm zeichnen
  boxplot (x, ...)                # Boxplot zeichnen
  return(invisible())             # Nichts zurückgeben
}
```

Man beachte, daß wir zusätzlich einen Paramter ... definiert haben, der uns erlaubt, weitere Argumente wie Farben oder Überschriften zu spezifizieren. Die in ... spezifizierten Argumente werden unverändert an `hist` und `boxplot` weitergereicht. So könnten wir über alle Grafiken einen Titel setzen, indem wir `plot (x, main="data object plot")` verwenden. Oder wir könnten die Achsen weglassen, indem wir `plot(x, axes=F)` aufrufen.

Analog können wir eine klassenspezifische Erweiterung von `print` schreiben.

```
print.data <- function(x)
{
    out <- c(length(x), sum(is.na(x)), min(x,na.rm=T),
        mean(x,na.rm=T), max(x,na.rm=T))
    names(out) <- c("Anzahl Daten", "Fehlende Werte",
        "Minimum", "Mittelwert", "Maximum")
    return (out)
}
```

Der Parameter `na.rm=T` ist hinzugefügt, damit auch bei vorhandenen fehlenden Werten Minimum, Mittelwert und Maximum nicht `NA` (fehlend) sind. Jetzt sollte die Funktion `print` angewendet werden auf unser Objekt `x` der Klasse `data`.

Lösung zu Aufgabe 8.4

Wir wollen eine Funktion schreiben, die eine beliebige Anzahl Daten erhält und diese grafisch vergleicht. Die Daten werden übergeben, indem wir den Parameter ... in der Deklaration der Funktion verwenden.

```
compare.distributions <- function (..., layout)
{
    data <- list (...)            # Daten als Liste ablegen
```

Als nächstes speichern wir die aktuellen grafischen Parameter ab, um nach Ende der Funktion alles unverändert wiederzufinden.

```
par.old <- par()              # Aktuelle Werte speichern
on.exit (par(par.old))        # und restaurieren
```

Um einen guten Vergleich zu haben, sollten alle Grafiken auf der gleichen Skala erstellt werden. Dazu berechnen wir Minimum und Maximum über alle Daten, die an die Funktion übergeben wurden. Anschließend erstellen wir eine Sequenz von Punkten zwischen Minimum und Maximum, die als Klassengrenzen der Histogramme dienen soll. Alle Histogramme erhalten so identische Klassen.

```
xrange <- range(unlist(data)) # Min und Max bestimmen
breaks <- seq (xrange[1], xrange[2], length=20)
```

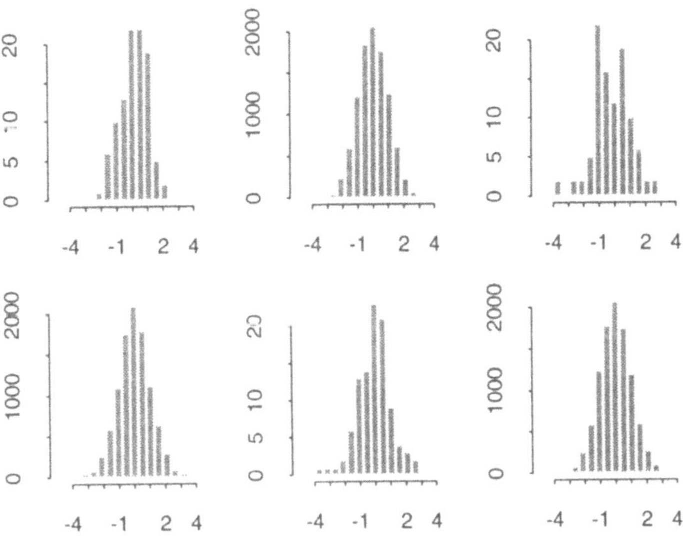

Abbildung 8.2. Ein grafischer Vergleich der Normal– und t–Verteilung

Da wir alle Grafiken auf einem Blatt wollen, um sie besser vergleichen zu können, muß ein Layout festgelegt werden. Wir wissen nicht, wie viele Datensätze wir bekommen, so daß man einen Default festlegen könnte, ansonsten aber dem Benutzer die Aufgabe überlassen kann, indem das Layout als Parameter zu unserer Funktion definiert wird. So einfach wollen wir es uns nicht machen, ein vernünftiges Layout kann auch berechnet werden.

```
if (!missing(layout))
   par (mfcol=layout)
else
{ # Layout berechnen
   n1 <- floor(sqrt(length(data)))
   n2 <- ceiling (length(data)/n1)
   par(mfrow=c(n1,n2))
}
```

Das Layout wird berechnet, indem wir von etwa einer quadratischen
Anordnung ausgehen, also etwa gleich viele Zeilen und Spalten in der
Bildermatrix. Die Anzahl der Zeilen soll eher kleiner sein als die Anzahl der Spalten, weshalb wir die Wurzel aus der Anzahl Daten ziehen
und nach unten abrunden. Die Anzahl Spalten muß so gewählt werden, daß alle Bilder in die Matrix passen, daher teilen wir die Anzahl
der Bilder (gleich Anzahl der Datensätze) durch die Anzahl der Zeilen
und runden nach oben auf.
Für ein Landscape–Format (Querformat) sollten auf- und abrunden
genau andersherum geschehen.

Bleibt noch, die Histogramme zu zeichnen.

```
lapply (data, hist, breaks=breaks, xlab="")
return(invisible(breaks))     # breaks unsichtbar zurück
}                             # Ende der Funktion
```

Nun generieren wir Daten, die wir an unsere Funktion übergeben
wollen. Diese sind Zufallszahlen aus einer N(0,1), t(11) und t(33)-
Verteilung, für jede Verteilung einmal 100 und einmal 10'000 Zahlen. Wir generieren somit 6 Stichproben, die wir an unsere Funktion
`compare.distributions` übergeben wollen.

```
> N.100 <- rnorm (100, 0, 1)
> N.10000 <- rnorm (10000, 0, 1)
> t.11.100 <- rt (100, 11)
> t.11.10000 <- rt (10000, 11)
> t.33.100 <- rt (100, 33)
> t.33.10000 <- rt (10000, 33)
> compare.distributions (N.100, N.10000, t.11.100,
+  t.11.10000, t.33.100, t.33.10000)
```

Daraus ergibt sich ein Bild wie in Abbildung 8.2.

Lösung zu Aufgabe 8.5

Wir definieren eine Funktion namens **tel**, die in einer Datenbank, die aus einer Liste besteht, nach Name, Telefonnummer und Heimatstadt unserer Freunde suchen soll.

Als erstes definieren wir die Liste, in denen die Daten gespeichert werden.

```
> tel.data <- list()           # Leere Liste
> tel.data [[1]] <- c("Paul","Tom","Bert","Peter",
+ "Karl")
> tel.data [[2]] <- c("110","111","112","113","114")
> tel.data [[3]] <- c("Zuerich","Basel","Lugano",
+ "Bern","Luzern")
> names (tel.data) <- c("Name","Telefon","Anschrift")
```

Nun schreiben wir die Funktion, die in dieser Liste nach den Daten suchen soll, wenn wir nur den Namen eingeben. Man achte darauf, wie die Suche durchgeführt wird. Eine Variable namens **compare** wird erzeugt, die mit logischen Werten angibt, ob dieses Element unserer Suche entspricht. Diese Variable wird benutzt, um festzustellen, ob mindestens ein Treffer vorliegt, und um Telefonnummer und Adresse zu extrahieren.

```
tel <- function (Name)
{
   compare <- Name==tel.data$Name
   # Vergleich abspeichern
   found <- (sum(compare) > 0)
   if (!found)
   {
      cat ("Keine Information zu", Name, "gefunden.\n")
      return(invisible())
   }
   # Formatieren mit Steuerzeichen
   cat ("Name:\t", tel.data$Name[compare],"\n")
   cat ("Telefon:\t", tel.data$Telefon[compare],"\n")
   cat ("Adresse:\t", tel.data$Anschrift[compare],"\n")
   return(invisible())
}
```

Wer einen Schritt weitergehen will, kann den Fall programmieren, daß zwei Freunde den gleichen Namen haben.

Noch komfortabler wäre eine Funktion, der ein Teil des Namens
genügt, um alle Informationen herauszufinden.
Zum Schluß verwenden wir unsere Funktion, um ein paar Telefonnummern herauszufinden.

```
> tel ("Tom")
      Name:      Tom
      Telefon:   111
      Adresse:   Basel
> tel ("Fred")
      Keine Information zu Fred gefunden.
```

9. Einlesen und Ausgeben von Daten

Jedes Datenanalysesystem wird früher oder später dazu benutzt, eigene Daten zu analysieren. Diese Daten können selbst erhoben sein oder aus anderen Quellen stammen. Im allgemeinen kommen Daten nicht in einem Format, in dem sie direkt verwendbar sind, sie müssen in das System eingelesen werden. In den meisten Fällen liegen Daten im Textformat (auch ASCII–Format) vor, manchmal aber auch in anderen Formaten fremder Pakete.

In den meisten Fällen wird es genügen, die menugesteuerte Variante über [IMPORT] und [EXPORT] im Hauptmenu [FILE] zu verwenden. Wenn Daten vorliegen, die spezielle Trennzeichen beinhalten, wenn Daten mit der menugesteuerten Version nicht eingelesen werden können oder von vielen Dateien eingelesen wird, müssen andere Hilfsmittel zum Zuge kommen. Zudem müssen Daten manchmal von einem S-PLUS–System in ein anderes transportiert werden, etwa von einem PC auf eine UNIX–Workstation.

Wir gehen systematisch vor und stellen eine Reihe von Funktionen vor, die verschiedenen Zwecken dienen. Wer schnell das gesuchte Hilfsmittel finden will, sollte bis auf Seite 260 vorblättern, wo wir auf die Funktion `read.table` eingehen, die die meisten Fälle abdeckt. Reicht deren Funktionalität nicht aus, verweisen wir auf die Funktion `scan`, die in Kapitel 9.3 ab Seite 259 behandelt wird.

Es gibt spezielle Programme, die Daten von einem Format eines bestimmten Programms in das Format eines anderen Programms umwandeln. Zunächst verweisen wir auf solche Programme, bevor wir uns näher damit befassen, wie Daten in S-PLUS "manuell" eingelesen werden können.

Beim Einlesen von Daten ist es sehr praktisch, daß Daten nur einmal eingelesen werden müssen. Beim nächsten Start von S-PLUS stehen sie sofort wieder zur Verfügung, da sie als Datei (im S-PLUS–eigenen Format im Datenverzeichnis) abgespeichert werden.

Wir werden uns in diesem Kapitel mit den folgenden Themen befassen:

- Konvertierungsprogramme, die in der Lage sind, Dateiformate verschiedener Statistik–Programme zu lesen und zu schreiben
- `scan`, eine Funktion, die Daten von Datei oder Tastatur unformatiert einliest
- `read.table`, eine Funktion, die einen Data Frame erstellt und in den meisten Anwendungen zum Einsatz kommt
- `dump`, eine Funktion, die in S-PLUS-Syntax Daten auf Dateien schreibt
- `restore`, die das Gegenstück zu `dump` bildet
- `source`, eine Funktion, die Dateien lesen kann, die S-PLUS–Befehle enthalten
- `write`, eine Funktion, die Textdateien erzeugt

9.1 Konvertierungsprogramme für Dateiformate

In der letzten Zeit sind Programme auf den Markt gekommen, die in der Lage sind, Daten von einem Format eines Statistik–Programms in das Format eines anderen Programms zu konvertieren. Zwei dieser Programme sind *DBMS/Copy for Windows* und *STAT/TRANSFER-Windows*, die in einem Artikel des American Statistician näher besprochen werden (J. Hilbe: "Windows File Conversion Software", American Statistician, Vol. 50, No. 3, August 1996). Beide Programme können S-PLUS–Formate lesen und schreiben und in oder von Formaten der Programme SAS, BMDP, Stata, Systat, Statistica und anderen konvertieren. Für Anwender, die viel zwischen Programmen wechseln, können solche Hilfsmittel sehr nützlich sein.

9.2 Daten von Tastatur Einlesen

Die elementarste Art, Daten einzugeben, ist die Eingabe via Tastatur. Für kleine Datensätze mag diese Methode auch die effizienteste sein. Bei größeren Datenmengen ist die Eingabe zu aufwendig und zudem können bei der Eingabe gemachte Fehler nicht direkt korrigiert werden. Müssen größere Datenmengen eingegeben werden, sollten die Daten mit einem geeigneten Editor oder Programm (wie z.B. Excel) in eine Datei geschrieben und anschließend eingelesen werden.

Der Befehl zum Einlesen von Daten von Tastatur und Ablegen in einer Variablen lautet

```
> x <- scan()
```

Alles, was nun eingegeben wird, weist S-PLUS der Variablen x zu. Die Daten können hintereinander, durch Leerzeichen getrennt, oder Zeile für Zeile eingegeben werden. S-PLUS gibt jeweils den aktuellen Index aus, wenn <Return> gedrückt wird. Wird eine leere Zeile eingegeben, endet die Eingabe.

Hat man scan aufgerufen, ohne die Ausgabe einer Variablen zuzuweisen, wird die Eingabe auf dem Bildschirm ausgegeben. Eine Rettung der Daten ist noch möglich, wenn direkt anschließend

```
> x <- .Last.value
```

eingegeben wird.

9.3 Unformatiert von Datei Einlesen

Die Funktion scan, die wir bereits kennengelernt haben, kann Daten statt von der Tastatur auch von Datei einlesen. Dazu muß lediglich der Parameter file so gesetzt werden, daß er den Dateinamen spezifiziert.

| Hinweis | Windows–Benutzer verwenden für die Angabe von Pfaden den Backslash (\). Da dieser von S-PLUS als Steuerzeichen verstanden wird, muß anstelle eines Backslashes ein Doppel–Backslash eingegeben werden, wie in C:\\DATEN\\GEYSER.DAT, um die Datei C:\DATEN\GEYSER.DAT zu spezifizieren. Alternativ kann auch der einfache Slash verwendet werden wie in C:/DATEN/GEYSER.DAT.   ◁

Ein typischer Aufruf zum Einlesen einer Datei besteht aus

```
> scan (file="Dateiname")
```

Mit diesem Befehl wird ein Vektor von Zahlen eingelesen.
Die Funktion scan besitzt weitere Parameter, und ein allgemeinerer Aufruf hat die folgende Form.

```
> scan (file=" Dateiname", what=numeric(), n, sep, ...)
```

Das Argument file bezeichnet den Dateinamen (ansonsten wird von Tastatur eingelesen), optional kann what eingegeben werden, um zu spezifizieren, daß Zeichenketten anstellen von Zahlen eingelesen werden sollen. Wird what="" gesetzt, werden Zeichenketten eingelesen.

Komplexere Strukturen wie Listen können spezifiziert werden, indem eine Beispiel–Struktur vorgegeben wird.

```
> what.to.read <- list (Name="", Alter=0)
> scan (file="people.dat", what=what.to.read)
```

Diese Eingabe liest eine Liste mit zwei Komponenten, Name und Alter, aus der Datei people.dat ein.

Der Parameter **n** bezeichnet die Anzahl der einzulesenden Daten, die nur angegeben werden muß, wenn nicht alle Daten eingelesen werden sollen.

Der Parameter **sep** muß zumeist angegeben werden, um S-PLUS mitzuteilen, daß die Daten vielleicht durch Tabulatoren, Kommata oder andere Trennzeichen separiert sind und nicht durch Leerzeichen. Tabulatoren sind durch "\t" anzugeben, wie wir im Kapitel über Steuerzeichen gesehen haben (Seite 233).

Wir wollen mit einem einfachen Beispiel abschließen. Die Datei namens zahlen.dat enthalte drei Zeilen wie folgt:

```
1  2  3
4  5  6
7  8  9
```

Wir lesen die Daten ein und wandeln sie anschließend in eine Matrix um, so wie die Datei sie vorgibt.

```
> x <- scan ("zahlen.dat")
> zahlen <- matrix (x, ncol=3, byrow=T)
```

9.4 Allgemeine Datenformate Einlesen

Ein Datensatz, der aus einer Reihe von Beobachtungen und einer Menge von Variablen besteht, hat im allgemeinen eine Matrixform. Die allgemeinste Struktur, die S-PLUS anbietet, ist ein Data Frame, der sowohl numerische als auch andere Variablen enthalten kann. S-PLUS ist in der Lage, faktorielle Variablen als solche direkt zu erkennen und abzuspeichern, so daß im allgemeinen die Funktion zum Einlesen von Daten verwendet werden sollte, die Data Frames erzeugt: **read.table**. Vielfach muß außer dem Dateinamen kein weiteres Argument angegeben werden, so daß Daten eingelesen werden können durch

```
> read.table("Dateiname")
```

In diesem einfachen Fall geht S-PLUS davon aus, daß sich in der ersten Zeile bereits Daten befinden, also keine Variablenbezeichner (Ausnahme: Die zweite Zeile enthält ein Element mehr als die erste). Sind die Einträge in der ersten Zeile die Variablennamen (wie Name, Alter, etc.), muß **header=T** spezifiziert werden.

Die erste Spalte der Daten wird von S-PLUS als Bezeichner der Zeilen (wie Person1, Person2, etc.) verwendet und nicht als Teil der Daten. Sind in der ersten Spalte bereits Daten, muß **row.names=NULL** gesetzt werden.

Sieht eine Datei daher so aus wie die folgende, die unter dem Namen leute.dat abgespeichert sei, muß der Aufruf von **read.table** leicht angepaßt werden.

Name	Alter	Geschlecht
Hans	23	m
Franz	47	m
Mona	27	w
Lisa	33	w

Der Aufruf zum Einlesen dieser Daten würde lauten:

```
> read.table("leute.dat", header=T, row.names=NULL)
```

Damit werden die Namen der Personen nicht nur als Label, sondern als Teil der Datenmatrix eingelesen.

Hinweis Label (Variablen– und Beobachtungs–Bezeichner) sind häufige Fehlerquellen. Ein Label sollte keine Leerzeichen enthalten, da diese bei späteren Verwendungen wieder leicht Probleme verursachen. Leerzeichen können entfernt oder durch andere Zeichen ersetzt werden. Falls doch Leerzeichen innerhalb eines Labels auftreten sollen, kann das Label in Hochkommata gesetzt werden wie in **"Name der Person"**.

9.5 Daten Transferieren von S-PLUS zu S-PLUS: dump und restore

Vielfach muß man Daten zwischen S-PLUS-Systemen austauschen. Die Dateien, die von S-PLUS im Datenverzeichnis abgelegt werden, sind nicht unbedingt mit anderen S-PLUS-Versionen kompatibel (z.B. zwischen einer Sun-Workstation und einem Windows-PC). Um

nicht das gesamte Datenverzeichnis zu vernichten, sollten die Funktionen **dump** und **restore** benutzt werden.
Mit

```
> dump ("x", "xdaten.dat")
```

wird der Inhalt der Variablen **x** in die Datei xdaten.dat geschrieben. Diese Datei kann man sich ansehen, sie enthält S-PLUS–Befehle (!) und ist daher auf andere Maschinen transportierbar. Auf der Zielmaschine kann

```
> restore ("xdaten.dat")
```

eingegeben werden, um die Daten als S-PLUS–Variable wiederherzustellen. Alternativ kann auch **source** verwendet werden.
Sollen die Daten in eine Datei geschrieben werden, um mit einem anderen Programm weiterbearbeitet zu werden, ist **write** die Funktion, die verwendet werden kann (Kapitel 9.7, Seite 263).
Mittels **dump** kann jede Art von Variable geschrieben werden, also auch Funktionen, Listen, Data Frames, usw.

 Hinweis Um ein ganzes Verzeichnis mit allen Variablen zu transportieren, kann die Liste aller zu transportierenden Variablen als Argument an **dump** übergeben werden. Die Liste aller Namen erhalten wir durch Aufruf von **ls()** oder **objects()** und der Aufruf von **dump** kann direkt erfolgen.

```
> dump (objects(), "alles.dat")
```

◁

9.6 S-PLUS–Befehle von Datei Einlesen: Die Funktion source

Wir haben bereits kennengelernt, wie S-PLUS Variablen in Dateien schreibt und dabei S-PLUS–Syntax verwendet. Man kann ganze Programme in eine Datei schreiben und das Programm dann so ausführen, als wären die Befehle in der Datei auf der Kommandozeile eingegeben worden. Dies ist exakt das, was die Funktion **source** bewirkt.
Soll ein Batch Job gestartet werden, auf den wir in Kapitel 10.5 zu sprechen kommen, kann durch die Verwendung von **source** ein erster Testlauf erfolgen.

Der Aufruf lautet

```
> source ("Dateiname")
```

Auf UNIX–Systemen kann der gleiche Effekt erzielt werden, indem man S-PLUS statt von der Tastatur von einer Datei einlesen läßt. Dazu kann auf der UNIX–Kommandozeile die folgende Eingabe erfolgen.

```
Splus < Dateiname
```

9.7 Textdateien Schreiben

Um Dateien zu transportieren und in anderen Systemen zu verwenden oder einfach um sie auszudrucken, muß eine Ausgabe in eine Textdatei erfolgen. Textdateien erzeugt man in S-PLUS durch die Funktion `write`.

In der einfachsten Form kann nur der Name der auszugebenden Variablen und der zu schreibenden Datei angegeben werden.

```
> write (x, "xdata.dat")
```

Optional kann angegeben werden, wie viele Elemente in eine Zeile geschrieben werden sollen. Bestehen die Daten aus Zeichenketten, ist die Voreinstellung auf ein Element pro Zeile gesetzt, ansonsten auf fünf. Eine Spezifikation von drei Elementen pro Zeile kann erreicht werden, indem `ncol=3` gesetzt wird. Die Ausgabe kann zuvor durch andere Funktionen wie `cat`, `print`, `format` und `paste` bearbeitet werden.

Durch `write` kann eine Datei nicht nur neu geschrieben werden, `write` ist auch in der Lage, an eine bestehende Datei anzufügen. Dazu muß `append=T` gesetzt werden.

Insgesamt kann eine neue Datei namens xdata.dat, die drei Werte des Datensatzes x pro Zeile enthält, erzeugt werden durch

```
> write (x, "xdata.dat", ncol=3)
```

9.8 S-PLUS–Ausgaben in eine Datei Umlenken

Wenn Variablen auf dem Bildschirm ausgegeben werden, sind sie im allgemeinen schon gut vorformatiert. Vielfach will man das, was S-PLUS auf dem Bildschirm anzeigt, genau so an einen Drucker senden.

Dazu kann zwar ein Ausdruck vom aktuellen Bildschirm erzeugt werden, aber wenn die Ausgabe nicht den ganzen Schirm oder mehrere Schirme füllt, geht dies nicht mehr.
Die Funktion **sink** erlaubt, genau das, was S-PLUS sonst auf dem Bildschirm ausgibt, in eine Datei umzuleiten. Die Eingabe

```
> sink ("Dateiname")
```

eröffnet eine neue Datei und schreibt ab sofort alle Ausgaben in diese Datei. Nota bene wird dabei auf dem Bildschirm nichts mehr angezeigt, bis die Ausgabe wieder auf den Bildschirm gelenkt wird. Dazu muß wiederum **sink** aufgerufen werden, nur ohne Argument, da die Ausgabe per Voreinstellung auf dem Bildschirm erfolgt.

```
> sink ()
```

Wir schreiben 100 Zufallszahlen, die in einer Matrix abgelegt sind, in eine Datei.

```
> x <- matrix (rnorm(100), 20, 5)
> sink ("zzahlen.dat")
> x
> sink()
```

9.9 Aufgaben

Aufgabe 9.1

Wir wollen eine angelegte Geldmenge über eine gewisse Zeit verfolgen.
Ein Betrag x wird mit einem festen Zinssatz angelegt und für eine fixe
Zahl Jahre wird am Ende eines jeden Jahres das vorhandene Geld
(inklusive Zins und Zinseszins) errechnet.
Schreibe eine S-PLUS–Funktion, die die Werte für Anlagekapital,
Zinssatz und Laufzeit in Jahren übergeben bekommt und daraus das
angesparte Kapital am Ende jedes Jahres berechnet.
Hinweis: Die Formel, um das Kapital x nach n Jahren zu errechnen,
das bei einem Zinssatz von r Prozent angelegt ist, lautet $x * (1 + r)^n$.
Als Beispiel legen wir 10 Dollar an zu einem Zinssatz von 10 Prozent
pro Jahr. Nach einem Jahr haben wir 11 Dollar, und nach einem
weiteren Jahr 11 Dollar plus 10 Prozent von 11 Dollar, also 12.10
Dollar. Die Formel liefert uns $10*(1+0.1)^2 = 10*1.21 = 12.10$.
Verwende dieses Beispiel, um die Funktion zu überprüfen.
Als zusätzlicher Komfort für den Benutzer soll die Funktion nach der
Eingabe der Argumente fragen, wenn sie nicht beim Aufruf angegeben
wurden.

Aufgabe 9.2

Wir wollen einen S-PLUS–Datensatz exportieren und importieren.
Das bereits vorhandene Objekt **state.name** enthält die Namen der 50
Staaten der USA und **state.x77** enthält einige Daten zu den Staaten.

- Verwende die Funktion **write**, um Bevölkerung, Einkommen und
  Analphabetenraten in eine Datei namens us-daten.dat zu schreiben.
  (Die Variablen-Namen sind Income, Illiteracy und Population.)
- Lese die Daten aus us-daten.dat mit **scan** wieder ein.
- Füge die Staatennamen und die Daten zusammen und erzeuge eine
  neue Datei.
- Lese die soeben erzeugten Daten wieder ein (diese enthalten nun
  auch Zeichenketten!)
- Benutze **read.table** zum Einlesen der Daten. Was passiert, wenn
  man einmal **row.names=T** setzt und ein anderes Mal nicht?

9.10 Lösungen

Lösung zu Aufgabe 9.1

Um die Entwicklung des angelegten Kapitals zu verfolgen, benutzen wir die angegebene Formel und berechnen für eine Reihe von Jahren das Kapital jeweils am Ende des Jahres. Schlußendlich wollen wir eine Grafik der Daten erstellen.

Fehlt einer oder mehrere der Parameter, soll unsere Funktion den Benutzer nach der Eingabe fragen.

Die Funktion soll die Argumente Kapital, Zins und Jahre verwenden. Zusätzlich wollen wir noch ein Startjahr verwenden, um die Kurve zu zeichnen.

```
Kapital.Entwicklung <- function (Kapital, Zins, Jahre,
    Start=1997)
{
```

Als erstes schreiben wir eine Funktion, die innerhalb der umgebenden Funktion definiert ist (eine lokale Funktion). Die Funktion namens `ask` fragt den Benutzer nach einem einzugebenden Parameter. Eine eigene Funktion ist sinnvoll, da dieser Block gegebenenfalls mehrfach aufgerufen werden soll (für jedes fehlende Argument).

```
ask <- function (text="?")
{
    cat (text)
    return (eval(parse(text=readline())))
}
```

Das Rückgabe–Argument soll eine Zahl sein, da `readline` aber eine Zeichenkette zurückgibt, muß die Zeichenkette ausgewertet werden. Dieser Ausdruck wird als Ausdruck ausgewertet, d.h. es kann auch 1/2 eingegeben werden.

Nun folgt der Hauptteil der Funktion.

```
cat ("\nZinsberechnung.\n")
if (missing(Kapital)) Kapital <- ask ("Kapital: ")
if (missing(Zins)) Zins <- ask ("Zins: ")
if (missing(Jahre)) Jahre <- ask ("Jahre: ")
```

Der Zins kann angegeben werden als z.B. 5 für 5 Prozent oder aber auch als 0.05. Wenn eine Angabe größer als 1 erfolgt, nehmen wir an, der Benutzer meint die angegebene Zahl geteilt durch 100. Wir dividieren durch 100 und informieren den Benutzer.

```
if (Zins > 1)
{
    cat ("Ich rechne mit", Zins, "Prozent.\n")
    Zins <- Zins / 100
}
```

Wir erstellen einen Vektor, der so oft das Grundkapital enthält wie wir zu berechnende Jahre haben. Dann wenden wir in einer Zeile die Zinsberechnungsformel auf den gesamten Vektor an, indem wir in der Formel mit dem Vektor der Jahre (0,..., Jahre) potenzieren.

```
Geld <- rep (Kapital, Jahre+1) # einschl. Startjahr
Geld <- Kapital*(1+Zins)^(0:Jahre)
```

Die Berechnungen sind abgeschlossen in einer Zeile. Jetzt können wir eine Grafik erstellen. Dazu verwenden wir eine Funktion, um eine Zeitreihe zu zeichnen: `tsplot` (ts für time series).

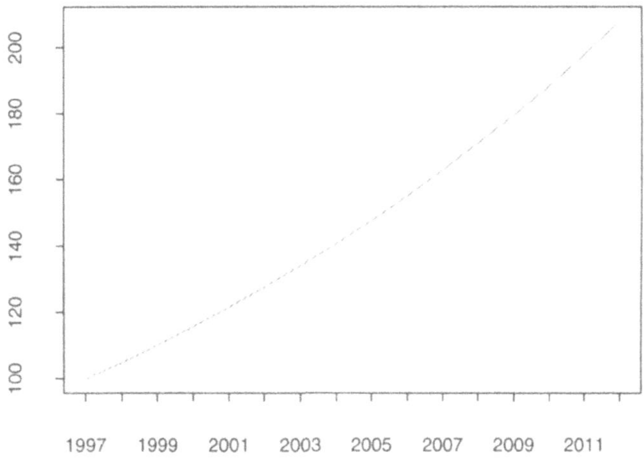

Abbildung 9.1. Entwicklung eines Startkapitals von 100 über 15 Jahre bei einem Zinssatz von 5 Prozent.

```
Geld <- ts (Geld, start=Start, freq=1)
tsplot (Geld, col=6)
Titel <- paste ("Kapitalentwicklung von",
    Start, "bis", Start+Jahre, "\n",
    "mit einer Verzinsung von", Zins, "Prozent")
title (Titel)
```

Schlußendlich wollen wir das Ergebnis als Zeichenkette zurückgeben.

```
result <- paste ("Ein Kapital von", Kapital,
    "verzinst zu", Zins, "Prozent ergibt nach",
    Jahre, "Jahren eine Summe von", round(Kapital))
```

Wir geben die Zeichenkette zurück und verlassen die Funktion.

```
return (result)
}
```

Abbildung 9.1 haben wir erstellt durch Aufruf von

```
> Kapital.Entwicklung (100, 5, 15)
```

Lösung zu Aufgabe 9.2

In dieser Aufgabe werden wir die verschiedenen Funktion zum Schreiben und Lesen von Daten in Dateien verwenden. Wenn ein Datensatz geschrieben wird, der in Matrixform angeordnet ist, will man ihn im allgemeinen zeilenweise in eine Datei schreiben, damit eine Zeile einer Matrix einer Zeile der Datei entspricht. Daher verwenden wir die Funktion t, um die Matrix zu transponieren (um 90 Grad zu drehen), bevor wir sie in die Datei schreiben.
Wir schreiben nur die ersten drei Spalten der Matrix **state.x77** in die Datei, da diese Variablen uns interessieren.

```
> write (t(state.x77[ ,1:3]), "us-daten.dat", ncol=3)
```

Das Einlesen dieser Daten erfolgt durch die Funktion **scan**, die die eingelesenen Daten an die Funktion **matrix** weiterreicht, um wiederum eine Matrix zu erstellen. Der Parameter **byrow=T** muß gesetzt werden, weil zeilenweise in die Matrix geschrieben werden soll.

```
> x <- matrix (scan("us-daten.dat"), byrow=T, ncol=3)
```

```
> x
            [,1]    [,2]    [,3]
    [1,]    3615    3624    2.1
    [2,]     365    6315    1.5
    [3,]    2212    4530    1.8
    [4,]    2110    3378    1.9
    [5,]   21198    5114    1.1
    etc.
```

Wir verbinden die Namen der Staaten aus dem Vektor **state.name**
mit der Datenmatrix **state.x77**, indem wir **cbind** die Daten spaltenweise zusammenfügen lassen.

```
> x <- cbind (state.name, state.x77[ , 1:3])
> write (t(x), "us-2.dat", ncol=4)
```

Wenn dieser Datensatz wieder eingelesen wird, stellen wir fest, daß
auf Anhieb alles zu klappen scheint. Doch dann erhalten wir am Ende
des Einlesens Fehlermeldungen.

```
Warning messages:
 Replacement length not a multiple of number of
   elements to replace in: data[1:11] <- old
Error in read.table("us3"): variable number of fields:
   4, 8, 6, 5
Dumped
```

Etwa in der Mitte der Daten tauchen Staaten-Namen wie New Jersey
oder North Carolina auf. Diese werden jeweils als zwei Elemente eingelesen, weil sie ein Leerzeichen beinhalten! Wir müssen daher entweder die Leerzeichen entfernen oder ein anderes Trennzeichen zwischen
den Werten einbauen. Wir entscheiden uns, Tabulatoren als Trenner
zu verwenden. Vor jedes Element bis auf das erste einer jeden Zeile
setzen wir einen Tabulator.

```
> x <- paste("\t", state.x77[,1:3], sep="")
> x <- matrix (c(state.name, x), ncol=4)
> write (t(x), "us-2.dat", ncol=4)
```

Mit der Funktion **scan** können wir die Daten nun wieder einlesen.
Da ein Teil der Daten Zeichenketten sind, müssen wir alle als Zeichenketten einlesen und anschließend einen Teil in numerische Daten
transformieren.

```
> matrix (scan("us-2.dat", what="", sep="\t"),
+ byrow=T, ncol=4)
            [,1]       [,2]     [,3]    [,4]
[1,]    "Alabama"    "3615"   "3624"  "2.1"
[2,]     "Alaska"     "365"   "6315"  "1.5"
[3,]    "Arizona"    "2212"   "4530"  "1.8"
[4,]   "Arkansas"    "2110"   "3378"  "1.9"
[5,] "California"   "21198"   "5114"  "1.1"
     etc.
```

Das Konvertieren in numerische Daten könnten wir mit der Funktion
as.numeric vornehmen.

Wir lesen nun die Daten direkt mit **read.table** ein, was den ganzen
Prozeß sichtlich erleichtert.

```
> read.table ("us-2.dat", sep="\t")
               V2     V3    V4
Alabama      3615   3624   2.1
Alaska        365   6315   1.5
Arizona      2212   4530   1.8
Arkansas     2110   3378   1.9
California  21198   5114   1.1
      etc.

> read.table ("us-2.dat", sep="\t", row.names=NULL)
            V1      V2     V3    V4
1      Alabama   3615   3624   2.1
2       Alaska    365   6315   1.5
3      Arizona   2212   4530   1.8
4     Arkansas   2110   3378   1.9
5   California  21198   5114   1.1
etc.
```

Wir sehen, daß im ersten Fall die Namen der Staaten als Label für die
Zeilen eingelesen wurden, so daß die Namen der Staaten als Variable
nicht direkt zur Verfügung stehen. Im zweiten Fall werden die Zeilen
einfach durchnumeriert und die Staaten–Namen bilden die erste Spalte
der Datenmatrix.

10. Tips und Tricks für Programmierer

Inzwischen haben wir uns gute Grundlagenkenntnisse über das System
S-PLUS verschafft und bereits einige Zeit damit gearbeitet. Spätestens jetzt wird es Zeit, daß wir uns um verschiedene Tips und Tricks
kümmern, die verständlich machen, wie S-PLUS funktioniert und wie
man effizienter arbeiten kann.

Zu Beginn wollen wir uns damit befassen, wie S-PLUS arbeitet, d.h.
die interne Arbeitsweise etwas genauer betrachten. Im Anschluß daran werden wir ein paar Hinweise geben, wie das Programmieren von
längeren Funktionen in der Praxis vor sich gehen kann, insbesondere
wenn man sich mit einem umfangreicheren Projekt befaßt. Wir werden uns ansehen, wie längere Simulationen unter S-PLUS gestartet
werden können und kurz streifen, wie Funktionen in C und Fortran
direkt in das System eingebunden werden können.

Viele weitere Hinweise sind aus unserer jahrelangen Erfahrung mit
S-PLUS entstanden, und manche erfahrene Benutzer können an der
einen oder anderen Stelle durchaus anderer Meinung sein. Wenn man
bereits auf diese oder jene Dinge hingewiesen wird, kann dies im Laufe
der eigenen Arbeiten sehr zeitersparend sein. Wir betrachten viele
der Hinweise und Anregungen lediglich als Idee, die vor allem neuen
Benutzern hilfreich sein sollen.

Die folgenden Sektionen sind vor allem hilfreich, wenn man bereits
eine gewisse Zeit mit S-PLUS gearbeitet hat oder an einem Computer
sitzt. Um einen ersten Einblick zu gewinnen, kann man dieses Kapitel
durchaus überspringen, um später darauf zurückzukommen.

10.1 Wie S-PLUS funktioniert

Um wirklich zu verstehen, was in S-PLUS vor sich geht, wollen wir
uns als Nächstes ansehen, was beim Start passiert und wie Daten
abgespeichert werden.

10.1.1 Starten des Systems

.Data

Wenn S-PLUS startet, sucht das System in dem Verzeichnis, von wo es startet, nach einem Unterverzeichnis namens .Data (oder _Data unter Windows). Wenn ein solches Verzeichnis gefunden wird, wird es zum Arbeitsverzeichnis erklärt. Existiert ein solches Verzeichnis nicht im aktuellen Arbeitsverzeichnis, sucht S-PLUS im 'Home Directory' danach. Unter UNIX ist dies das Verzeichnis, wo man sich nach dem Login befindet, das auch in der Umgebungsvariablen HOME abgelegt ist. Unter DOS/Windows muß dieses Verzeichnis (wie auch das Verzeichnis, in dem S-PLUS sich befindet) definiert werden. Dies kann in autoexec.bat geschehen mittels

```
SET HOME=c:\users\andreas
SET SHOME=c:\programs\Splus
```

oder aber in SPLUS.INI (im Windows–Verzeichnis) definiert werden. Wenn an beiden Orten, im aktuellen Verzeichnis und im Home Directory, ein Verzeichnis .Data nicht gefunden wird, erstellt S-PLUS selbsttätig ein solches im Home Directory. Der Benutzer wird informiert darüber durch die Meldung "Initializing a new S-PLUS user". Wenn das HOME– oder SHOME–Verzeichnis unter Windows nicht definiert ist, verweigert S-PLUS die Arbeit mit einer Fehlermeldung. Ab sofort werden alle Variablen, Daten und Funktionen, im Data–Verzeichnis gespeichert, wenn dies nicht ausdrücklich geändert wird. Im folgenden nennen wir das Verzeichnis das Data Directory.

.First und .Last

Nach erfolgreichem Start sucht S-PLUS nach einer Funktion namens .First im Data Directory. Wenn die Funktion existiert, wird sie sogleich ausgeführt. Analog wird beim Beenden der Sitzung nach einer Funktion .Last gesucht, die vor dem Beenden ausgeführt wird. Dort können andere Funktionen aufgerufen werden, die die eigene Arbeitsumgebung definieren, wie beispielsweise das Zugreifen auf Libraries oder das Öffnen eines Grafik–Fensters beim Start.
Um ein Grafik–Fenster gleich beim Start zu öffnen, würde man .First wie folgt definieren.

Beispiel 10.1. Eine `.First`-Funktion zum Öffnen eines Grafik–Fensters beim Start von S-PLUS

```
.First <- function ()
{
  graphsheet()                   # Oeffne Grafik-Fenster
  cat (".First endet hier.\n")  # Gebe Nachricht aus
}                                # im Befehls-Fenster
```

◁

Die Funktion kann direkt so eingegeben werden. Um sie auszuprobieren, kann `.First()` eingegeben oder das System verlassen und neu gestartet werden.

Abspeichern von Daten

S-PLUS verwendet gewisse Mechanismen zum Speichern von Variablen, die wir etwas genauer ansehen wollen. Wenn ein Ausdruck auf der Kommandozeile eingegeben wird, wertet S-PLUS diesen aus. Jeder Ausdruck ergibt ein Resultat, das in einer Variable abgelegt oder auf dem Bildschirm ausgegeben wird, wie beispielsweise das Ergebnis eines statistischen Tests. Wenn ein Ergebnis in eine Variable umgelenkt wird, wie beispielsweise bei der Eingabe von `x <- 3`, wird der Ausdruck auf der rechten Seite in `x` abgespeichert. Abspeichern ist dabei wörtlich zu nehmen, es wird eine Datei mit dem Namen `x` auf der Festplatte im Data Directory angelegt. Die Datei bleibt bestehen, auch wenn S-PLUS verlassen wird, solange bis sie gelöscht oder überschrieben wird.

Der Vorteil liegt auf der Hand: Wenn S-PLUS erneut aufgerufen wird, sind alle angelegten Daten und Funktionen noch vorhanden, man kann direkt dort weitermachen, wo man am Vortag aufgehört hat. Ein erneutes Einlesen von Daten ist nicht notwendig. Auf der anderen Seite muß nach einer gewissen Zeit aufgeräumt werden.

S-PLUS hat ein eigenes Datenformat, in dem Variablen als Datei abgelegt werden. Daher können diese Dateien nicht mit einem Text–Editor geöffnet und editiert werden. Wichtiger ist allerdings der folgende Hinweis.

| Hinweis | Es sollte niemals irgendetwas in das Data Directory selbst hineinkopiert oder daraus gelöscht werden. Insbesondere sollten keine Text–Dateien dorthin kopiert werden. Daten werden mit den vorgesehenen Funktionen von S-PLUS aus eingelesen. Das Einlesen von Daten haben wir ausführlich behandelt.

◁

Auf UNIX–Systemen werden alle Variablen unter denen ihnen zugewiesenen Variablen–Namen als Datei abgespeichert. Unter Windows bzw. dem verwendeten DOS–Speichermechanismus ist dies nicht möglich aufgrund der 8 (plus 3) Zeichenbeschränkung für Dateinamen. Wenn der Variablenname diese Grenze nicht überschreitet, wird die Variable unter dem eigenen Namen abgelegt. Falls dies nicht möglich ist, verwendet S-PLUS einen eigenen Mechanismus. Dateien werden unter einer fortlaufenden Nummer angelegt, wie beispielsweise als __1. Der Variablenname innerhalb von S-PLUS wird der richtigen Datei zugeordnet, indem diese als Paare in einer Datei namens __nonfi ("non–fitting") abgespeichert werden.

Wenn im Data Directory manuelle Veränderungen vorgenommen werden, kann daher insbesondere unter Windows eine zerstörerische Wirkung resultieren.

.Last.value

Jeder in S-PLUS eingegebene Ausdruck verändert eine Variable namens `.Last.value` im Data Directory. Das Ergebnis (die Rückgabe) der letzten aufgerufenen Funktion wird dort abgelegt. Dies ist sehr hilfreich, wenn man eine längere Berechnung durchführt und das Ergebnis behalten will, es aber nicht in eine Variable umgeleitet hat. Als letzte Rettung hilft der Abruf von `.Last.value` wie im folgenden Beispiel:

```
> result <- .Last.value
```

Dieser Befehl muß unmittelbar nach dem Ausdruck, den man retten will, eingegeben werden. Ansonsten überschreibt der nächste Ausdruck den Wert von `.Last.value` wieder.

☐ **Hinweis** Wenn ein Ausdruck eingegeben wird, der vor der Rückkehr zum S-PLUS–Prompt einen Fehler erzeugt, wird am Zustand des Systems keine Veränderung vorgenommen. Alle Variablen besitzen exakt den Wert, den sie vor der Ausführung des Befehls hatten. (Viele andere Sprachen belassen das System in dem Zustand, den es bei Auftreten des Fehlers hatte.)   ◁

10.1.2 Levels in Aufrufen

Wie in den meisten Programmiersprachen gibt es auch in S-PLUS Levels (Ebenen) von Aufrufen. Jedes Level hat seine eigenen Variablen, so wie eine Funktion lokale Variablen hat, und muß sie explizit an andere Levels, wie z.B. eine aufgerufene Funktion, übergeben. Als einzige Ausnahme sind globale Variablen, wie sie in der interaktiven Umgebung von S-PLUS definiert werden, von überall her zugreifbar. Wir wollen diesen Sachverhalt, der für Programmier–Neulinge etwas schwierig zu durchblicken ist, an einem Beispiel betrachten. Es folgt eine Reihe von Funktionsaufrufen. Was wird auf dem Bildschirm bei jedem Print–Befehl ausgegeben, wenn f(3) aufgerufen wird?

Beispiel 10.2. Levels von Aufrufen
Wir definieren eine Funktion g innerhalb einer Funktion f. Wir wollen anschließend f aufrufen mit dem Parameter 3: f(3). Wir haben mehrere Male den Befehl print eingefügt. Was wird bei jedem der Aufrufe ausgegeben?

```
f <- function (x)
{
  g <- function (x)
  {
    print (x)
    x <- x*x
    return (x)
  }
  print (x)
  store.x <- x
  x <- x*x
  print (x)
  y <- g(x)
  print (x)
  print (y)
}
```

Hier die Lösung:

```
> f(3)
      3
      9
      9
      9
      81
```

Was wird passieren, wenn nun auf der Kommandozeile g eingetippt wird, um die Definition der Funktion g anzuzeigen?
Ist der Wert von store.x innerhalb der Funktion g bekannt?   ◁

Die Variable **store.x**, die innerhalb von **f** definiert wird, ebenso wie die Funktion **g**, sind sogenannte *lokale* Variablen. Sie (beziehungsweise deren Werte) werden an **g** übergeben von der aufrufenden Funktion **f** und sind außerhalb der deklarierenden Funktion **f** nicht bekannt, also auch nicht in **g**. Eine solche Umgebung, ein abgeschlossener Block wie eine Funktion zusammen mit den dort bekannten Variablen wird in S-PLUS *frame* genannt.

| Hinweis | Wenn ein Ausdruck oder eine Funktion nicht ordentlich abschließt und mit einem Fehler abbricht, wird nichts von den bisherigen Berechnungen gespeichert. Bei einer kurzen Rechenzeit ist dies nicht weiter schlimm, bei einer langen Simulation allerdings war das ganze Warten umsonst. Daher sollte eine Funktion, bevor sie auf eine lange Berechnung losgelassen wird, zunächst immer mit einer kurzen Berechnung getestet werden, mit nur wenigen Iterationen oder einem kleinen Datensatz.   ◁

| Hinweis | Eine Bemerkung insbesondere für weniger erfahrene Programmierer: Ein guter Programmierstil vermeidet die Verwendung globaler Variablen. Wer eine globale Variable in der interaktiven Umgebung definiert und eine Funktion schreibt, die diese Variable benötigt, läuft Gefahr, daß die Variable gelöscht oder überschrieben wird, so daß die Funktion nicht mehr wie erwartet läuft. Ebenso muß bei Weitergabe der Funktion an andere Benutzer die Variable mitgegeben werden, was leicht vergessen werden kann.

Eine der ganz wenigen Ausnahmen, die akzeptiert werden können, ist das Setzen einer systemweiten Option, wie zum Beispiel der Name eines Editors oder ein globaler Parameter. Diese sind unter UNIX meist "versteckt", indem die Namen mit einem Punkt beginnen, und diese Konvention ist auch in S-PLUS meist verwendet.

Dieser saubere Programmierstil hat zudem als Konsequenz, daß eine Variable, die eigentlich nicht benutzt werden sollte, auch keine Verwendung findet. Greift eine Funktion auf eine Variable **x** zu, die innerhalb der Funktion vergessen wurde zu definieren, so wird ein globales **x** verwendet, sofern es existiert. Dieses globale **x** kann sich aber nur allzu leicht ändern, so daß die Funktion mit einem Fehler abbricht – ein nicht beabsichtigter Fehler.   ◁

10.1.3 Suche nach Objekten

Wie wir im vorangegangenen gesehen haben, sucht S-PLUS zunächst immer im lokalen Bereich (wie in der Umgebung der gerade ausgeführten Funktion) nach den spezifizierten Variablen, wenn ein Ausdruck wie 2*x eingegeben wird. Wenn keine entsprechende Variable gefunden wird, sucht S-PLUS in den Suchpfaden danach. Das erste Element des Suchpfades ist für gewöhnlich .Data (UNIX) oder _Data (Windows) im momentanen Verzeichnis.

Wird ein neues Datenverzeichnis mit **attach** oder **library** definiert, wird es im allgemeinen hinten an den Suchpfad angefügt. Auf diese Art können Systemfunktionen und Variablen "überschrieben" werden. Eine Funktion namens **hist** im eigenen Verzeichnis wird als erste gefunden und ausgeführt statt der Systemfunktion, da das Data Directory vor dem Systemverzeichnis im Suchpfad steht. Wird die selbst definierte Funktion **hist** gelöscht, findet S-PLUS wieder die systemeigene Funktion zum Zeichnen eines Histogramms.

Der volle Suchpfad wird von S-PLUS ausgegeben, wenn die Funktion **search** verwendet wird.

```
> search()
```

| Hinweis | In gewissen Grenzen verhält S-PLUS sich intelligent. Wir weisen einer Variable namens **print** einen numerischen Wert zu wie in **print <- 3**. Anschließend wollen wir die Funktion **print** verwenden, um zum Beispiel **print (1/2)** aufzurufen. S-PLUS "bemerkt", daß eine Funktion aufgerufen wird und findet die entsprechende Funktion. Wir werden mit einer Warnung darauf hingewiesen, daß auch andere (numerische) Objekte gleichen Namens existieren. Wollen wir **print** ausgeben, wird die Variable angezeigt, die als erstes gefunden wird, also die Variable **print** mit dem Wert 3.   ◁

| Hinweis | Für Neulinge ist eine solche Situation oft verwirrend, da S-PLUS an vielen Stellen auf doppelt vorkommende Variablennamen hinweist, insbesondere wenn es sich um Variablen wie **print**, **matrix** oder **c** handelt. Solche Namen sollten vermieden werden.   ◁

10.2 Tips für Programmierer

Es gibt ein paar Grundregeln, die von erfahrenen Programmieren beachtet werden. Viele davon findet man selbst heraus, wenn man eine Weile mit einem System gearbeitet hat. Trotzdem kann es äußerst hilfreich sein, bereits frühzeitig auf Standards, Hilfsmittel und Fallen hingewiesen zu werden.

10.2.1 Speichern und Wiederherstellen Grafischer Parameter

Viele Funktionen werden geschrieben, um Grafiken zu erzeugen. Dazu werden die Parameter der Grafik vielfach global gesetzt, wie Breite der Ränder oder Layout der Grafik in Matrixform. Es ist sauberer Stil, diese Parameter nach Beenden der Funktion wieder herzustellen und die Werte zurückzusetzen so wie sie vorher gesetzt waren. In S-PLUS kann man einen Schritt weiter gehen, indem sogar bei einem Absturz der Funktion die veränderten Parameter zurückgesetzt werden auf ihre alten Werte. Grafische Werte können mit `par` abgefragt und abgespeichert werden, und die Funktion `on.exit` wird bei jeder Art des Verlassens einer Funktion ausgeführt, ob regulär oder durch Abbruch mit einem Fehler.

```
> par.old <- par()          # Parameter abspeichern
> on.exit (par(par.old))     # und Zurücksetzen
```

Man beachte, daß natürlich auch `par(par.old)` an das Ende der Funktion gesetzt werden kann. Wenn die Funktion vorher abbricht mit einem Fehler, werden die Parameter aber nicht zurückgesetzt. `on.exit` wird in jedem Fall ausgeführt, bevor auf die Kommandozeile zurückgekehrt wird.

10.2.2 Namen von Variablen und Funktionen

Manche Dinge sind hilfreich, wenn man für längere Zeit mit S-PLUS arbeitet. Zum Beispiel kann man Funktionen und Variablen, die zusammengehören, Namen geben, die dies ausdrücken. Wenn man die Liste der Objekte in einer Sitzung ansieht, wird die Zusammengehörigkeit der Objekte gleich sichtbar. Für diesen Zweck könnten die Objekte alle mit der gleichen Buchstabenfolge beginnen. Die Bruttosozialprodukt–Daten können unter `bsp.dat` abgelegt werden, die Grafik-Funktion könnte `bsp.plot` heißen, und die Mittelwerte der

Daten könnten in einer Variablen mit dem Namen `bsp.means` abgelegt werden.

Im Laufe der Arbeit mit S-PLUS werden viele Daten erzeugt, von denen einige nur zum Testen benutzt werden. Nennt man diese `a`, `b`, `c`, `test1`, `test2`, `x`, `xx`, usw., so wird die Auflistung aller vorhandenen Variablen schnell unübersichtlich und das Aufräumen schwierig. Eine gute Idee wäre, alle nicht permanent benötigten Daten mit x, y oder z beginnen zu lassen. Diese können von Zeit zu Zeit komplett gelöscht werden. Um alle Variablen, die mit x beginnen, zu löschen, kann der folgende Befehl verwendet werden.

```
> remove(objects(pattern="x*"))
```

10.3 Entwickeln einer Funktion

Um eine oder mehrere Funktionen zu schreiben, muß man sich unbedingt eine geeignete Konfiguration von Editor und S-PLUS zusammenstellen. Eine längere Funktion kann nicht immer und immer wieder eingegeben werden, bis sie so funktioniert wie gewünscht. Sie sollte abgespeichert, ausgeführt, geändert und wieder ausgeführt werden.

Zunächst muß S-PLUS gestartet werden. Dazu kann der persönliche Lieblings–Editor gestartet werden, sei es vi, emacs, notepad oder was auch immer. Die Funktion muß natürlich als ASCII–Text abgespeichert werden. Wenn die Datei existiert, kann sie wie eine interaktive Eingabe in S-PLUS eingelesen werden.

```
> source ("filename")
```

Nun kann die Funktion ausprobiert werden. Nach jeder Änderung des Quelltextes muß das Einlesen neu ausgeführt werden.

Eine andere Möglichkeit bietet die Funktion `fix`. Mit der Eingabe

```
> fix (function-name)
```

wird ein Editor gestart (vi unter UNIX und notepad unter Windows, frei konfigurierbar). Wenn die Funktion geschrieben und der Editor verlassen ist, wird die neue Version der Funktion automatisch in S-PLUS eingelesen. Wenn die Funktion nicht wie erwartet arbeitet, kann sie mit

```
> fix ()
```

ohne weitere Argumente erneut editiert werden. Ohne Angabe von Argumenten wird das jeweils zuletzt editierte Objekt erneut editiert. Auch wenn das Einlesen der Funktion nicht klappt, wenn beispielsweise eine Klammer nicht geschlossen wurde, ist das Objekt nicht verloren.

Der erste Ansatz (separater Editor) bietet den Vorteil, daß man schnell hin und her wechseln kann, und den Nachteil, daß manuell jeweils neu eingelesen werden muß.

10.4 Strukturiertes Arbeiten

Wer sich intensiv mit S-PLUS befaßt, wird über kurz oder lang an verschiedenen Projekten arbeiten und viele Variablen anlegen. Wir wollen ein paar Hinweise betrachten, die hilfreich sein können bei der praktischen Arbeit.

10.4.1 Verschiedene Projekte Bearbeiten

Im allgemeinen arbeitet man mit S-PLUS nicht nur an einem Projekt. Wenn ein neues Projekt begonnen wird, ist es aber nicht unbedingt sinnvoll, die Daten wieder in dem gleichen Verzeichnis abzulegen. Aus diesem Grund erlaubt S-PLUS, daß mehrere Arbeitsverzeichnisse angelegt werden, für jedes Projekt ein neues. Unter UNIX kann ein neues Arbeitsverzeichnis an einer beliebigen Stelle erstellt werden, indem man in das Verzeichnis wechselt, wo es angelegt werden soll (zum Beispiel durch `cd /users/andreas/diplomarbeit`), und das Data Directory dort erstellt.

```
mkdir .Data
```

Unter Windows ist das Vorgehen ähnlich. Ein neues Verzeichnis wird in einem DOS–Fenster erstellt oder durch den Dateimanager. Es muß hier den Namen _Data haben.

```
mkdir _Data
```

S-PLUS muß aus dem Verzeichnis gestartet werden, das .Data bzw. _Data enthält (nicht aus .Data oder _Data selbst). Unter UNIX wechselt man in das Verzeichnis und startet S-PLUS, unter Windows kann ein neues Icon erstellt werden und das Arbeitsverzeichnis neu eingestellt werden. Dazu die <Ctrl>-Taste festhalten, mit dem linken

Mausknopf auf das S-PLUS-Icon klicken und an die neue Stelle ziehen. Die Einstellungen werden editiert durch [EIGENSCHAFTEN] im Menu [DATEI].
Um auszuprobieren, ob alles funktioniert, kann S-PLUS nun gestartet werden. Wenn der Befehl `objects()` eingegeben wird, sollten keine Variablen angezeigt werden, da das neue Arbeitsverzeichnis leer ist.

10.4.2 Aufräumen

Während man an einem Projekt arbeitet, ist es sehr praktisch, daß die erzeugten Variablen permanent abgespeichert werden und nach einem Neustart noch vorhanden sind. Nach einer Weile oder nach Abschluß eines Projektes ist es hingegen sinnvoll, das Verzeichnis aufzuräumen und alle nicht mehr benötigten Variablen zu löschen. Auch um Platz auf der Festplatte zu sparen, sollte ab und zu aufgeräumt werden. Die einfachste Art und Weise, ein Objekt in S-PLUS zu entfernen, bietet das Kommando **rm**.

```
> rm (Objekt)
```

Um mehrere Objekte mit einem Befehl zu löschen, kann die Funktion **remove** verwendet werden. **remove** ist ein mächtigerer Befehl als **rm**, dafür ein wenig komplexer in der Handhabung. Mit **remove** können unter anderem auch Objekte in einem anderen Verzeichnis oder mit einem speziellen Namensmuster gelöscht werden. Um alle Objekte, deren Name mit einem x beginnt und die sich im zweiten Verzeichnis des Suchpfades befinden, zu löschen, gibt man ein:

```
> remove (objects (pattern="x*"), where=2)
```

Die Verzeichnisse im Suchpfad kann man durch Eingabe von **search()** herausfinden.
Um alle Objekte im momentanen Datenverzeichnis zu löschen (nachdenken und dann erst ausprobieren!), hilft

```
> remove(objects())
```

Zum besseren Verständnis gebe man die Befehle `objects()` und `objects(pattern="x*")` auf der Kommandozeile ein.
Wer auf einem UNIX–System arbeitet, kann die Variablen auch aus dem Data Directory selbst entfernen (mittels **rm** ist dies aber sauberer, deshalb nur für erfahrene UNIX–Benutzer). Dazu wechsle man in das Verzeichnis .Data und verwende das UNIX–Kommando **rm**. Mit der Option **-i** wird bei jeder Datei nach einer Bestätigung gefragt, bevor sie permanent gelöscht wird.

```
rm -i *
```

| Hinweis | Wer die hier vorgestellten Befehle zum Löschen von Objekten ausprobieren möchte, ohne ganz sicher zu sein, was passiert, sollte eine Kopie seiner Daten anfertigen und auf diesen probieren.   ◁

10.5 Stapelverarbeitung: Batch Jobs

Stapelverarbeitungen oder auf Englisch Batch Jobs sind insbesondere auf Systemen mit Multitasking sehr sinnvoll. Wer eine Berechnung oder Simulation über Nacht laufen lassen will, um andere Benutzer nicht zu stark zu beeinträchtigen, schreibt ein Programm, das abends gestartet wird, und läßt es im Hintergrund laufen. Man kann den Arbeitsplatz dabei verlassen und sich Ausloggen beim System. Solche Programme, die auf Großrechnern in eine Warteschlange gestellt (oder auf einen Stapel gelegt) werden, um sie der Reihe nach abzuarbeiten, heißen Batch Jobs (Batch=Stapel).

Ein Batch Job besteht einfach aus einer Reihe von Befehlen, die abgearbeitet werden, einer nach dem anderen. Da dies eine nicht interaktive Technik ist, wird nichts auf dem Bildschirm ausgegeben oder beim Benutzer nachgefragt. Wenn der Job gestartet ist, kann nicht mehr direkt eingegriffen werden. Alle Ausgaben werden entweder unterdrückt oder in Dateien geschrieben.

Um einen Batch Job in S-PLUS zu starten, sind nur wenige Schritte zu tun.

- Erstelle eine Textdatei, die ausschließlich S-PLUS-Befehle enthält, die man ebenso auf der Kommandozeile eingeben könnte.
- Wo möglich, sollte man versuchen, zunächst zu überprüfen, ob das Programm wie gewünscht funktioniert. Beispielsweise kann man anstelle von 10000 Iterationen lediglich 10 laufen lassen, um zu sehen, daß das Programm zumindest bis dorthin fehlerfrei arbeitet. Wenn gleich am Anfang ein Syntax-Fehler oder ein anderes Problem auftritt, findet man bei der Rückkehr nur eine Fehlermeldung vor.
- Starten des Batch Jobs durch Eingabe von

    Splus BATCH *Kommandodatei Ausgabedatei*

    auf der Kommandozeile von UNIX oder DOS/Windows. Die Kommandodatei muß existieren und die Befehle enthalten, die S-PLUS ausführen soll. Die Ausgabedatei wird von S-PLUS erstellt und bereits vorhandene Dateien werden überschrieben.

– Überprüfen, ob das Programm läuft.
Auf einem UNIX–System kann der Befehl **ps -ef** benutzt werden, um die momentan laufenden Prozesse festzustellen. Unter Windows kann man auf den Hintergrund klicken oder die Tastenkombination **<Alt><Tab>** verwenden, um die laufenden Prozesse der Reihe nach durchzuschalten. Ebenso kann mit **<Ctrl><ESC>** die Liste der momentan laufenden Prozesse in einem Fenster angezeigt werden.

| Hinweis | Grafiken können auch aus einem Batch Job heraus erzeugt werden. Wie in der interaktiven Umgebung kann man PostScript– oder andere Dateien generieren, die Ausgabe auf **win.printer** leiten oder die Druckerwarteschlange füllen. Die einzige Einschränkung besteht darin, daß keine Grafikfenster auf dem Bildschirm eröffnet werden können. Werden Druckaufträge an den Drucker gesandt, so werden diese ausgeführt und am nächsten Morgen liegen die Ausdrucke parat (Drucker einschalten nicht vergessen!).   ◁

10.6 Einbinden von C– und Fortran–Programmen

Wie ein selbstgeschriebenes oder externes Programm in C oder Fortran direkt in S–PLUS eingebunden werden kann, ist sehr gut in den Handbüchern oder im Blauen Buch erklärt. Wir wollen uns hier auf ein kurzes Beispiel beschränken, das aufzeigt, wie die grundsätzliche Vorgehensweise ist. Wir schreiben ein Programm in C, das einen Float (Fließkommawert) als Parameter bekommt und die dritte Potenz davon an S–PLUS zurückgibt.

| Hinweis | S–PLUS tauscht mit externen Routinen lediglich Zeiger (Pointer) aus. Aus diesem Grund müssen Programme, die Daten mit S–PLUS austauschen, die Länge der übergebenen Parameter überprüfen und angeben.
Um Argumente sauber zu übergeben, sollte vorher eine explizite Typenkonversion stattfinden, wie man in S–PLUS beispielsweise eine Variable in eine Variable mit doppelter Genauigkeit (double precision) durch die Funktion **as.double** konvertiert.   ◁

Programm 10.1 zeigt eine C–Funktion, um die dritte Potenz eines Double Precision–Wertes zu berechnen und zurückzugeben.

Programm 10.1. Ein C–Programm zur Berechnung der dritten Potenz

Das folgende Programm akzeptiert einen double precision Wert und
gibt dessen dritte Potenz an das aufrufende Programm zurück. Zu
beachten ist, daß Variable durch Pointer referenziert werden müssen.

```
#include <stdio.h>
void cubic (double *x)
{ double *y;
  printf ("program cubic started.\n");
  *y = (*x)*(*x)*(*x);
  return (*y);
}
```

Programm 10.2 zeigt eine kurze Funktion in S-PLUS, um den Wert
der Variablen x an ein C–Programm zu übergeben und das dort errechnete Resultat wieder zurückzubekommen. Nachdem die C–Routine in
S-PLUS bekannt und die umgebende Funktion geschrieben ist, besteht für einen Benutzer kein sichtbarer Unterschied mehr zwischen
internen und externen Funktionsaufrufen.

Programm 10.2. Die S-PLUS–Funktion zum Aufruf des C–Moduls
Die Funktion `cube.it` in S-PLUS ruft die externe C–Routine `cubic`
auf, die wir oben definiert haben, und erhält das Ergebnis von der
C–Routine zurück.

```
> cube.it <- function (x)
+ {
+   the.cube <- .C ("cubic", as.double (x))
+   return (the.cube)
+ }
```

Das ist bereits alles, was an Programmierarbeit geleistet werden muß.
Es bleibt, das C– oder Fortran–Programm für S-PLUS bekannt zu
machen.

– Schreibe ein C–Programm oder eine Fortran–Subroutine. Nehmen
   wir an, das C–Programm sei in einer Datei namens `cubic.c` und
   der Name der darin enthaltenen Funktion sei `cubic`.
   Eine Funktion `main()` darf nicht deklariert werden !
– Wandle das Programm in eine Objekt-Datei um.
   Für C–Funktionen wird dies im allgemeinen durch den Aufruf von
   `cc -c cubic.c`

erledigt. Wenn kein Fehler auftritt, wird dadurch eine Datei namens `cubic.o` im aktuellen Verzeichnis angelegt.
– Mache das Programm S-PLUS durch dynamisches Laden bekannt:

```
> dyn.load ("cubic.o")
```

– Schreibe die aufrufende Routine in S-PLUS (wie oben).

Fertig. Damit kann die C–Routine ausprobiert werden.
Das C–Programm erhält einen Pointer auf die Daten, und wenn mehr als ein Element übergeben werden soll, muß dem C–Programm die Länge des übergebenen Vektors mit übergeben werden. So kann ein ganzzahliger (Integer) Wert, der dem C–Programm die Länge des Vektors `x` mitteilt, übergeben werden durch `n=length(x)`. Das C–Programm muß den Parameter `n` dementsprechend verwenden.
Die Handbücher enthalten eine genaue Übersetzungstabelle für die verschiedenen Formate in C, Fortran und S-PLUS.

| Hinweis | Der Aufruf von `dyn.load` linkt ein Objekt an das gerade laufende System S-PLUS. Nach Verlassen und Wiederaufrufen von S-PLUS ist die Funktion nicht mehr bekannt. Um ein permanentes Linking zu erreichen, kann sogar zum Kernel des S-PLUS–Systems statisch hinzugelinkt werden. Eine andere Alternative ist das dynamische Linken beim Start des Systems, das in der Funktion `.First` geschehen kann.   ◁

Windows–Benutzer müssen hier aufpassen. Windows hat keinen Standard–C–Compiler, und eine Einbindung von C–Routinen ist nicht wie unter UNIX möglich, sondern nur als DLL (Dynamic Link Library). Details finden sich in den Handbüchern.

| Hinweis | Bei Problemen mit `dyn.load` sei darauf hingewiesen, daß eine weitere Routine `dyn.load2` Bestandteil von S-PLUS ist.   ◁

10.7 Aufgaben

Aufgabe 10.1

Erstelle ein Verzeichnis Skurs und darin ein Datenverzeichnis für S-PLUS. Von nun an soll S-PLUS die Daten hier ablegen. Probiere, ob es funktioniert. Welche Objekte sind bereits definiert, wenn S-PLUS neu gestartet wird ?

Aufgabe 10.2

Schreibe einen Batch Job, der die folgenden Aufgaben erledigt. 1000 standard–normalverteile Zahlen sollen erzeugt und in einer Variable gespeichert werden. Mittelwert und Varianz sollen berechnet und ausgegeben werden. Die Daten sollen in einer Grafik dargestellt und an den Drucker gesendet werden.
Starte S-PLUS im interaktiven Modus und berechne Mittelwert und Varianz des vom Batch Job generierten Datensatzes. Vergleiche die Ergebnisse.

Aufgabe 10.3

Erzeuge ein grafisches Layout in 2x2–Matrixform. Verdopple die Größe der Zeichen, erzeuge vier Histogramme von 100 normalverteilten Zufallszahlen und füge Titel zu den Grafiken hinzu. Die Anzahl der generierten Zufallszahlen soll ein Parameter der Funktion sein, der mit 100 vorbesetzt ist.
Stelle sicher, daß nach Beenden der Funktion alle grafischen Parameter, insbesondere die Zeichensatzgröße und das 2x2–Layout wieder auf die ursprünglichen Werte zurückgesetzt werden.
Überprüfe die Funktionsweise durch Erstellen einer weiteren Grafik, nachdem die Funktion ausgeführt wurde.

10.8 Lösungen

Lösung zu Aufgabe 10.1

Um ein neues Arbeitsverzeichnis für S-PLUS zu erstellen, wechseln
wir in das Verzeichnis, wo das neue Projekt abgelegt werden soll, beispielsweise in /users/michael oder in C:\SPLUS\PROJEKTE. Anschließend kann das Verzeichnis erstellt werden, in dem die Daten,
S-PLUS-Funktionen, Dokumentationen etc. abgelegt werden sollen.
Wir erstellen das Verzeichnis und wechseln dorthin.

```
mkdir SKurs
chdir SKurs
```

In diesem Verzeichnis wird nun das Data Directory angelegt, das auf
UNIX–Systemen .Data und auf Windows–Systemen _Data heißt.

```
mkdir .Data (UNIX–Systeme)
mkdir _Data (Windows–Systeme)
```

Als letztes kann S-PLUS von hier aus gestartet werden, um zu testen,
ob alles wie geplant funktioniert. Unter UNIX kann direkt Splus eingegeben werden, für Windows kann man ein neues Symbol (Icon) erstel
len. Für das neue Icon muß das Arbeitsverzeichnis auf beispielsweise
C:\SPLUS\PROJEKTE\SKURS gesetzt werden, die Daten werden
dann in _Data abgelegt.

Lösung zu Aufgabe 10.2

Um einen Batch Job zu starten, sollte man als erstes den Batch Job
selbst schreiben, eine Datei, die S-PLUS-Befehle enthält. Dazu kann
jeder beliebige Editor benutzt werden, der reine Text-Dateien schreibt
(also zum Beispiel keine Word-Dateien). Die Datei enthält in dieser
Anwendung die Zeilen

```
x <- rnorm (1000)
print (mean (x))
print (var (x))
postscript ("graph1.ps")        # für PostScript-Drucker
win.printer ()                  # für Windows-Drucker
hist (x)
title ("Ein Histogramm von 1000 Zufallszahlen")
dev.off()
```

Die Datei speichern wir unter dem Namen *batch.in* ab. (Nur eine der Drucker–Funktionen sollte benutzt werden.) Jetzt kann der Batch Job gestartet werden (von der Betriebssystem–Ebene aus).

```
Splus BATCH batch.in batch.out
```

Nachdem der Job erfolgreich abgeschlossen ist, findet sich im aktuellen Verzeichnis eine neue Datei mit dem Namen *batch.out* und eine Grafik–Datei namens graph1.ps, wenn man den PostScript–Drucker verwendet hat. In der Datei *batch.out* kann nachgelesen werden, wie groß Mittelwert und Varianz der Zufallszahlen sind.

Jetzt kann S-PLUS erneut gestartet werden. Dort findet sich das Ergebnis unseres Batch Jobs, eine Variable **x**. Berechne Mittelwert und Varianz erneut. Dies sollte das gleiche Ergebnis geben, das wir bereits in der Ausgabedatei *batch.out* gesehen haben.

Wer den Befehl **win.printer()** benutzt hat, sollte nun einen Ausdruck auf seinem Drucker finden. Wer den **postscript**-Befehl verwendet hat, kann die Grafik ausdrucken mit

```
lpr graph1.ps
```

für UNIX–Systeme (kann eventuell differieren) oder mit

```
print /b graph1.ps
```

für Windows–Systeme.

Lösung zu Aufgabe 10.3

Wir haben gesehen, daß die sauberste Methode, eine Funktion zu schreiben und die Grafik–Parameter unverändert wiederherzustellen, die Verwendung von **on.exit** gleich am Anfang der Funktion ist. Es folgt ein kurzes Beispiel.

```
do.the.graph <- function (n=100)
{
   par.old <- par()                # alte Werte abspeichern
   on.exit (par (par.old))         # on.exit aktivieren
   par (mfrow=c(2,2))
   par (cex=2)                     # Parameter verändern
   for (i in 1:4) {
      hist (rnorm (n))
      title(paste(n, "Normalverteilte Zufallszahlen"))
   }
}
```

Nach Beenden der Funktion wird der vorherige Zustand des Grafik–
Ausgabegeräts wiederhergestellt, unabhängig davon, ob die Funktion
wie geplant beendet wurde oder in der Mitte aufgrund eines Fehlers
"ausgestiegen" ist. Dies kann man überprüfen, indem eine neue Grafik
produziert wird. Diese sollte nicht mehr auf einer 2x2–Matrix erscheinen, wie sie in der Funktion gesetzt wurde, sondern so, wie vor Aufruf
der Funktion.

```
> hist (rnorm (1000), main="1000 Zufallszahlen")
```

Man kann das Fenster auch anders aufteilen oder andere Parameter
einstellen, um zu sehen, ob das Zurücksetzen in jedem Fall funktioniert. Beispielsweise sollte auch ein Layout von 3x3 Bildern mit anderer Zeichenfarbe wieder auf diese Werte zurückgesetzt werden, wenn
die Funktion `do.the.graph` beendet wird.
Wie wäre es, für **n** einen ungültigen Wert einzugeben und die Funktion
unkontrolliert zu beenden ?

11. Praktische Hinweise für Anwender

Abschließend wollen wir noch einige praktische Gesichtspunkte diskutieren, die auch mit S-PLUS zu tun haben, aber nicht ausschließlich. Wir werden uns ansehen, wie Bibliotheken von Funktionen, sogenannte Libraries, installiert werden, auf die mehrere Benutzer zugreifen können. Dann werden wir uns ausführlich darum kümmern, die mit S-PLUS erstellten Grafiken in eine Textverarbeitung zu übernehmen. Wir werden uns speziell mit LaTeX und Microsoft Word befassen, aber auch allgemeinere Hinweise zu anderen Systemen geben. Abschließend verweisen wir noch auf elektronische Quellen, um auf weitere S-PLUS–Funktionen via Internet zuzugreifen und mit anderen Benutzern in Kontakt zu treten. Schlußendlich gehen wir auf das System 'R' ein, das einen Ausweg bietet, auch auf nicht von S-PLUS unterstützten Systemen wie zur Zeit dem Macintosh mit S arbeiten zu können.

11.1 Bibliotheken (Libraries)

Bibliotheken von zusammengehörigen Funktionen anzulegen, ist in vielen Anwendungsbereichen sinnvoll. Wenn viele Benutzer auf einem System arbeiten, ist eine Bibliothek eine Möglichkeit, anderen Benutzern seine Funktionen (und Daten!) zur Verfügung zu stellen, ohne einen direkten Zugriff auf die eigenen Daten und Verzeichnisse zu gewähren. Bei einem sogenannten Single User System wie einem Windows–PC kann man durch Bibliotheken seine Funktionen und Daten inhaltlich sortieren und sauber archivieren sowie auch dokumentieren.
Die Bibliotheken oder Libraries werden vom System S-PLUS bereits genutzt. Die zum System gehörigen Daten und Funktionen befinden sich physisch in verschiedenen Verzeichnissen, die getrennt sind nach S und S-PLUS, nach Datensätzen und Statistik–Routinen. Die Funk-

tion **search** zeigt den momentanen Suchpfad an, der je nach System in etwa wie folgt aussieht.

```
> search()
```

```
[1]  ".Data"
[2]  "/usr/splus/splus/.Functions"
[3]  "/usr/splus/stat/.Functions"
[4]  "/usr/splus/s/.Functions"
[5]  "/usr/splus/s/.Datasets"
[6]  "/usr/splus/stat/.Datasets"
[7]  "/usr/splus/splus/.Datasets"
[8]  "/usr/splus/splus/library/trellis/.Data
```

Bei jeder Eingabe, die eine Variable wie einen Datensatz oder eine Funktion benötigt, sucht S-PLUS zunächst im lokalen Bereich (innerhalb der Funktion, in der man sich befindet), dann im aktuellen Datenverzeichnis (der ersten Position im Suchpfad), und danach in der Reihenfolge des Suchpfades in den anderen Verzeichnissen. Nur wenn die angegebene Variable nirgendwo gefunden wird, erzeugt S-PLUS eine Fehlermeldung. Wenn dagegen zwei oder mehr Variablen des gleichen Namens in verschiedenen Verzeichnissen existieren, wird S-PLUS im allgemeinen darauf hinweisen. Ein klassisches Beispiel ist wiederum eine Variable, die den Namen c erhält, der einer bereits existierenden Funktion (concatenate) entspricht.
Eine neue Bibliothek kann direkt an den Suchpfad angefügt werden, indem der Befehl **library** benutzt wird.

```
> library (library-name)
```

Dabei ist *library–name* entweder ein Verzeichnis im Library–Verzeichnis (im allgemeinen das Verzeichnis library, das sich dort befindet, wo S-PLUS installiert ist, oder ein vollständiger absoluter Pfadname. Unter UNIX könnte der Pfad /users/andreas/Skurs/.Data heißen, unter Windows vielleicht C:\USERS\ANDREAS\SKURS_DATA.
Um eine Library zu installieren, kann ein Verzeichnis eines beliebigen Namens irgendwo erstellt werden. UNIX–Benutzer sollten noch den Zugriffsstatus ändern, damit auch andere Benutzer auf das Verzeichnis zugreifen (aber nicht darin schreiben) dürfen. Dazu sollte man sich im Library–Verzeichnis befinden und den folgenden Befehl eingeben.

```
chmod 755 . *
```

Um eine systemweite Library einzurichten, kann man genauso vorgehen und den Kollegen mitteilen, daß eine Library sich in einem speziellen Verzeichnis befindet. Langfristig ist es aber sinnvoller, daß der Systemverwalter ein Library–Verzeichnis anlegt, in dem viele Benutzer ihre Funktionen zur Verfügung stellen.

Wer sich dafür interessiert, was genau sich in einem speziellen Verzeichnis befindet, kann

```
> objects (where=6)
```

eingeben, um in diesem Fall alle Variablen in Position 6 des Suchpfades angezeigt zu bekommen.

Um etwas in ein Library–Verzeichnis zu schreiben, kann **assign** benutzt werden.

```
> assign ("name", data, where=n)
```

Dabei ist *name* der Name der Variable, unter der das neue Objekt in der Library abgelegt werden soll (in Hochkommata), *data* ist die Variable, die abgelegt werden soll (was jeder beliebige zulässige S-PLUS–Ausdruck sein kann), und *n* entspricht der Nummer des Suchpfades, wo das Objekt abgelegt werden soll.

| Hinweis | Unter Windows werden Pfade und Verzeichnisse mit Backslashes ('\') angegeben, wie in C:\SPLUS. Weil der Backslash in S-PLUS als spezielles Steuerzeichen interpretiert wird, muß er mit einem doppelten Backslash verwendet werden. Um mit der Funktion **library** auf das Verzeichnis C:\SPLUS\LIBRARY\SKURS zuzugreifen, muß daher

```
> library ("C:\\SPLUS\\LIBRARY\\SKURS")
```

eingegeben werden.   ◁

11.2 Grafiken in Textverarbeitung Übernehmen

Grafiken werden nur selten erstellt, um sie am Bildschirm zu betrachten. Meist werden einige Darstellungen ausprobiert, bevor man sich für diejenige entscheidet, die in einen Bericht oder eine Arbeit integriert werden soll. Mit anderen Worten heißt dies, eine Grafik in eine Textverarbeitung zu übernehmen. Darunter verstehen wir im folgenden nicht, die Grafik auszudrucken, auszuschneiden, einzukleben und zu fotokopieren – wir wollen in einem ausdrucken und in voller Druckqualität.

Unter S-PLUS–Benutzern ist die Textverarbeitung TeX (Knuth, 1991) bzw. deren Erweiterung LaTeX (Lamport, 1985) besonders populär, die ihre Stärken in der Verarbeitung mathematischer Texte besitzt (im Übrigen ist auch dieses Buch in LaTeX geschrieben). Mit S-PLUS erstellte Grafiken können in TeX und LaTeX einfach eingebunden werden. In den letzten Jahren haben die S-PLUS–Benutzer, die mit Windows arbeiten, stark zugenommen. Daher wollen wir uns auch damit befassen, S-PLUS-Grafiken in Windows–Textverarbeitungen wie MS–Word einzubinden.

11.2.1 Grafiken in Windows–Programme Übernehmen

Das Windows–System besitzt ein sogenanntes Clipboard, um Text und Grafik von einer Anwendung in eine andere zu kopieren. Die einfachste Variante, eine mit S-PLUS erzeugte Grafik in ein anderes Programm wie MS–Word zu übernehmen, besteht darin, die Grafik zunächst zu erzeugen und anschließend im Menu [FILE] den Eintrag [SEND TO OTHER APPLICATION] zu verwenden. Dadurch wird eine Grafik auf dem Clipboard generiert.

Nun kann zu einer anderen Anwendung gewechselt werden. Ein Klick auf [INSERT] bzw. [EINFÜGEN] fügt die Grafik an der aktuellen Position innerhalb des Dokuments ein.

| Hinweis | S-PLUS–Versionen 3 können direkt auf das Clipboard schreiben. Dazu muß lediglich das Clipboard als Ausgabegerät geöffnet werden. Ein Beispiel illustriert das Vorgehen.

```
> win.printer(file="clipboard",
+ format="placeable metafile")
> hist (rnorm (123))          # Grafik erzeugen
> dev.off()                   # Device schliessen
```

Man beachte, daß als Ausgabedatei das Clipboard angegeben wird und das Format nicht dem des Druckers entspricht, sondern ein Metafile wird, das beliebig plazierbar ist. Der Qualitätsgewinn gegenüber einem einfachen Kopieren und Einfügen ist sichtbar.   ◁

11.2.2 Das PostScript-Format

Das vielleicht meistverbreitete Druckformat ist die Sprache Post-Script. Vielleicht ist dies die beste Methode, um Grafiken für andere Systeme zu erzeugen. PostScript ist sehr weit verbreitet und fast jedes System kann mit PostScript-Grafiken umgehen, so daß man unter UNIX erzeugte PostScript-Bilder durchaus auf einem Windows-Rechner verwenden kann und umgekehrt. Ebenso wird durch das Programm GhostScript, auf das wir noch eingehen, die Möglichkeit geboten, PostScript-Dokumente auf fast jedem Drucker ausdrucken zu können.

Ein PostScript-Dokument wird generiert, indem den Grafik–Befehlen der Aufruf der `postscript`-Funktion vorangeht, der eine Datei eröffnet. Die Grafik wird abgeschlossen, indem die Datei durch `dev.off` wieder geschlossen wird.

```
> postscript ("filename.ps", height=5, width=6)
                            # PostScript-Datei oeffnen
                            # in der Groesse 6 x 5 Inch
> Grafik-Befehle            # Erzeugen einer Grafik
> dev.off()                 # PS-Datei schliessen
```

Für Windows-Benutzer wäre die Funktion `win.printer` eine Alternative. Wer keinen PostScript-Drucker hat, kann trotzdem einen solchen Druckertreiber installieren und damit PostScript-Dateien generieren. Um eine Grafik aus dem Grafikfenster von S-PLUS als PostScript-Datei abzulegen, kann man einfach auf das Menu [FILE] (Datei) und dort auf den Eintrag [PRINT] (Drucken) klicken. Wenn das Feld 'Print to File' (auf Datei drucken) aktiviert ist, wird nach dem Klick auf [OK] nach einem Dateinamen gefragt, unter dem die Grafik gespeichert werden soll. Die Datei wird in dem Format des aktiven Druckers angelegt.

| Hinweis | Eine PostScript-Datei sollte nicht mehr als eine Grafik, d.h. eine Seite enthalten. Ein mehrseitiges Dokument in eine Textverarbeitung einzubinden verursacht Probleme in der Seitenaufteilung und der Behandlung als 'Gleitobjekt'.   ◁

Die so erzeugte PostScript-Datei kann nun in Textverarbeitungen eingebunden werden.

11.2.3 PostScript–Grafiken in TeX und LaTeX

Grafiken in TeX beziehungsweise LaTeX einzubinden ist nicht schwierig. Man sollte sich ein Makro schreiben, das ein paar Parameter akzeptiert (wie den Namen der einzubindenden Datei) und anschließend das Makro verwenden, um PostScript-Dateien einzubinden.
Wir unterscheiden im folgenden zwischen den drei Varianten plain TeX, LaTeX 2.09 und LaTeX 2ε.

plain TeX Das ursprüngliche TeX–System hält keinen Befehl bereit, um Grafiken direkt einzubinden. Die Lösung erfolgt über den \special–Befehl, der druckerspezifische Dateien einbindet und leider zwischen verschiedenen Implementationen verschieden ist. Die Dokumentation, im allgemeinen als dvi–Dateien mitgeliefert, sollte weitere Auskünfte geben. Prinzipiell gilt in etwa folgende Syntax:

```
\midinsert
\special{psfile=filename}
\endinsert
```

LaTeX 2.09 Das von Thomas Rockiki entwickelte EPSF leistet hervorragende Dienste. Es ist in den meisten LaTeX-Distributionen enthalten. Auch dieses Buch ist so entstanden. Wer keinen Zugriff auf EPSF hat, kann es sich aus dem elektronischen Archiv FTP.DANTE.DE in Deutschland holen. Dort liegt auch weiteres TeX–Material bereit.
Grafiken werden wie Tabellen als Gleitobjekte behandelt, die dort eingefügt werden, wo sie im Text auftauchen. Wenn auf der Seite nicht mehr genug Platz ist, folgen sie auf der nächsten Seite, so daß man sich (fast) keine Gedanken machen muß über eine vernünftige Aufteilung zwischen Text und Grafik.
Die möglichen Aufrufe von EPSF werden am Anfang der EPSF–Datei genannt. In der einfachsten Form ist dies

```
\epsfbox{filename.ps}
```

Das PostScript-Dokument wird eingelesen und entsprechender Platz für die Figur reserviert. Im DVI-Preview ist es nicht sichtbar, es wird physisch erst eingebunden bei der Übersetzung des TeX-Dokuments in ein PostScript-File (durch dvips oder einen anderen Übersetzer).
Einbinden von Grafik ist ein so allgemeines Problem, daß wir hier die wesentlichen Elemente des Makros zeigen, mit denen dieses Buch entstanden ist. Es erlaubt automatische Numerierung und Setzen von Labels zur Referenzierung der Grafiken innerhalb von LaTeX.

```
% -- TeX Environment zum Einbinden von PS-Grafiken --
  \newcommand{\Figure}[3]{
  % Das Makro hat drei Parameter:
  %      #1 : Titel unter der Figur wie Abb. 1.1: ...
  %      #2 : Eintrag fuer das Abbildungsverzeichnis
  %      #3 : Dateiname der Grafik

  \begin{figure}
   \refstepcounter{figure}
   \centerline{\epsfbox{#3}}
   \noindent%
   {\small\bf Abb.\ \thechapter.\arabic{figure}:} {#1}
  \end{figure}
  % Schreiben des Index-Files
  \addcontentsline{lof}{figure}{%
      \hbox to 2em{\thesection\hfill} #2}
  }
```

Das Environment hat nichts spezielles an sich, es verwendet als Parameter den Titel, der unter die Grafik gesetzt werden soll, den Titel, unter dem die Grafik im Index erscheint, und den Namen der Datei, in der sich die Grafik befindet. Die Grafik wird zentriert auf der Seite gesetzt und unterhalb der Figur wird ein Text wie *Abb. 1.1: Eine mit S-PLUS erzeugte Grafik* gesetzt. Die Durchnumerierung erfolgt dabei automatisch und startet in jedem Kapitel wieder bei 1.

| Hinweis | Wir wollen noch darauf hinweisen, daß EPSF selbst eine fertige PostScript–Figur noch vergrößern und verkleinern kann. Die Befehle

```
\epsfxsize=10cm
\epsfysize=8cm
```

skalieren die Figur so, daß sie 10 cm breit und 8 cm hoch wird. Wird nur einer der beiden Werte angegeben, wird die Figur proportional vergrößert bzw. verkleinert.   ◁

LATEX 2ε Für LATEX 2ε gilt fast unverändert, was wir soeben über LATEX 2.09 gesagt haben. Es sollte lediglich das Paket EPSFIG anstelle von EPSF verwendet werden.
Wer nicht genau weiß, ob er LATEX 2.09 oder LATEX 2ε verwendet, kann am Anfang eines beliebigen Dokumentes nachsehen. Beginnt

das Dokument mit "\documentstyle", dann wird LaTeX 2.09 verwendet (oder LaTeX 2ε im Kompatibilitätsmodus), wohingegen ein "\documentclass" nur in LaTeX 2ε-Dokumenten Verwendung finden kann.

Weitere TeX/S-PLUS–Utilities

Wie zu Anfang gesagt, arbeiten viele S-PLUS-Benutzer mit TeX oder LaTeX, so daß im Laufe der Zeit eine Reihe kleiner Funktionen entstanden sind, die manches leichter machen. Ein Blick auf den Statlib-Server (Kapitel 11.5, Seite 302) kann sich lohnen, ein Beispiel für die Nützlichkeit dieser Utilities ist eine Funktion, die einen S-PLUS-Datensatz als Tabelle für LaTeX abspeichert.

11.2.4 PostScript–Grafiken in MS–Word

Einleitend haben wir festgestellt, daß die Copy und Paste (Ausschneiden und Einfügen) Funktion unter Windows nicht das beste Ergebnis in Bezug auf die Qualität einer Grafik liefert. Neben dem bereits vorgestellten Verfahren, eine höherwertige Grafik auf dem Clipboard zu erzeugen, kann auch in MS–Word eine PostScript-Datei eingebunden werden.
Wir nehmen an, die PostScript-Datei sei bereits erstellt. Dann kann mittels der Menus von MS–Word [INSERT] und [PICTURE] (bzw. [EINFÜGEN] und [BILD]) ein PostScript-Bild eingefügt werden. Word fügt die Datei an die gerade aktuelle Stelle des Dokuments ein, und optional kann man wählen, ob man die Datei direkt in das Dokument einbinden will oder einen Link auf die Datei. Die zweite Methode erneuert automatisch die Grafik in Word, wenn die PostScript-Datei verändert wird. Allerdings muß die PostScript-Datei immer mitkopiert werden und wenn sie gelöscht wird, ist auch die Grafik in Word verschwunden.

| Hinweis | Word zeigt die Grafik nicht als Bild an, auch im Preview-Modus nicht. Es erscheinen lediglich die ersten Zeilen des PostScript-Quelltextes. Beim Ausdruck wird die Grafik wie gewünscht dargestellt.   ◁

11.2.5 PostScript–Grafiken in anderen Textverarbeitungen

Für alle anderen Textverarbeitungen unter Windows gilt im Prinzip die gleiche Regel wie für MS–Word. Man prüfe, ob PostScript–Dateien importiert werden können, oder, wenn dies nicht geht, kann die Funktion 'Send to other application' von S-PLUS verwendet werden. Via [EINFÜGEN] kann die Grafik in die Textverarbeitung eingefügt werden.

11.2.6 PostScript ohne PostScript–Drucker

Selbst wenn man keinen PostScript–Drucker besitzt, ist die Erstellung von PostScript–Grafiken und der Umgang damit erwägenswert. Die PostScript–Datei kann mit S-PLUS erstellt und in die Textverarbeitung eingebunden werden. Danach kann die Textverarbeitung eine PostScript–Datei des gesamten Textes anlegen, die noch nicht auf dem Drucker ausgegeben wird. Unter TeX/LaTeX kann dazu ein Konvertierungsprogramm wie DVIPS verwendet werden, unter Windows kann ein PostScript–Druckertreiber im System installiert werden und beim Ausdruck die Option 'auf Datei drucken' angewählt werden.
Nun muß die so erstellte PostScript–Datei lediglich noch auf dem nicht PostScript–fähigen Drucker ausgedruckt werden. Hierzu existieren viele Hilfsprogramme, das bei weitem bekannteste und vermutlich auch leistungsfähigste ist zudem auch noch frei erhältlich: GHOSTSCRIPT. Man findet es auf fast allen großen elektronischen Archiven oder kann danach mit einer Suchmaschine auf dem Internet suchen.
GHOSTSCRIPT bietet eine sehr gute Umsetzung in höchstmögliche Druckqualität und die Grafiken können auch im Vorab auf dem Bildschirm angezeigt werden. Zur Zeit sind etwa 40 verschiedene Druckertypen unterstützt.
Nach erfolgreicher Konvertierung kann die druckerspezifische Datei an den Drucker gesandt werden. Auf einem UNIX–System ist dies typischerweise mit dem Befehl

    lpr *filename*

möglich, auf einem Windows–System mit

    copy /b *filename* lpt1

(vorausgesetzt, lpt1 ist der Druckerport).

11.3 Umlaute

Umlaute sind in vielen Systemen ein spezielles Problem. S-PLUS bildet hier keine Ausnahme. Variablennamen sollten auf keinen Fall Umlaute enthalten, und im allgemeinen sollten keine Umlaute verwendet werden, auch nicht in Kommentaren, die hinter dem Kommentarzeichen (#) stehen. UNIX arbeitet mit der Standard–ASCII–Tabelle, die die erweiterten ASCII–Codes (größer als 127) nicht beinhaltet, und teilweise ist dies auch auf die PC–Versionen übertragen worden. Der einzige Fall, in dem Umlaute verwendet werden können, sind Grafiken. Überschriften und Achsenbeschriftungen, Texte in Grafiken und andere Grafikelemente können Umlaute beinhalten, es muß lediglich beachtet werden, daß die Umlaute nicht einfach via Tastatur eingegeben werden können, sondern über eine spezielle Codierungstabelle. Die Codierungen entstammen der PostScript–Zeichensatztabelle und haben mit den ASCII–Codes nichts gemein. Sie gelten für PostScript–Grafiken, unter Windows sind sie sogar auf dem Schirm zu sehen. Anstelle des Umlauts füge man den in Tabelle 11.1 angegebenen Code ein, und auf einem PostScript–Drucker erscheint der gewünschte Text. Ein Titel über eine Grafik kann wie folgt gesetzt werden.

```
> title ("Immer \304rger mit den Umlauten")
```

Tabelle 11.1. Umlaute und deren Oktal–Codierungen

Umlaut	Oktalcode in PostScript
Ä	\304
ä	\344
Ö	\326
ö	\366
Ü	\334
ü	\374
ß	\337

PostScript erlaubt durch Zeichensatz–Umschaltung auch die Verwendung verschiedener Zeichen und Symbole. Die Statlib–Library (Abschnitt 11.5) beinhaltet eine Sammlung von Routinen, die dies illustrieren und auch griechische und mathematische Symbole in Grafik–Text einbauen.

11.4 S–News: Informationen mit anderen Benutzern austauschen

S–News ist unter S–PLUS–Benutzern weit bekannt und ein Geheimtip für diejenigen, die S–News nicht kennen. S–News ist ein EMail (elektronische Post) Diskussionsforum für Benutzer von S und S–PLUS. Man kann eine EMail an eine Adresse senden und dieser Empfänger leitet sie sogleich weiter an alle Teilnehmer an S–News. Die einzige Voraussetzung zur Teilnahme ist daher eine EMail–Adresse.

An– und Abmelden bei S–News

S–News hat zwei wichtige elektronische Adressen, die des Verwalters der Liste und die der Liste selbst. Wer eine EMail an alle (!) Teilnehmer von S–News senden will, schreibe einen beliebigen Text und sende ihn an

`s-news@utstat.toronto.edu`

ACHTUNG: Diese EMail wird an alle Teilnehmer weitergeleitet. Mit einem Text 'How do I participate' an diese Adresse ärgert man viele hundert Leute, die diese Post bekommen und oft auch verärgert sich melden.
Um an der Liste teilzunehmen, muß eine EMail an den Manager der Liste

`s-news-request@utstat.toronto.edu`

gesandt werden. Die Anfragen werden persönlich bearbeitet, so daß ein beliebiger aber kurzer Text genügt (auf Englisch natürlich). Bitte nicht Anfragen nach Teilnahme oder Ähnliches an die Listen–Adresse senden, sondern nur an den Manager. Manchmal können ein paar Tage vergehen, bevor die ersten EMails eintreffen, dann sind es aber zur Zeit durchschnittlich etwa fünf am Tag.

Aktiv an S–News teilnehmen

Nachdem man sich an S–News angemeldet hat und die ersten EMails angekommen sind, verspüren viele insbesondere neue Benutzer Lust, ihr Problem durch eine Frage an S–News gelöst zu bekommen. Neue Benutzer stellen oft immer wieder die gleichen Fragen, und aus diesem Grund existiert eine sogenannte FAQ (Frequently Asked Questions) Zusammenstellung. Diese sollte zuerst angesehen werden, sie enthält

auf jeden Fall viele gute Informationen (via Statlib). Nach einer Weile bekommt man ein Gefühl für die Art der Fragen und kann bei Bedarf an Diskussionen teilnehmen oder selbst ein Thema aufbringen. Ein wenig Abwarten und Beobachten ist am Anfang sicher sinnvoll.
Wer eine Frage stellt, die von allgemeinem Interesse ist, bekommt oft viele Antworten und Anregungen. Eine Netiquette (Benimmregel auf dem Netz) ist, daß nach einiger Zeit, vielleicht ein paar Tagen, die Antworten zusammengefaßt und an alle gesandt werden. Manche Diskussionen ziehen sich über Tage und viele EMails, an denen viele erfahrene S-PLUS–Benutzer aus der ganzen Welt teilnehmen.
Fragen sollten kurz gehalten und auf den wesentlichen Kern reduziert werden. Ebenso sollten sie auch für andere interessant sein. Eine selbstgeschriebene Funktion zu senden mit der Frage 'warum funktioniert meine Funktion nicht ?' wird vermutlich niemanden interessieren.
Als letztes noch ein wichtiger Hinweis: Wer auf eine EMail antwortet, tut dies oft mit einem 'reply'. Man achte darauf, wohin dieser Reply gesandt wird, insbesondere, ob er nicht unabsichtlich wieder an die ganze Liste gesandt wird, statt an den Absender direkt. Wenn die Antwort von generellem Interesse sein könnte, kann immer noch ein cc (Carbon Copy oder Durchschlag) an die Liste gesandt werden.

11.5 Der Statlib Server

Ebenso bekannt wie S–News ist der StatLib–Server. Er umfaßt ein großes S-PLUS–Archiv mit Funktionen, Tips, Publikationen und mehr. Der einfachste Zugang ist via WWW (Word Wide Web). Eine detaillierte Erklärung und weitere elektronische Referenzen sind bei Krause (1995) zu finden.
Die 'Home Page' von StatLib findet sich unter

```
http://www.statlib.edu
```

Wer via ftp auf StatLib zugreifen möchte, kann dies tun, indem die Adresse `lib.stat.cmu.edu.` verwendet wird. Als Login gebe man `statlib` an, das Password ist die eigene EMail–Adresse.
Ebenso kann StatLib via EMail verwendet werden. Dazu muß lediglich eine EMail an

```
statlib@lib.stat.cmu.edu
```

gesandt werden, die nur den Text

```
send index
```

oder

```
send index from S
```

enthält, sonst nichts, da der Text automatisch interpretiert wird.

11.6 R: Eine frei erhältliche Software

Das System R ist eine Entwicklung von zwei neuseeländischen Autoren, R. Gentleman und R. Ihaka. Der Name 'R' deutet bereits an, daß die Autoren ihr Programm als eine Vorstufe zu 'S' betrachten. Das System ist äußerst ähnlich zu S, und laut Angabe der beiden Autoren versteht es die Syntax von S im Umfang wie er im 'Blue Book' von Becker, Chambers und Wilks beschrieben ist. Die Besonderheit besteht darin, daß der Quellcode von R frei erhältlich ist und R auf vielen Maschinen läuft, die von S bzw. S-PLUS nicht oder nicht mehr unterstützt werden, insbesondere auf dem Macintosh, aber auch auf PC und UNIX.
R kann via anonymous ftp von

```
stat.auckland.ac.nz
```

heruntergeladen werden.

12. Referenzen

12.1 Literatur

AZZALINI, A; BOWMAN, A. W. (1990)
A look at some data on the Old Faithful geyser
Applied Statistics, Vol. 39, 357-365

BECKER, R.A.; CHAMBERS, J.M. (1984)
S: An Interactive Environment for Data Analysis and Graphics
Wadsworth & Brooks Cole, Pacific Grove, California

BECKER, R.A.; CHAMBERS (1985)
Extending the S System
Wadsworth & Brooks Cole, Pacific Grove, California

BECKER, R.A.; CHAMBERS, J.M.; WILKS, A.R. (1988)
The New S-Language
Wadsworth & Brooks Cole, Pacific Grove, California

BECKER, R.A.; CLEVELAND, W.S.; SHYU, M.-J. (1996)
The Visual Design and Control of Trellis Display
Journal of Computational and Graphical Statistics, Vol. 5, 2, 123–155

BECKER, R.A. (1994)
A Brief History of S
In: Computational Statistics, Herausg. Dirschedl, P. und Ostermann, R., 81–110. Physica, Heidelberg

CHAMBERS, J.M.; HASTIE, T.J. (1992)
Statistical Models in S
Wadsworth & Brooks Cole, Pacific Grove, California

CHAMBERS, J.M. (1995)
Overview of Version 4 of S
Technical report, AT & T Bell Laboratories, 23. Januar 1995. AT&T archive (siehe 'Elektronische Referenzen').

CLEVELAND,W. (1993)
Visualizing Data
Hobart Press, New Jersey

DEVROYE, L. (1986)
Non–Uniform Random Variate Generation
Springer Verlag, New York

EVERITT, B. (1994)
A Handbook of Statistical Analyses using S–PLUS
Chapman & Hall, London

HÄRDLE, W. (1991)
Smoothing Techniques with Implementation in S
Springer Verlag, New York

HILBE, J. (1996)
Windows File Conversion Software
The American Statistician, Vol. 50, No. 3

JOHNSON, N.L.; KOTZ, S. (1969a)
Distributions in Statistics: Discrete Distributions
Wiley & Sons, New York

JOHNSON, N.L.; KOTZ, S. (1969b)
Distributions in Statistics: Continous Univariate Distributions 1
Wiley & Sons, New York

JOHNSON, N.L.; KOTZ, S. (1969c)
Distributions in Statistics: Continous Univariate Distributions 2
Wiley & Sons, New York

JOHNSON, N.L.; KOTZ, S. (1969d)
Distributions in Statistics: Continous Multivariate Distributions
Wiley & Sons, New York

KNUTH, D. E. (1991)
Computers and Typesetting, Vol. A, The TEXbook, 11. Auflage
Addison-Wesley, Reading, MA

KNUTH, D. E. (1991)
Computers and Typesetting, Vol. B, TEX: The Program, 4. Auflage
Addison-Wesley, Reading, MA

KRAUSE, A. (1995)
Electronic Services in Statistics
Statistical Software Newsletter in 'Computational Statistics and Data
Analysis', Vol. 19, No. 5, 595–604,
http://www.med.uni-muenchen.de/gmds/ag/sta/serv/ess/index.html

LAMPORT, L. (1985)
LaTeX – A Document Preparation System
Addison-Wesley, Reading, MA

MARAZZI, A. (1992)
Algorithms, Routines and S Functions for Robust Statistics
Wadsworth & Brooks Cole, Pacific Grove, California

RIPLEY, B.D. (1987)
Stochastic Simulation
Wiley & Sons, New York

SIBUYA, M.; SHIBATA, R. (1992)
Data Analysis by using S
Kyouritsu Syuppan, Japan

SPECTOR, P. (1994)
An Introduction to S and S-PLUS
Duxbury Press, Belmont, California

S–PLUS (1995)
S–PLUS Documentation
Statistical Sciences, Inc.; Seattle, Washington

SÜSELBECK, B. (1993)
**S und S-PLUS: Eine Einführung in Programmierung und
Anwendung**
Fischer, Stuttgart

THE ECONOMIST (1996)
The Economist Pocket World in Figures
Profile Books, Ltd., London

TUKEY, J.W. (1977)
Exploratory Data Analysis
Addison-Wesley, Reading, MA

VENABLES, W.N.; RIPLEY, B.D. (1994)
Modern Applied Statistics with S-PLUS
Springer Verlag, New York

12.2 Elektronische Referenzen

Es muß darauf hingewiesen werden, daß elektronische Referenzen sich
sehr schnell ändern können, d.h. eine neue Adresse bekommen oder
aufgelöst werden. Zum Zeitpunkt des Drucks kann bereits die eine
oder andere Information veraltet sein. Standard–Referenzen wie die
StatLib–Adresse ändern sich im allgemeinen nicht so schnell wie pri-
vate Seiten.
Ist eine Referenz nicht mehr vorhanden, kann mit einer der populären
Suchhilfen für das Internet (yahoo – http://www.yahoo.com oder ly-
cos – http://www.lycos.com) nach Stichworten gesucht werden, um
die neue Adresse oder weitere Quellen zu finden.

12.2.1 S-PLUS–Referenzen

**http://netlib.bell-labs.com/cm/ms/departments/sia/
project/trellis/index.html**
Weitere Information zu Trellis.

http://lib.stat.cmu.edu
Das StatLib–Archiv mit einer großen Sammlung an S-PLUS–Routinen
und mehr. Ein Besuch lohnt auf jeden Fall.

**http://netlib.att.com/cm/ms/departments/sia/doc/
index.html**
Das AT&T Archiv, enthält unter anderem viele technische Reports zu
S-PLUS.

http://www.stat.mat.ethz.ch/S-FAQ
Frequently Asked Questions: Zusammenstellung über S und S-PLUS.

s-news-request@utstat.toronto.edu
Adresse, unter der man sich für die S–News Diskussionsgruppe an-
melden kann. Persönlich gemanagt, keine langen Texte senden. Ein-
schreiben kann unter Umständen wenige Tage dauern, bevor die ersten
Emails eintreffen.

s-news@utstat.toronto.edu
Adresse von S–News. An diese Adresse gesandte Email wird automatisch an alle Teilnehmer weitergeleitet. Hier nicht um Aufnahme
bitten.

12.2.2 TEX–Referenzen

http://www.cdrom.com/pub/tex/ctan/CTAN.sites
ctan – Comprehensive TEX Archive Network. Ein Überblick über verschiedene Archive zu TEX.

http://www.tex.ac.uk/
Eines der ctan–Archive zu TEX.

ftp.dante.de
TEX-Archiv der deutschen Benutzergruppe.

12.2.3 Weitere Quellen

ftp.cs.wisc.edu:/pub/ghost/gnu/
GNU–Archiv, das unter anderem das Programm GhostScript enthält.

Index

!, 62
!=, 33
*, 20
**, 20
+, 20
-, 20, 62
..., 223, 252
.Data, 18, 272, 280, 286, 287
.First, 272
.Last, 272
.Last.value, 274
.Random.seed, 149
/, 20
:, 25
<, 33
<=, 33
==, 32, 33
>, 18, 33
>=, 33
#, 19
%*%, 52
&, 34
_Data, *siehe* .Data
~, 186
+, 8
>, 8
^, 20
\', 233
\", 233
\#, 233
\b, 233
\n, 129, 233
\r, 233
\t, 233
\\, 233
"/", 218

#, 8

Abbildung, *siehe* Grafik
abline, 87–88, 185, 188
Achsengestaltung, *siehe* axes,
  axis
add1, 191
Addition, 20
aggregate, 117
ANOVA, *siehe* anova, aov
anova, 186
aov, 186, 194
apply, 55–57, 63, 64, 69, 70, 117,
  173
– Anwendung, 56
– Syntax, 55
arithmetische Operatoren, 20–21
Array, 46, 53–56
– Definition, 54
– Funktion spaltenweise anwenden,
  56
– Funktion zeilenweise anwenden,
  56
array, 54
arrows, 87, 141
as.vector, 193
assign, 220, 293
attach, 58, 59, 63, 111, 137, 194,
  277
Aufräumen von Verzeichnissen,
  281–282
Ausgabegerät, *siehe* Grafik
Ausgaben in Datei schreiben,
  263–264
Auto–Daten, 163, 170
axes, 87–89
axis, 87–89

Backslash in Dateinamen, 259
Backslash in Zeichenketten, 233
Backspace in Zeichenketten, 233
Barley–Daten
– Analyse, 110–136
– Beschreibung, 109
barplot, 129
Batch Job, 282–283
– Aufgabe, 286, 287
Beenden von S-PLUS, 18
Beta–Verteilung, 148
Betriebssysteme, 5–7
Bibliotheken, *siehe* library
binom.test, 156
Binomial–Verteilung, 148
– grafische Darstellung, 151
biplot, 129
Boolesche Werte, *siehe* logische
   Werte
box, 87
boxplot, 76, 119, 128–130
break, 215
browser, 230, 231
brush, 145
by, 116, 117, 122, 125

c, 23–24, 31, 185
C–Programme, 283–285
cat, 233–234, 263
Cauchy–Verteilung, 148
cbind, 53, 63, 205, 269
ceiling, 39, 42, 43
Chi–Quadrat–Verteilung, 148, 164,
   174
chisq.gof, 156
chisq.test, 156
class, 237
coef, 195
coefficients, 207
contour, 129, 145
Convex, 5
coplot, 129
cor, 173, 183
cor.test, 156
cos, 39
Cosinus–Funktion, 101, 103
Cox Proportional Hazards Modell,
   siehe Überlebenszeitenanalyse
coxph, 201

coxreg, 186
crosstabs, 122, 186
cut, 193, 194, 204

Data Frame, 46, 48, 56–59
– attach, 58
– detach, 58
– Definition, 56
data.frame, 56, 57, 69
Datei
– Ausgabe umleiten in, 263–264
Dateien schreiben, 263
Daten
– Auto, *siehe* Auto–Daten
– Barley, *siehe* Barley–Daten
– Gerste, *siehe* Barley–Daten
– Geysir, *siehe* Geysir–Daten
– Kyphosis, *siehe* Kyphosis–Daten
– Leukämie, *siehe* Leukämie–Daten
Daten editieren, 52
Daten einlesen, 257–271
– Konvertierungsprogramme, 258
Daten sortieren, 65–66
Daten transferieren, 261–262
Daten unterteilen, *siehe* cut
Datenanalyse, 109–180
– dynamische Grafik, 145
– grafische, 117–120
– multivariate, 122–145
– – deskriptive, 122
– – grafische, 129
– univariate, 109–120
– – deskriptive, 117
– – grafische, 119
Datenstrukturen, 45–74
Datentransfer, 6
Datenverzeichnis, *siehe* .Data
dbase
– Daten einlesen, 7
debugger, 231
Debugging, 226–232
– Ausführungsfehler, 229–230
– logische Fehler, 230–232
– runtime error, *siehe* Ausführungsfehler
– Syntax–Fehler, 227–228
– Ungültige Argumente, 228–229
DEC, 5
demo, 79, 80

density, 119
deparse, 225
deskriptive Statistik, 110–117,
    122–128
detach, 58, 59
dev.ask, 80
dev.copy, 80
dev.cur, 80
dev.list, 80
dev.next, 80
dev.off, 80, 295
dev.prev, 80
dev.print, 80
dev.set, 80
Dichtefunktion, 146
dim, 49, 63
dimnames, 49, 50, 55, 69, 170
Diskret Uniform–Verteilung, 148
Division, 20
DOS, 6
dotchart, 119, 129
dotplot, 132, 136
drop1, 191
Drucken, siehe Grafik
Drucker, 77
dump, 6, 258, 261–262
duplicated, 72
dyn.load, 285
dyn.load2, 285

Editieren von Daten, 52
Einlesen von Datei
– formatiert, 260–261
– S–PLUS Befehle, 262–263
– unformatiert, 259–260
Einlesen von Tastatur, 258–259
Elektronisches Archiv für S und
    S–PLUS, 2
evaluation
– lazy, 222
Excel
– Daten einlesen, 7
Exponent, 20
Exponential–Verteilung, 148
Extrahieren von Elementen, 33

F–Test, siehe var.test
F–Verteilung, 148
faces, 129
factanal, 186

factor, 193
fehlende Werte, 61–63, 86, 159–161
– Aufgabe, 169
– Ausschluss, 70
– Codierung, siehe NA
– erstellen, 61
– Erzeugung, 70
– Testen auf, 160
Fehlersuche, siehe Debugging
Figur, siehe Grafik
fisher.test, 156
fitted, 185, 192
fix, 279
floor, 39, 42, 43
for–Schleifen, 212–214
format, 263
Fortran–Programme, 283–285
frame, 96
frame (Geltungsbereich), 276
friedman.test, 156
Funktion, 216–226
– Argumente als Grafik-
    Beschriftung, 225
– Ausgabeargument, 219
– entwickeln, 279–280
– Fehlersuche, siehe Debugging
– ohne Ausgabeargument, 219
– Parameter
–– Defaults, 221–223
– Testen auf fehlende Argumente,
    225

Gültigkeitsbereich von Variablen,
    220–221
GAM, siehe gam
gam, 186, 196
Gamma–Verteilung, 148
generalisierte additive Modelle,
    siehe gam
generalisierte lineare Modelle, siehe
    glm
Geometrische Verteilung, 148
Gerste–Daten, siehe Barley–Daten
Geschichte von S und S–PLUS, 2–3
Geyser–Daten, siehe Geysir–Daten
Geysir–Daten, 36, 63, 98, 203
– Analyse, 137–145
– Beschreibung, 137
ghostscript, 299

Gleiche Namen für Variablen und
    Funktionen, 29
GLM, *siehe* glm
glm, 186, 196
Grafik, 75–108
– Achsen, 85
– Achsen hinzufügen, *siehe* axes,
    axis
– Achsen weglassen, *siehe*
    plot(axes=F)
– Achsenbeschriftung, 85
– aktives Ausgabegerät, 77
– Ausgabegeräte, 77
–– alle schließen, 79
–– mehrere simultane, 79–80
–– Optionen, 79
– Ausrichtung, 79
– Bestimmen von Koordinaten,
    siehe locator
– Bildschirm, 76
– Darstellung der Punkte, 85
– Druckertreiber, 76
– eine Figur auslassen, *siehe* frame
– elementare Befehle, 81–84
– exportieren, 96
– Farbe, 85
– Fenster öffnen, 77
– Figurenbereich, 92
– Größe, 93
– Hinzufügen von Elementen,
    85–91
– in Textverarbeitung übernehmen,
    293–299
– Layout, 92, 93
– Layout erstellen, 97
– Layout mit mehreren Bildern, 94
– Layouts, 96–98
– Linien hinzufügen, *siehe* lines,
    abline
– Liniendicke, 85
– Linientyp, 85
– Mausklicks in, *siehe* locator
– Optionen, *siehe* par
– Pfeil hinzufügen, *siehe* arrows
– plot Optionen, 84
– Plotter, 76
– Punkte hinzufügen, *siehe* points
– Ränder, 92, 93, 95
– Rahmen hinzufügen, *siehe* box

– Segmente hinzufügen, *siehe*
    segments
– Text hinzufügen, *siehe* text
– Titel, 85
– Titel hinzufügen, *siehe* title
– Treiber, 76
– type Option, 82, 85
– umgebende Umrahmung, 85
– Untertitel, 85
– wichtigste Kommandos, 94–96
– Zeichengröße, 95
Grafikfenster, 78
grafische Datenanalyse, 117–120,
    128–145
grafische Parameter
– Speichern und Wiederherstellen,
    278
graphics.off, 80
graphsheet, 76, 249

help, 71
hexbin, 129
Hilfe–System, 18–19
hist, 119
hist2d, 122, 124, 141–145
Histogramm
– Farbe, 167
Hochformat, *siehe* Grafik-
    Ausrichtung
HP, 5
HPGL, 78
Hypergeometrische Verteilung, 148
Hyperlink, 71
Hypothesentests, 153

I, 192, 205
IBM, 5
identify, 119
image, 129, 143
inch
– Konvertierung in cm, 79
Indexselektion, 30
Indikatorvariablen, 192
Inf, 162
inspect, 232
Interquartilsdistanz, 113, 114
invisible, 219
Iris, 5
is.factor, 193
is.inf, 162

is.na, 62, 70, 160, 173
Iteration, 211–216

Kaplan–Meier, *siehe* survfit
Kategorisieren von Daten in
    Tabellen, *siehe* table
Klammern, 30–32
– eckige [ ], 30
– geschweifte { }, 30
– runde ( ), 19, 30
Kommentare, 19
Kontrollzeichen, *siehe* Steuerzei-
    chen
Konvertierungsprogramme, 258
Korrelationskoeffizient, *siehe* cor
Korrelationsmatrix, 173
Kreis
– Berechnung der Flache, 165
– zeichnen, 101, 104
kruskal.test, 156
ks.gof, 156
Kyphosis–Daten, 196

Löschen von Objekten, 22
Landscape, *siehe* Grafik-
    Ausrichtung
lapply, 61, 117, 238, 244–246
LaserJet, 78
LaTeX, 296
lazy evaluation, 222
legend, 209
length, 42, 205
letzter Ausdruck, *siehe*
    .Last.value
Leukämie–Daten, 199
Levels in Aufrufen, 274
library, 277, 292
Line feed in Zeichenketten, 233
lines, 87, 185, 188
Linien
– unterbrochene, 86, 161
Lissajous–Figuren, 102, 107, 247,
    249
list, 59, 60, 72
Liste, *siehe* list, 59–61, 240–246
– Anwenden einer Funktion auf
    alle Elemente, *siehe* lapply
– auf Elemente zugreifen, 60
– Aufgabe, 248, 255

– Benennen von Elementen,
    243–244
– Definition, 59, 60
– Elemente hinzufügen, 242
– Elemente löschen, 242
– leere erstellen, 246
– Struktur entfernen, 246
– Syntax, 60
Literatur zu S-PLUS, 4
lm, 182, 186, 188, 207
locator, 139
loess, 186
logische Vergleiche
– Beispiel, 40
– Gleichheit, 32
– nicht, 32
– nicht gleich, 32
logische Werte, 32–35
– Rechnen mit, 32
– und, 34
– zur Index–Selektion, 33
logistische Regression, 195–198
Logistische Verteilung, 148
Lognormal–Verteilung, 148
lowess, 185, 186, 189

Macht eines Tests
– Simulation, 165
Macintosh, 5, 303
macros, 2
manova, 186
mantelhaen.test, 156
mathematische Operationen, 27–30
MathSoft, 3
matplot, 129
Matrix, 45–53
– Addition, 52
– Dimensionen spezifizieren, 47
– Elemente zugreifen, 50
– Inverse, 52
– Kombinieren, 52
– Multiplikation (%*%), 52
– Namen entfernen, 50
– Rechenregeln, 51
– spaltenweises Anwenden einer
    Funktion, 56
– Subtraktion, 52
– Verbinden, 65
– Zeilen und Spalten benennen, 49

– zeilenweises Anwenden einer
Funktion, 56
matrix, 47, 48, 268
– byrow Option, 48
– ncol Option, 47
– nrow Option, 47, 48
– Syntax, 47
max, 56, 64, 69, 70, 171
mcnemar.test, 156
mean, 117
median, 117
methods, 236
mfrow, 185
missing, 225
missing values, *siehe* fehlende Werte
Modelldiagnose, 183–185, 191
Modellsyntax, 186–187
Motif, 77, 78
ms, 186
MS–Word, 298
mtext, 89
Multiplikation, 20
multivariate Datenanalyse, 122–145

NA, 61, 70, 86, 159, 160
Namenskonflikte, 29
names, 170, 244
Negativ Binomial–Verteilung, 148
NeXT, 5
next, 215
nichtlineare Modelle, *siehe* nls, ms
nls, 186
no room for x-axis (error message),
96
Normal–Verteilung, 148
– multivariate, 153
Notation, 7
NULL, 49, 50
numerische Genauigkeit, 39

objects, 23, 293
Objekte suchen, 277
objektorientierte Programmierung,
235–240
– Aufgabe, 247, 251
Old S, 2
on.exit, 278, 288
OpenLook, 77, 78
Operatoren, 20–21
– Prioritäten, 21

– Reihenfolge, 20
Optionen, *siehe* par, options
options
– echo, 228
– error, 231
– warn, 228
order, 65, 66, 71
outer, 247, 249

pairs, 129, 171
panel.dotplot, 134
par, 91–93, 185
Parameter
– selbst–definierte, 93
paste, 234–235, 263, 268
persp, 129, 142, 247, 249
Pfeile
– zu einer Grafik hinzufügen, 141
Pi
– Schätzung von, 165, 177
pi, 41
pie, 119
plot, 81, 119
– type Option, 82
points, 87, 140
pointwise, 192
Poisson–Verteilung, 148
poly, 192
polygon, 158
Portrait, *siehe* Grafik–Ausrichtung
PostScript, *siehe* postscript
postscript, 79, 94, 99, 295
Potenzierung, 20
predict, 192
princomp, 186
print, 263
programmieren, 211–257
– Aufgaben, 247–257
Programmiertips, 278
Prompt, 18
prop.test, 156

QPE, 2
qqline, 185
qqnorm, 119, 185
qqplot, 119
Quantile, *siehe* quantile
quantile, 113, 115, 117
Quantilsfunktion, *siehe* Verteilungsfunktion, inverse

Querformat, *siehe* Grafik-
   Ausrichtung

R, 303
rank, 204
rbind, 53, 65
read.table, 258, 260–261, 265, 270
Rechteck
– zeichnen, 101, 104
Regression, 188–189
– Anpassung extrahieren, 192
– Anwendungsbeispiel, 181–183
– Extrahieren von Kenngrößen, 192
– Faktorvariable, 193
– Koeffizienten, 183
– Konfidenzintervalle, 192
– lineare, *siehe* **lm**, 189–193
– logistische, *siehe* logistische Re-
   gression
– nichtparametrische, 188
– ohne Achsenabschnitt, 205
– parametrische, 188
– polynomial, 192, 195
– Prädiktionen errechnen, 192
– Residuen, 183
– Residuen extrahieren, 192
– schrittweise, *siehe* schrittweise
   Regression
– Standardfehler, 192
– Terme hinzufügen, 190
Regressionsdiagnose, *siehe*
   Modelldiagnose
remove, 281
rep, 26–27, 29, 35, 205
repeat–Schleifen, 215
Replizieren von Werten, *siehe* **rep**
resid, 183, 185, 192
Residuenanalyse, 191
restore, 6, 258, 261–262
return, 219, 229
rev, 71
rm, 22, 59, 281
round, 39, 42, 125
Rundungsmethoden, 39, 42

S–News, 301–302
S-PLUS
– Beenden, 18
– Hilfe, 18–19
– Speichern von Daten, 273

– Start–Details, 272–274
– Starten, 18
– wie es funktioniert, 271–277
sample, 174
sapply, 117
SAS
– Daten einlesen, 7
scan, 258–260, 268, 269
scatter.smooth, 119
Schleifen, *siehe* Iteration
Schraffieren von Flachen, *siehe*
   polygon
schrittweise Regression, 191
– Rückwärtsselektion, 191
– Vorwärtsselektion, 191
se.fit, 192
search, 277, 292
segments, 87
seq, 24–26, 28–30, 35, 41
seq
– Verwenden von :, 25
Sequenzen, *siehe* **seq**
set.seed, 149
Silicon Graphics, 5
sin, 39
sink, 263–264
Sinus–Funktion, 101, 103
solve, 52
sort, 65
Sortieren von Daten, 65–66
Sortierung
– absteigend, 71
source, 228, 258, 262–263
Speichern von Daten, 273
spin, 145
Spirale
– zeichnen, 101, 104
split, 122, 127, 128
S-PLUS
– for DOS, 3
– for Windows, 3
– Geschichte von, 2–3
– Literatur, 4
Splus, 18
Stable–Verteilung, 148
Stamm– und Blatt–Diagramm,
   siehe **stem**
Standardabweichung, 114

Stapelverarbeitung, *siehe* Batch
   Job
stars, 129
Starten von S-PLUS, 18
Statistical Sciences, Inc., 3
statistische Modelle, 185–186
Statlib Server, 302–303
StatSci, 3
stem, 76, 111, 113, 117
stem and leaf display, *siehe* **stem**
step, 191
Steuerzeichen, 129, 233
stop, 229
Strings, *siehe* Zeichenketten
Student's t–Test, 154
Student's t–Verteilung, 148
substitute, 225
Subtraktion, 20
Suche nach Objekten, 277
Suchpfad, *siehe* **search**
sum, 33, 42
summary, 76, 111, 114, 116, 117,
   125, 137, 171, 182, 189, 194–196,
   199, 200
– **split** Option, 195
SUN, 5
Surv, 199, 201
survdiff, 201
survfit, 186, 199
Survival–Analyse, *siehe* Überlebenszeitenanalyse
swiss.data, 189, 194, 204
swiss.fertility, 181, 189
swiss.x, 181, 189
Syntax–Fehler, 227–228
sys.call, 226

t, 268
t–Test, 154
t.test, 155, 156
Tabellieren von Daten, *siehe* **table**
table, 122, 123, 125, 174
Tabulator in Zeichenketten, 233
tan, 39
Testen von Hypothesen, 153
Tests
– statistische, 156
TEX, 296
Text

– zu einer Grafik hinzufügen, 141
text, 87, 89, 141
Textdrucker, 78
Textverarbeitung
– Grafiken einbinden, 293–299
Titel
– Gesamtgrafik (oben), 169
title, 87
traceback, 229
tree, 186
Trellis
– Displays, 132–136
– Grafikfenster, *siehe*
   trellis.device
trellis, 129
trellis.device, 134
Trigonometrische Funktionen, 101,
   103
trunc, 39, 42
ts, 268
tsplot, 267
type option, *siehe* Grafik

Überlebenszeiten
– Median der, 201
Überlebenszeitenanalyse, 198–201
– Cox Proportional Hazards
   Modell, 199, 201
– Flemington–Harrington–
   Verfahren, 199
– Kaplan–Meier–Verfahren, 199
– Signifikanztest, 201
Überschreiben von Objekten, 22
Umlaute, 300
– Oktal–Codes, 300
unclass, 171, 193
und
– logisches (&), 34
Unendlich
– Aufgabe, 169
unendlich, *siehe* **Inf**
unendliche Werte, 162
Uniform–Verteilung, 148
univariate Datenanalyse, 109–120
UNIX, 5, 18, 77, 79
– Ausgabegeräte, 78
unlist, 238, 246
Unterbrochene Linien zeichnen, 161
update, 190

Usemethod, 237

var, 114, 117, 122, 173
var.test, 156
Variable
– Deklaration, 219
– Gültigkeitsbereich, 220–221
Varianz, *siehe* var
Varianzanalyse, *siehe* ANOVA
Vektoren erstellen, *siehe* c
Verteilung
– Beta, 148
– Binomial, 148
– Cauchy, 148
– Chi–Quadrat, 148
– Diskret Uniform, 148
– Exponential, 148
– F, 148
– Gamma, 148
– Geometrische, 148
– Hypergeometrische, 148
– Logistische, 148
– Lognormal, 148
– Negativ Binomial, 148
– Normal, 148
– Poisson, 148
– Stable, 148
– Student's t, 148
– Uniform, 148
– Weibull, 148
– Wilcoxon (Rangsummen), 148
Verteilungen, 146–153
– eindimensionale, 146–152
– Funktionen
– – Überblick, 148
– grafisch darstellen, 149
– multivariate, 152–153
– univariate, 146–152
– vergleichen
– – Aufgabe, 248
Verteilungen vergleichen
– Aufgabe, 252
Verteilungsfunktion, 146
– inverse, 146
VT100, 78

Würfel–Test, 164, 174
warning, 229
Weibull–Verteilung, 148

Wert des letzten Ausdrucks, *siehe*
.Last.value
while–Schleifen, 214
Wiederholen von Werten, *siehe* rep
wilcox.test, 156
Wilcoxon (Rangsummen)-
Verteilung, 148
win.printer, 295
Windows, 6, 18, 77
– Ausgabegeräte, 78
– Grafik–Fenster, 77
– Grafiken übernehmen, 294
Word, 298
write, 258, 263, 265, 268, 269
WWW Archiv für S und S-PLUS,
2

X Windows, 77, 78

Zeichenketten
– verknüpfen, 234
Zeilenvorschub in Zeichenketten,
233
zensierte Daten, 198
Zufallszahlen
– generieren, 146
Zufallszahlengenerator, 149
zusammenfügen von Elementen,
siehe c
Zuweisung, *siehe* <- , _, -> , <<-